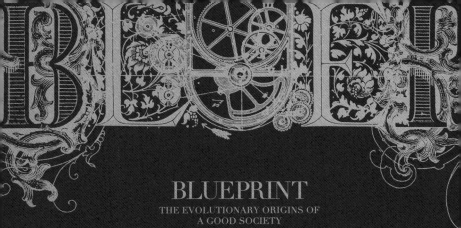

BLUEPRINT

THE EVOLUTIONARY ORIGINS OF
A GOOD SOCIETY

ブループリント

「よい未来」を築くための進化論と人類史

NICHOLAS A. CHRISTAKIS

ニコラス・クリスタキス

鬼澤忍・塩原通緒 訳

上

NEWS PICKS
PUBLISHING

ブループリント（上巻）

BLUEPRINT
The Evolutionary Origins of a Good Society
by Nicholas A. Christakis

ブループリント（上）目次

第4章 人工的なコミュニティ 142

ブループリント（下巻）目次

はじめに――私たちに共通する人間性

一九七四年七月、子供だった私がギリシャで夏を過ごしていたとき、思いもよらず軍事独裁者たちが権力の座からすべり落ちた。前首相のコンスタンティノス・カラマンリスが、亡命先からアテネ中心部のシンタグマ広場へ戻ってきたのだ。

その晩、大群衆が大通りという大通りを埋め、広場へと向かった。母は私と弟を街に連れ出した。それまでの数時間、軍事政府は大量のトラックを通りへ送り込んでいた。トラックには武装した男たちが乗り込み、拡声器が備えつけられていた。兵士はこうがなり立てた。

「アテネ市民のみなさん、これはみなさんには関係ありません。家から出ないで下さい」

母はその警告を無視した。私たちはシンタグマ広場から一街区ほどの場所まで近づいた。母は私たちを巨大な石壁の上に押し上げた。壁のてっぺんにはフェンスがある。弟と私は、どうにか身を置ける狭い石棚でフェンスに背中をあずけて立った。眼下の母は人混みに飲まれて身動きがとれなくなっている。

群衆は汗まみれでびっしりと立ち並んでいる。夜中になってカラマンリスがアテネに到着すると、人びとはにわかに活気づいた。庶民はスローガンを連呼し、長年の独裁と外国の干渉に対する積もり積もった不満を吐き出しはじめた。

「拷問者《ごうもん》を打倒せよ！」
「アメリカ人は出て行け！」

社会現象の研究者としてはおかしな話かもしれないが、当時からいまにいたるまで、私は一度として群衆というものに好感を抱いたことがない。フェンスにしがみついていた子供の私が、興奮しつつもほとんど恐怖しか感じなかったのを覚えている。まだ一二歳にすぎなかったとはいえ、ただならぬ事態を目にしていることはわかったし、それが私をおびえさせたのだ。

群衆の騒々《そうぞう》しさと怒りは増すばかりだった。彼らがお祝いをしようとしているなら、なぜそんなにいきり立つんだろう？　私は誇りと不安の入り交じる複雑な気持ちで母を見下ろした。母――美しく優しい母――もまたその場の雰囲気に溶け込みつつあったからだ。

母はギリシャ人であることに誇りを感じており、多くの同胞と同じく民主主義の復活を喜んでいた。母がきわめて教育熱心であり、この歴史的事件に参加することで私たちに何かを学んでほしいと願っているのもわかっていた。アメリカにいたころは私たちを公民権運動行進や反戦デモに連れて行き、世界を見せようとするような親だった。

だが、私は怖さを感じてもいた。母が強い力に押し流されつつあることが、その目を見てわかったからだ。私は落ち着かない気分で、母がますます恍惚《こうこつ》としていく様子を見守っていた。母が私たちを壁の上に押し上げたのを忘れてしまうんじゃないか、群衆が移動するにつれて母と離ればなれになってしまうんじゃないか、と心配だった。

アメリカを罵倒《ばとう》するかけ声がひときわ大きくなったとき、突然、母が私と弟を指さして叫んだ。

「Va οι Αμερικανοί!」――「この子たちはアメリカ人よ！」

一体全体、どうして母はそんな行動に出たのだろう？　ギリシャ神話に親しんで育った私は、その瞬間、子を殺す母メディアの物語が眼前で展開されているのかと思ったほどだ。

こんにちにいたるまで、突如として発せられたその言葉によって母が何をしようとしたのかはわからない。母はきわめて思慮深く愛情に満ちた奉仕者であり、みずから子をもうけたばかりか、さまざまな人種的背景のある養子を迎えていた。激しやすい群衆のまっただ中で、いとしい息子たちがよそ者であることを無謀にも知らしめようとしたのはなぜだろうか。そうした言動によって、分別に欠ける暴徒の熱狂を冷ませるとでも思ったのだろうか。

こうした問いを母に投げかけることはもはやかなわない。私が二五歳のとき、長い闘病の末に四七歳で世を去ってしまったからだ。

その後私は、母を突き動かした可能性のある主要な力の一部を理解するようになった。それこそ、本書における私の議論の核心をなすものであり、「社会の善」を推進する力である。

自集団を思いやる能力

自然選択を通じて、私たち人類は集団に加わる能力と欲求、それも特定の仕方でそうする能力と欲求を身につけた。たとえば、自分自身の個人性を放棄できるし、共同体とのつながりを強く感じることで、私的利益に反するような行動、そうでなくとも人びとに衝撃を与えるような行動をとれる。

それにもかかわらず、自分の属する社会集団のメンバーを思いやる能力は、私たちに深遠な何かを与えてくれる。つまり、誰もが自分自身を同じ集団の一部とみなせるのだ。極端に言えば、私たちはみな人間だとみなせることになる。私たちは小集団の同族意識を払拭できるし、大集団への好意を見いだせる。

母の価値観や誰もが共有する人間性への思い入れはわかっているのだから、私はくだんの発言をこう理解したい。ようするに、母は寛容を懇願していたのだと。アメリカ人全員が悪者であるはずがないのは明らかだし、母の愛する子供たちのように、ごく若い少年もいるからである。

数年を経て一五歳くらいになったころ、私はまたしても、いまにも爆発しかねない群衆を見た。今回は、社会主義者だった祖父とともにクレタ島へ旅したときのことだ。私たちは全ギリシャ社会主義運動のリーダーであるアンドレアス・パパンドレウが、選挙中、大群衆を国粋主義的狂乱へと駆り立てる様子を目《ま》のあたりにした。私はそれ以前に、ヒトラーやムッソリーニが第二次世界大戦へと向かう途中で同じことをする映画を見ていたので、自分が目にしているものを信じられなかった。私たちは群衆のずっと後方に立っていたのでまったく安全だったが、それでも彼らのパワーをひしひしと感じた。

祖父は私を脇へ連れ出すと、指導者たちは人びとの共同体意識と外国人嫌いを同時に利用しているのだと説明してくれた。「デマゴーグ」（扇動政治家）という言葉も教わった。私はこうした経験から大いに刺激を受けたし、熱狂した群衆がかき立てる胸騒ぎをいまだに忘れられない。

一八四一年に出版された『狂気とバブル――なぜ人は集団になると愚行に走るのか』（パンローリング刊）において、ジャーナリストのチャールズ・マッケイはこう論じている。人びとは「集団で狂気に走るが、正気を取り戻す過程はゆっくりと一歩ずつしか進まない」[1]。群衆のなかの人びとは往々にして向こう見ずな行動をとる――罰当《ばちあ》たりな言葉をわめき、資産を破壊し、レンガを投げ、他人を脅す。

こうした事態が生じるのは、一つには、心理学者に「没個性化」として知られるプロセスのせいだ。つまり、人びとは集団と強く一体化するにつれて、自己認識や個人の主体感を失いはじめ、そのせいで一人で行動していれば考えもしなかったはずの反社会的行為に走ることが多い。暴徒と化し、自力で考えることをやめ、道徳的指針を失い、「われわれ」対「奴ら」という昔ながらの姿勢をとって共通の理解をいっさい認めないこともある。

群衆をめぐる私の経験はおおむね悲観的なものだったが、群衆が善へ向かう力となる場合もあるのは明らかだ。非暴力的な群衆でさえ、独裁者や独裁政府をおびやかすことがある。一九七四年のギリシャ、一九八九年の中国（天安門事件）、二〇一〇年のチュニジア（アラブの春）、二〇一六年のジンバブエ（反ムガベデモ）などでそうした例が見られている。群衆が権力者にとって特に脅威となるのは、よくあるように、明確な組織を持たずに組織的に姿を現すときだ。近年、政府がインターネットへのアクセスをコントロールしようとしているのは、まさに、人びとがいっそう組織化しやすくなるのを防ごうとしてのことである。

一九六三年のワシントン大行進（マーティン・ルーサー・キング・ジュニアが「私には夢がある」という有名な演説をしたのはこのとき）から、一九六五年のペタス橋での行進（このときはアラバマ州の警察が、投票権を求めるアフリカ系アメリカ人の抗議者を容赦なくたたきのめした）にいたるまで、アメリカにおける組織化された有名な公民権デモ行進について考えてみよう。政治意識のある虐《しいた》げられた個人がより大きな集団と一体になると、彼ら自身の信念が強められる一方、同等の人数でばらばらに行動する孤立した人びとでは持ちえないパワーを部外者に対して示すことにもなる。

善《よ》し悪《あ》しは別として、群衆の形成は人類にとって実に自然なことであるため、基本的な政治的権利とすらみなされている。アメリカ合衆国憲法修正第一条では、「人びとが平和的に集会する権利、苦情の救済を政府に誓願する権利」は法律によって侵害されない、と成文化されている。バングラデシュから、カナダ、ハンガリー、インドにいたる世界中の国々の憲法で、集会の権利は似たような形で述べられている。[2]共感の能力と同じように、集団を形成し、慎重に友人を選んで交際しようとする性向は、人類共通の遺産の一つなのだ。

他者を憎まず自集団を愛せるか

私がこの文章を書いている現在、アメリカは両極端に引き裂かれているように思える。右と左、都会と田舎《いなか》、宗教と非宗教、部内者と部外者、持てる者と持たざる者、といった具合だ。政治的分極化と経済的不平等はともに一世紀にわたってピークにあることが、分析により明らかになっている。[3]
アメリカ国民は、以下のようなテーマをめぐる声高な議論に首を突っ込んでいる。自分たちの相違について。誰が誰を代弁できるか、また代弁すべきかについて。個人のアイデンティティの意味と範囲について。部族的忠誠心の厳然たる影響力について。アメリカにおける人種のるつぼ——またアメリカ人としての共通のアイデンティティ——に対するイデオロギー的な肩入れは可能か、あるいは望ましいとすら言えるかについて、などなど。
境界線ははっきり引かれているように見える。したがって、私たちを分断するものより団結させるもののほうが多いとか、社会は基本的に善いものであるなどという見解を私が示すのは、奇妙なことに思えるかもしれない。それでも、私にとってこれは永遠の真理なのだ。

私が実験室での研究で出くわす最も気のめいる問いの一つは次のようなものだ。人びとが自分の属す集団に抱く親しみは、集団を定義するのが何らかの属性（国籍、民族、宗教）であれ社会的つながり（友人やチームメイト）であれ、他者への警戒や拒絶と必然的に結びつくしかないのだろうか？　あなたは他人を嫌うことなく自分の属す集団を愛せるだろうか？

私は、集団と一体化しすぎるとどうなるかをこの目で見てきたし、集団妄想を間近で目撃してきた。研究室では数千人という人びとを対象とした実験を通じて、また数百万人の行動を記述する自然発生データを分析することによって、それらについて研究してもきた。

悪いニュースばかりではない。人間の本性には称賛すべき点がたくさんある。たとえば、愛する、友情を育《はぐく》む、協力する、学習するといった能力だ。それらはすべて、私たちが善き社会を形づくるのに役立つし、あらゆる場所で人間どうしの理解を深めてくれる。

二五年近く前、ホスピスの医師として働いていたころ、私はまずこの問題――人間は基本的にどのくらい似ているか――について考えはじめた。死や悲しみは何にもまして人びとを結びつける。死とそれに対する反応の普遍性を目にすれば、誰もが人間とはよく似ているものだという印象を抱かずにはいられない。私は、あらゆる種類の背景を持つ瀕死の人びとの手を握ってきたが、人生の最後にまったく同じ願いを一つも共有していない人に出会ったことはないと思う。その願いとは、過ちをつぐなうこと、愛する者のそばにいること、耳を傾けてくれる人に自分の物語を語ること、痛みを感じずに死ぬことなどだ。[4]社会的つながりや対人理解を求める気持ちはとても強いため、最後まで私たち一人ひとりのなかに存在するのである。

私たちに共通の人間性

私たち人間にかんする私のビジョン——すなわち本書の核心をなすもの——を述べれば、人びとは共通の人間性によって結びついているし、結びつくべきだ、となる。こうした共通性の起源は、人間が共有する進化にある。それは、私たちの遺伝子に書き込まれているのだ。人間は仲間どうしで相互理解を実現できると私が信じている理由は、まさにここにある。

この点を強調するに際してはっきりさせておきたいのだが、私は社会集団のあいだに違いはないと言っているわけではない。ある集団が、ほかの集団にとっては想像するしかない社会的、経済的、あるいは生態学的苦難と格闘しているのは明らかだ。タンザニアの地溝帯《リフトバレー》で暮らす現代の狩猟採集民が、カリフォルニアのシリコンバレーで活躍するソフトウェア・エンジニアと何を共有しているのかは、ただちに明らかとは言いがたい。

だが、人間集団のあいだの違い（それらは興味深いうえに現実のものであるが）に焦点を合わせると、もう一つの基本的現実を見落としてしまう。私たちが違いに夢中になるのは、ボストンとシアトルの天気の違いに注目するのに似ている。そう、人はこの二つの都市で気温、降雨量や日照量、風況が違うことを見いだすはずだし、それらの違いは重要かもしれない（おそらく大いに！）。

それにもかかわらず、その両都市では同一の大気過程と基本的な物理法則が働いている。加えて、世界中の天気は密接不可分の関係にある。地球の多様な微気候を研究することの核心は、地方の気象条件の理解を深めることではなく、天気一般をいっそう完全に理解することだとさえ言えるかもしれない。

したがって、私は人間どうしで異なる点よりも、同一の点に興味がある。人びとが多様な人生経験を持ち、別々の場所で生活し、もしかすると表面的には違って見えたとしても、他人の経験のかなりの部分は誰もが人間として理解できるものだ。これを否定すれば、共感への希望を捨て去り、最悪の形の疎外感に身をゆだねることになってしまうだろう。

私たちに共通する人間性をめぐるこの基本的主張には、経験的基盤はもちろん深遠な哲学的根拠がある。ノーベル賞作家のマリオ・バルガス=リョサは「自由の文化」という評論で、同じ場所で暮らし、同じ言葉を話し、同じ宗教を信じている人びとに共通する部分が多いのは明らかだと述べている。だが、こうした集団特性は一人ひとりの個人を完全に定義するわけではないとも指摘する。人びとを集団のメンバーとしてのみ見ることは、バルガス=リョサによれば「そもそも還元主義的で非人間的である。集産主義的であり、人間における独特かつ創造的なあらゆるもの、すなわち遺伝、地理、社会的圧力によって押しつけられたわけではないあらゆるものを無視することである」という。現実の個人的アイデンティティは「みずから創造する自由な行為によって、これらの影響に抵抗し、反撃する人間の能力から湧《わ》き出してくる」と彼は主張する。[5]

たしかにそのとおりだ。しかし、個人の自由を発揮したり人間の個性を重視したりすることは、同族意識を払拭する一つの方法にすぎない。私たちは、視野を普遍的遺産のレベルまで広げることもできる。私たちは人間として、互いに一緒に暮らす方法について、自然選択によって形成された遺産を共有している。こうした遺産が、違いを特権化する非人間的な見方を捨て去るメカニズムを与えてくれる。

外国文化に触れることが、いかに人を元気づけ、安心を与える経験になるかを考えてみよう。当初は、服装、におい、外見、習慣、慣例、規範、法律などの違いがかなり気になるが、やがて、私たちは多くの基本的な点で仲間の人間に似ているという認識がまさってくる。誰もが世界に意味を見いだし、家族を愛し、交友を楽しみ、価値あるものを互いに教え合い、集団でともに働く。私見によれば、こうした共通の人間性を認識することによって、誰もがより崇高で高潔な生活を送れるようになるのだ。

皮肉にも、多くの人がこうした認識を得るのは、集団間の敵意がいつにも増してむき出しになる戦時のことだ。二〇〇一年製作の『バンド・オブ・ブラザース』というテレビドラマに、それを実証する胸を打つエピソードが出てくる。このドラマは、第二次世界大戦中にアメリカ陸軍のとある大隊に起きたできごとをもとにしている。実在の兵士の一人であるダレル・パワーズは晩年、その番組とともに放送されたドキュメンタリーフィルムのなかで、あるドイツ兵についてこんな見解を述べている。

「私たちには多くの共通点があったかもしれない。彼は魚釣りが好きだったかもしれないし、そう、狩猟が好きだったかもしれない。もちろん、彼らは彼らがすべきことをしていたし、私は私がすべきことをしていた。しかし、状況が違えば、私たちはよい友人だったかもしれないんだ」[6]

ただの友人ではなく、よい《いい》友人である。別の戦争を扱った二〇一七年の連続ドキュメンタリー『ベトナム戦争の記録』で、リ・コン・フアンという一人のベトナム兵が同じような認識にいたっている。若き兵士だったフアンは、血まみれの戦闘のあとで、木立の陰からアメリカ人を見ていた。すると突然、私たちが共有する人間性を感じ取ったという。

「私はアメリカ人が死にかけているのを目にした。言葉はわからなくても、彼らが涙を流し、抱き合っているのが見えた。一人が亡くなると、ほかの兵士たちは身を寄せ合った。遺体を運び去る彼らは泣いていた。私はその場面を目にして『アメリカ人もベトナム人と同じように深い人間性を持っている』と思った。彼らはお互いにいたわり合っていたんだ。それを見ていろいろと考えさせられたよ」[7]

善《よ》き社会への青写真

異文化間のこうした類似性はどこからやってくるのだろう？　人びとはお互いに――戦争さえ始めてしまうほど――大きく違うにもかかわらず、一方でとてもよく似ているなどということがどうすれば可能なのだろう？

根本的な理由は、私たち一人ひとりが自分の内部に「善き社会をつくりあげるための進化的青写真《ブループリント》」を持っているという点にある。

遺伝子は人間の体内で驚くべき仕事をするが、私にとってさらに驚くべきなのは、それが体外でなすことだ。遺伝子が影響を及ぼすのは人体の構造や機能だけではないし、人間の精神の、したがって行動の構造や機能だけでもない。そうではなく、社会の構造や機能にも影響するのだ。それは、世界中の人びとを眺めてみればわかる。私たちに共通する人間性の源泉はここにあるのだ。

自然選択は、社会的動物としての私たちの生活を形づくってきた。また、愛し、友情を育み、協力し、学び、さらには他人の独自性を認めるといった人間の能力すらもたらす特徴からなる――この本の大事な概念であるところの――「社会性一式《ソーシャル・スイート》」の進化を先導してきた。現代の発明が、道具、農業、都市、国家といったあらゆる虚飾や人工産物を生んできたにもかかわらず、私たちは自己の内部に、人間にとっての自然な社会状態を反映した生まれながらの性向を持っている。こうした社会状態とは結局のところ、事実として、さらには道徳的見地からしても、何よりもまず善なるものである。人間がこうした前向きな衝動に反する社会をつくれないのは、アリが突如としてミツバチの巣をつくれないのと同じことなのだ。

私たちは、より残虐な性向にいたるのと同じくらいごく自然に、この種の善良さにいたるものだと思う。それは動かしがたい事実だ。人は他人を助けると実にいい気分になる。善行とは単なる啓蒙主義的価値観の産物ではない。もっと深遠な、有史以前にさかのぼる起源を有しているのだ。

「社会性一式」を形づくる古来の性向は、一体となって働くことで、共同体を結束させ、それらの境界線を明確にし、メンバーを特定し、さらには、人びとが個人的・集合的目標を達成できるようにするが、その一方で、憎悪と暴力を最小限に抑える。

科学界はあまりにも長いあいだ、人間の生物学的遺産の暗黒面に焦点を当てすぎてきた。つまり、同族意識、暴力、利己性、残忍さなどを生み出す素質だ。明るい面は、受けるに値《あたい》する注目を拒まれてきたのである。

第1章　社会は私たちの「内」にある

第二次世界大戦後、ギリシャ系の少数民族としてイスタンブールで育った母は、まだ幼い少女だったその当時、ブユークアダという島で夏を過ごしたものだった。イスタンブールの海岸からフェリーですぐの場所だ。

その後長い歳月を経た一九七〇年、母は子供たちを連れてブユークアダ島を訪れた。ギリシャ人はこの島をプリンキポス（王子の島）と呼びならわしており、そのトルコ名には腹を立てていた。一九七〇年に母がその地を訪れたのは、実に二〇年ぶりのことだった。一九五〇年代には、大がかりな民族紛争のせいで、母とその両親はほかの少数民族と同じくトルコから追放されていたからだ。

弟と私はわずか六歳と八歳で、ギリシャ語は話せたがトルコ語は話せなかった。それでも私たちは思い切って外へ飛び出し、遊び相手となる子供たちを一〇人あまり見つけた。廃屋となっていた祖父の家の裏手に広がる松の木に覆われた丘陵地で、子供たちはまず一つの大きな集団になって遊んだ。協力してその一帯を探検し、「ともかく松ぼっくりを大量に集めよう」と身ぶり手ぶりで伝え合った。

最終的には、例によって、二つのチームに分かれて戦いを始めることにした。お互いに松ぼっくりを投げ合ったり、こそ泥のような襲撃によってそれを盗もうとしたりした。略奪行為と並行して単純な市場経済が出現した。投げやすい緑色の小さな松ぼっくりが、鱗片《りんぺん》が開いてもろくなった大きな美しい松ぼっくりと交換された。私たちはそれを手榴弾《しゅりゅうだん》に見立てていた。こうした兵器は発射されるやいなや破裂してしまうわけではなかったから、攻撃するたびに敵の武器を補給することになった。このゲーム——ささやかな戦闘、物々交換経済、集団の結束、ときおりなされるペテン行為など——は数時間にわたって続いた。

もちろん、トルコの少年たちはいくつかの点で私や弟と違っていた。彼らは髪を短く刈り、ベストを着ていた。松ぼっくりを腰のあたりからサイドハンドで投げ、私たちのように肩ごしにオーバーハンドでは投げなかった。その一帯の土地については私たちより詳しかった。

だが、こうした違いはささいなことに思えたし、無視するのは簡単だった。私たちが夢中になった社会的遊びは、言葉を介さなくても全員が理解していた。かなりの文化的・言語的距離によってへだてられていながら、私たち全員が社会秩序をともに生み出すことができたのだ。

遊びが持つ機能の一つは、子供が大人の行動をまね、大人の役割を練習することにある。だが遊びは、大人のふるまい方を教わっている子供だけのものではない。多くの狩猟採集社会では、大人は子供を自分たちだけで遊ばせておくため、往々にして彼らが何をしているのか漠然としかわかっていない。遊びは、誰かに指導されずとも自然に発生するものだ。純粋に自発的で、内面から動機づけられ、とびきり楽しい経験としての遊びは、私がトルコの友人たちとあの島で遂行した「社会生活の実験」をともなっていることが非常に多い。[1]

ここで、ある文化人類学者による長期の遊び仲間にかんする報告を紹介しよう。この遊び仲間のグループは、マルケサス諸島はウアプー島の一三人の子供たちで構成されていた。子供たちの年齢は二歳から五歳までで、大人の目の届かないところで数カ月にわたって毎日遊んでいるのが観察された。遊び場は海辺からすぐの場所だった(「強い波」が打ち寄せ「とがった溶岩の壁」が見られる地点で、しかも「なた、斧《おの》、マッチ」が手近にあった)。子供たちは「大人の干渉を受けることなく、組織的に行動し、争いを解決し、危険を避け、ケガに対処し、物品を分配し、通りすがりの他人にちょっかいを出されてもうまくあしらった」という。[2]

遊びにかんするさらに体系的で画期的な一連の長期研究が、ともに文化人類学者のベアトリスとジョンのホワイティング夫妻およびその同僚の指揮のもと、一九五〇年代半ばから一九七〇年代半ばにかけて世界各地で行なわれた。その結論は以下のようなものだった。子供たちの典型的な仲間、活動、おもちゃ、遊び場には、性別、年齢、文化によって大いに注目すべき差異があるものの、遊んでいるあいだの社会的な行動と交流のスタイルはつねによく似ているのだ。[3]

社会そのものが、こうした子供たちのゲームのスケールアップ・バージョンにすぎないとさえ言えるかもしれない。社会史家のヨハン・ホイジンガは、人間と遊びを扱った『ホモ・ルーデンス』(講談社ほか刊)という一九三八年の古典的著作において、「人間の文明は、遊びの概念に本質的な特徴をいっさい付け加えていない」とまで述べている。[4] 子供の行動には、小規模で暫定的な一種の社会をつくりあげることがそもそも含まれている場合が多い。人間とは幼いころからお互いに助け合うものなのだ。

内集団バイアス

四〇年以上を経てふり返ってみると、弟と私がトルコの少年たちと楽しんだゲームには、高度な社会組織がともなっていたことがわかる。この組織には、私がその後さまざまな専門用語によって認識するようになる多くの特徴が備わっていた。つまり「内集団バイアス」「取引の相補性」「社会的階級」「集団的協同」「ネットワーク・トポロジー」「社会的学習」「進化的な道徳」といった用語である。

いまでは自分の研究室を持つまでになったものの、私は依然としてこの種のものごとを相手にして遊び、それについて考えている。私の研究グループが専門的なソフトウェアを開発したのだが、これは、世界中から数千人の成人を採用し、それから、私たちがネット上につくった小規模な社会に加わってもらい、そこでの彼らのふるまいを追跡しようとするものだ。私はこの社会における相互交流を操作する。たとえば、人びとを無作為に裕福な者や貧しい者に割りふったり、プログラムで制御できるが本物の人間のふりをするロボット・エージェントをこっそり送り込み、彼らがどんな被害を引き起こすかを見たりする。

こうした操作の目的は、人間の社会生活の起源をより深くのぞき込むことであり、協力、団結、階級、友情などがどこから生まれてくるのかを理解することだ。私の研究グループはまた、これらの現象の進化生物学を研究しており、完全に現代の事例を扱うときでさえ、社会生活の古代の起源を探っている。

私たちが観察してきた、より気のめいる現象の一つが、前述した内集団バイアスだ。つまり、自分の属す集団を好むことであり、私がブユークアダ島で経験した、チームに所属することのあの温かい感情である。

内集団バイアスは就学前の子供にさえ見られるもので、多くの研究者がこうした好意が生得的なものかどうかを探っている。ある実験では、五歳の子供たちがさまざまな色（赤、青、緑、オレンジ）のTシャツを与えられ、続いて、自分と同じあるいは違う色のTシャツを着たほかの子供たちの写真を見せられた。子供たちは自分のシャツの色が無作為に割り当てられたことを理解していたし、写真の子供たちのあいだには、Tシャツの色以外に取り立てて違う点はなかった。それにもかかわらず、子供たちは同じ色のTシャツを着ている子供に好意を示した。彼らに希少な資源（おもちゃのコイン）をより多く配分したり、彼らについてより前向きな意見を述べたりした。[5]

また、自分と同じ色のTシャツのグループに属す子供たちは親切で、おもちゃを分けてくれる可能性がより高いと感じていた。子供たちは、自分の属す内集団の好意的な行動をよりよく憶えたり思い出したりできた。自分と同じタイプの子供の行動を伝える好ましい情報を頭に入れるからだ。

こうしたあらゆる現象が生じた理由は、無作為に配られたTシャツの色だけにあった。生後三カ月から五カ月というさらに年少の子供の内集団バイアスにかんする別の研究は、バイアスの先天性をいっそう支持するものだ。[6]

とはいえ、私たちが生まれながらに持っている社会的に意味のある感覚は、これだけではない。人間には生まれつき、基本的な道徳感覚も備わっているように思える。

たとえば発達心理学者のポール・ブルームと彼の同僚は、創意に満ちたさまざまな実験を通じて、わずか生後三カ月の赤ん坊にも公正性や互恵主義――人が協力するために必要不可欠の要素――を感じ取る力があることを証明してきた。[7]

ある実験では、生後三カ月の赤ん坊に、丘を登ろうとする赤い円を「助けている」青い四角と、円を下へ押している黄色い三角を見せた。赤ん坊はどちらかを選ぶよう言われると、期待どおり青い四角を選んだ（色や形で選ぶことがないよう、それらはいろいろと変更された）。[8] 操り人形を使った別の実験では、赤ん坊は、ある人形がやろうとしている行為を助ける人形と邪魔する人形の違いを認識していた。赤ん坊はいい人を好み、いやな奴を嫌った。操り人形を使ったさらに別の実験では、生後一三カ月の赤ん坊が「心の理論」を持っていることがわかった。つまり、彼らは他人の精神状態（知識、信念、意図）を理解していたのだ。それが道徳的推論のために不可欠であり、社会生活を送るために有益なのは言うまでもない。[9]

別の一連の実験では、よちよち歩きの幼児が、誰にうながされるでもなく自発的に、戸棚をなかなか開けられないふりをしている大人を手伝った。[10] ようするに、きわめて若年であっても、人間は積極的な姿勢で交流するようあらかじめ（強力な生来の性向を持っているという意味で）配線されているように思える。他人の意をくむとともに、公正であろうと心を砕く傾向があるのだ。したがって、細かい点は地域によって異なるものの、あらゆる社会が親切や協力に価値を置き、残酷な行為とはどんなものかを明確にし、人びとを人格者かいやな奴かに分類するとしても、驚くにはあたらない。

人間がこのようにできているのはなぜだろう？　生まれながらにして、前述のような社会的に意味のある首尾一貫した行動を見せるのはなぜだろう？　子供の遊びを導き、大人の生活を形づくる社会原則はどこから生じるのだろう？　あらゆる社会の人間が、広く善とみなされている重要でなじみ深い特徴を備えた同じような社会秩序を生み出すのは、どんな仕組みによるのだろう？

人間社会の普遍性

人間社会が共有しているものを簡単に見失ってしまうのは、私たちが地球上を見渡す際、テクノロジー、芸術、信念、生活様式などのあの驚くべき、否定しがたい多様性を目のあたりにするからだ。しかし、社会の違いに焦点を合わせると、より深い現実が見えにくくなってしまう。つまり、社会の類似性はその相違点よりも大きく、深遠だということだ。

標高一万フィート（約三〇〇〇メートル）の高台に立って二つの丘を調査している場面を想像してみよう。自分がいる高い場所から見ると、一方の丘は三〇〇フィート（約九〇メートル）、もう一方の丘は九〇〇フィート（約二七〇メートル）の高さがあるようだ。この違いは大きいように思えるかもしれない（何しろ一方は他方の三倍もあるのだ）。そこであなたは、これほど高さが違う原因はどんな局地的な力（たとえば浸食作用）なのかという点に注目するかもしれない。だが、こうした狭い視野にとらわれてしまうと、より本質的なもう一つの地質学的力――一方は高さが一万三〇〇フィート、他方は一万九〇〇フィートという実際にはきわめて似通った二つの山をつくりだした力――を研究する機会を失うことになる。

ようするに、何が見えるかはどこに立つかで変わってくる。多くの場合、人びとは人間社会の話になると標高一万フィートの高台に立ち、社会の違いを強調することではるかに大きな類似性を覆い隠してきた。

比喩を拡大し、農耕や採集といった人間の活動が具体的にどこまで風景をつくり変えるかを考えてみよう。こうした人間活動は丘の外観の細部を改変するかもしれないが、山そのものを根本的に変えてしまうわけではない。山の成り立ちは人間の支配の及ばないより深い力に関係しているからだ。人間の文化についても同じことが言えるかもしれない。つまり、人間の文化は社会的経験のいくつかの側面をつくり変えるが、それ以外の多くの特徴はきわめて堅固なまま残すのである。

より広い視野に立てば、それが理解できるようになる。宇宙飛行士——彼らは感傷的だからという理由で選ばれるわけではない——は、人間の違いが実はいかにささいなものであるかを実感する機会が多い。ソ連の宇宙飛行士のアレクサンドル・アレクサンドロフは、こんなふうに述べている。

「アメリカの上空を飛行していたとき、突然、雪が目に入りました。私たちの宇宙船の軌道から初めて見る雪でした。私はアメリカを訪れたことは一度もありませんが、秋や冬の到来はアメリカだろうがほかの土地だろうが同じことであり、それらに備える手はずも同じはずだと思いました。そのとき、私たちはみなこの地球の子供なのだと気づいたのです」

スペースシャトルの司令官を務めたドナルド・ウィリアムズは、漆黒の宇宙に浮かぶ青い地球を見てこう語っている。

「この経験が物の見方を変えるのはまちがいありません。私たちがこの世界で共有しているものごとは、私たちをへだてているものごとよりもはるかに価値があるのです[11]」

こうした畏敬の念を呼び起こす経験の大半は、私たちが通常の認識の準拠枠を超越しつつあるかのように感じさせるものだ。科学者のなかには（証明するのは難しいとしても）こう信じている者もいる。すなわち、畏敬の念は、利己性を低下させ、他人とのつながりをより強く感じるようにさせる認知変化を引き起こすために進化した感情であると。嵐、地震、広大な氷原や砂漠といった圧倒的な自然現象に対し、利己性の低下と集団の絆《きずな》の強化によって立ち向かうことは、古代の人間にとって生存価（生存を助ける特性）があった。

心理学者のダチャー・ケルトナーとジョナサン・ハイトは、畏敬の念の重要な特徴は、利己主義をやわらげ、個人に自分はより大きな全体の一部だと感じさせる点にあると主張している[12]。霊長類学者のジェーン・グドールによると、チンパンジーも似たような経験をするという。彼らは自分の外部にある事物に驚いたり、滝や夕日をうっとり見つめたりすることがあるのだ。これは、こうした感情の進化的起源となりうるものを示唆している。[13]

だが、宇宙へ飛び出した少数の人びとはすでに述べたような視野を獲得したものの、人類を一つに結びつける普遍的文化が存在すると考える人びとと、人間の経験には大きな多様性があることから真に普遍的な特質などありえないと考える人びとのあいだで、激論が交わされてきた歴史がある。文化とは諸概念（また人為的につくられたもの）の全体であると定義していいかもしれない。ここで言う諸概念とは、通常は社会的に伝達されるものであり、個人の行動に影響を及ぼす力を持っている。普遍的文化とは、世界中のあらゆる人びとが共有する特質のことだ。

まさにこの普遍性ゆえに、この特質はおそらく進化によって形成されたのではないかと考えられる。たとえば、あらゆる文化において、人びとは（たいていは個人名の使用を通じて）ただ一人の人物として認定されるという事実を見れば、個人のアイデンティティには何か基本的な部分があることがわかる。[14]

普遍的文化をめぐる主張は科学的にも道徳的にも疑わしいと考える批判者もいる。普遍的特性の追求が問題だとみなされるのは、それが標準的なカテゴリー（往々にして欧米社会のもの）をすべての人に押しつけ、それゆえ、人間の多様性の先を思い描くだけでなく、それを軽視しているように思えるからだ。こんな恐れを抱く人もいる。特定の普遍的特性の実在を認めれば、観察者は一定の立場をとり、その立場からなじみのない文化的慣行について判断し、常軌を逸しているというレッテルを貼ることになりかねないと。

極端な批判者になると、主張された普遍的特性に対するたった一つの例外でさえ、その普遍性を否定するものとみなす。だが、普遍的な能力を持っていても普遍的特性が表に現れるとは限らない。こうした批判者が概して見落としているのは、例外的なケースでは通常、自然の秩序を改変するためのとほうもない圧力が必要になるという事実だ。たとえば、遊ぼうとする生来の傾向をどうにか制圧している社会は（私たちの知るかぎり）世界にただ一つ、パプアニューギニアのバイニング族の社会しか存在しない。

しかし、だからといって、バイニング族の子供が遊ぶようにあらかじめ配線されていないわけではない。実際には、遊びたいという自然な衝動を破壊するには、多大な文化的力が必要になる。バイニング族の大人は遊びをおとしめ、遊ぼうとする子供がいると勢い込んで邪魔するのだ。[15]

普遍的特性をめぐる議論は、科学においてもさらに広範な緊張状態を引き起こす。最も有名なのは、人間の経験の説明として生まれと育ちの相対的影響力を焦点とするものだ（この問題はのちほど取り上げる）。普遍的特性の存在を擁護する人びとは一般に、「生まれ」陣営に属すと見られている。もう一つの緊張状態は、併合派の分類学者と細分派の分類学者のあいだに生じる。細分派とは自然界に微細な区別を見いだす人びとだ。[16] さらに別の緊張状態が、現象の平均的傾向（たとえば住宅の平均市場価格）に注目する人びとと、その変動（たとえば住宅価格の範囲や場所による価格の不均衡を生む力など）に興味を持つ人びとのあいだに存在する。だが、これらの異なる指針――一貫性を探求するか、差異を研究するか――は、私たち人間を含む自然現象を科学的に研究する方法として、対立するというより相互に補い合うものと考えるべきだ。

二〇世紀の前半、エミール・デュルケーム、フランツ・ボアズ、マーガレット・ミード、ルース・ベネディクトといった社会科学者は、文化は心理学的あるいは生物学的特性によっては説明できないと考えていた。文化とは人間によって念入りに思慮深くつくりあげられるものであり、さらに深い原因には還元できないとみなされていたのだ。[17] 一九七〇年代、文化人類学者のクリフォード・ギアツは、基本的な普遍的特性は存在するものの、そうした特性が表出する多様なあり方とくらべると、興味を引くものではないと主張した。普遍的特性を特定するには大幅な抽象化が必要になるため、そんなことをしても役に立たないと彼は感じていた。[18] 人間の本性などと言ったところで、未分化で何にでもなりうる取るに足りない原料を提供するのがせいぜいだというのだ。[19] こうした考え方から、文化的差異が科学研究の中心課題となっていたのである。

別の見方をする社会科学者もいた。一九二三年、文化人類学者のクラーク・ウィスラーは、文化的特徴の「普遍的パターン」について述べ、こうした普遍的特性——言語能力、食べ物、住みか、芸術、神話づくり、宗教、個人的交流、さらには財産、政府、戦争への態度——は人間の生態に根ざしていると提唱した。一九四四年、有名な文化人類学者のブロニスラフ・マリノフスキーは、文化は「人間の生物的要求」に依存すると論じ、一連の基本的要求（安全、生殖、健康など）を、それぞれに対する文化的反応（防衛、血縁関係、衛生など）に対応させた。[20]

文化人類学者のジョージ・マードックは、「諸文化の共通項」という一九四五年の論文で、普遍的特性をアルファベット順に並べた「部分的リスト」を提示した。それは実のところ、網羅的で驚くほど詳細（さらに、私の意見では冗長で恣意的）なものだった。このリストには、装身具からスポーツ活動、夢の解釈、性行為、魂の概念、さらには気象制御にいたるまで、あらゆるものが含まれていた。マードックはこれらの普遍的特性を、内容というよりもむしろ、分類の明細だと考えていた。つまり、これらの領域のいずれにおいても、人間の行動は細かく正確に見れば地域によって異なるかもしれない。だが、それらは「人間の基本的な生物学的・心理的性質と、人間存在の普遍的条件」に根ざす共通の土台を構成しているのだ。[21]

一九九一年、文化人類学者のドナルド・ブラウンは、文化人類学の分野で普遍的特性を探ることへの「タブー」と称するものに挑んだ。彼は、文化的特徴を普遍的なものとした可能性のある三つの広範なメカニズムの概略を描いた。そうした文化的特徴は、(1)ある場所で使われはじめ、広く拡散していったのかもしれない(たとえば車輪のように)。(2)環境によって課される、あらゆる人間が直面する課題(たとえば住みかを見つける、料理をつくる、子の父であることを確定するなどの必要性)に対して一般に見いだされる解決法を反映しているのかもしれない。(3)あらゆる人間に共通する生来の特徴(たとえば音楽に惹かれる、友人を欲しがる、公正の実現に尽くすなど)を反映しているのかもしれない。すべてではないにしても一部の普遍的特性は、進化した人間本性の産物に違いない。[22]

仮説上の「普遍的人間」について詳しく説明するなかで、ブラウンは、言語、社会、行動、認識にかかわる表面的な普遍的特性を数十も列挙している。

人間の普遍的特性として挙げられるものには、文化の領域では、神話、伝説、日課、規則、幸運や先例の概念、身体装飾、道具の使用と製作などがある。言語の領域では、文法、音素、多義性、換喩、反意語、単語の使用頻度と長さの反比などがある。社会的領域では、分業、社会集団、年齢階梯、家族、親族制度、自民族中心主義、遊び、交換、協力、互恵主義などがある。行動の領域では、攻撃、身ぶり、うわさ話、顔の表情などがある。精神の領域では、感情、二分法的思考、ヘビへの警戒や恐怖、感情移入、心理学的な防御機構などがある。[23]

普遍的特性のこうした基本的カテゴリーが重要なのははっきりしている。それらが浮き彫りとなるのは、私たちが高さ数万フィートの高台から下り、より低い地面に足を運ぶときなのだ。

一見すると共通点のないさまざまな文化特性が、実はつながっているという場合もある。たとえば、文字体系を持つ社会は、持たない社会とくらべて複雑な宗教を信仰している。相関する特性のこうしたパターンからわかるのは、人間社会の複雑さを形成するさらに深い組織化力が働いているということだ。これは、一万年のあいだに世界中の三〇の地域に存在した四一四の社会の研究によって実証されている。[24]

人間社会の多くの重要な特徴は機能的に関連しており、それぞれ孤立しているわけではない。それらは予測可能な形で共進化する。そのため、一つの基本的な測定基準を用いることで把握できる。方法論的に言うと、費用という一つの基本的な測定基準によって、自動車に備わる共通点のない特徴（加速性能、安全性、計器、装備）のバランスが取れている理由を説明できることと似ている。

人間の経験のさまざまな側面において生得性が存在する証拠が、多くの分野をまたいで確立されてきた。心理学者のポール・エクマンは、基本的な感情と多様な顔の表情――とりわけ、幸福、怒り、嫌悪、悲しみ、恐怖に対するもの――との普遍的なつながりを示し、それらには進化論的基盤があると述べている。[25]その種の表情は、たとえ顔への正確な表出が文化的に形成されることがあるとしても、生得的なものだ。[26]

言語学者のノーム・チョムスキーや心理学者のスティーヴン・ピンカーをはじめとする人びとが擁護する、言語の普遍的な特徴の研究を通じて、普遍的特性を理解するためのもう一つの実り多い研究領域が築き上げられている。[27]民族音楽学者は普遍的文化の次なるカテゴリー、すなわち音楽形式の存在を立証している。[28]世界中の三〇四もの音楽録音というサンプルから、九つの地理的領域にまたがる多くの「統計にもとづく普遍的特性」（つまり、そのパターンに例外はほぼ存在しないということ）が割り出されたのだ。これらの特性は、演奏形式や社会状況はもちろん、ピッチやリズムにかかわる特徴にまで及んでいた。

音楽にかかわるこれらの普遍的特性はきわめて基本的なものであるため、人間以外の種にさえ現れる場合がある。たとえば、バタンインコは私たちと同じようにリズムをとって木を打ち鳴らし、音楽をかなでる。[29] しかも、音楽の機能は——トリ、ゾウ、クジラ、オオカミのいずれでも——社会的であるよう意図されているかもしれない。人間以外の種にも人間の普遍的特性が現れるというこうした報告は、それ自体、きわめて影響の大きな発想を呼び起こす。ある現象（たとえば交友や協力）が人類にもほかの種にも見られるとすれば、そうした現象は、人類内部の集団が共有する普遍的特性の候補としてとりわけふさわしい。私たちが動物とある特質を共有しているなら、私たちが相互に広くそれを共有できるのはまちがいない。

遺伝子に刻まれた人間の普遍的特性

とはいえ、目録に並ぶ多くの普遍的特性の問題は、それらが往々にして、文化に含まれるはずの一連の核心的な項目というより、むしろ文化に含まれうる特徴の網羅的なリストに見えてしまうことだ。本書における私の関心は前者にある。加えて、私が注目する普遍的特性は、特に社会的な性質のものであり、人びとの集団がいかにして機能するかにかかわるものだ。

結局のところ、私は生態学的というより進化論的な起源を持つ普遍的特性に興味がある。ようするに、私が焦点を合わせているのは遺伝子に暗号化されている普遍的特性であり、人間が暮らす環境への直接的反応としてのみ（複数の場所で独立に）生じるそれではない（たとえば、食料を求めて川や海を開拓する文化には漁網が普遍的に存在する可能性がある）。これと関連して、進化論的視点をとるには、進化が実際に影響を与えうる特質に焦点を合わせるしかない。事実上あらゆる社会に治療の伝統があるとしても、医療活動は私たちの遺伝子に暗号化されているものではない。だが（自分自身と自分が愛する者双方の）健康と生存への願望や、ある人が別の人を助けようとする衝動は、実際に私たちの内部に組み込まれているのだ。

したがって、私自身の普遍的特性のリストは、以上に紹介した成果よりも焦点を絞った基本的なものとなる。このリストは、特に社会的な一連の重要な特徴を中心とし、人間がみずから善き社会とみなすものをつくる理由にかかわっている。証拠からわかるように、このリストは人類の進化上の遺産から導き出されるものだ。さらに、このリストは少なくとも部分的に、私たちの遺伝子に暗号化されている。この普遍的特性のリストを「社会性一式《ソーシャル・スイート》」と呼ぶことにしよう。

社会性一式《ソーシャル・スイート》とは何なのか

人間社会はきわめて活力があり、複雑で、包括的であるため、独自の発展をとげる。社会を築くのは、他人、権力者、あるいは人智を超えた歴史的な力であるように思えるかもしれない。私が子供だった一九七〇年代、一部の人びとは、エジプトやアメリカ大陸の明らかに洗練された古代文明に感銘を受け、外国人はそれらを手本としたに違いないと夢想した。だが、人間社会はどこかよその土地からやって来るものではない。私たちの内部から現れるのだ。

一致団結して社会を形成する能力は、実は人類の生物学的特徴であり、この点は直立歩行の能力とまったく同じである。動物界ではめったに見られないこの生得的能力は、進化生物学者のE・O・ウィルソンが「地球の社会的征服」[30]と呼ぶ事態を可能にもした。私たちが地球を支配できるのは、脳のおかげでも強靭な筋肉のおかげでもないのだ。

また人類が生き延び、繁殖する助けとなってきたほかの行動と同じように、社会を構築する人間の能力は本能となっている。それは、私たちにできる何かというだけではない——しなければならない何かなのだ。

これから示すように、あらゆる社会の核心には以下のような社会性一式が存在する。

（1）個人のアイデンティティを持つ、またそれを認識する能力
（2）パートナーや子供への愛情
（3）交友
（4）社会的ネットワーク
（5）協力
（6）自分が属する集団への好意（すなわち内集団バイアス）
（7）ゆるやかな階級制（すなわち相対的な平等主義）
（8）社会的な学習と指導

これらの特徴は個人の内部から生じるが、集団の特徴ともなる。それらは一体となって働き、機能的で、永続的で、さらには道徳的に善い社会さえつくりだす。[31] 個人のアイデンティティは、愛情、交友、協力の基盤を提供してくれる。というのも、そのおかげで、人びとは時と場所を超えて誰が誰なのかを追跡し、他人がほどこしてくれた恩に誠実に応えられるからだ。愛情はとりわけ人間に特有の経験である（その土台となるのは、人間以外では少数の哺乳《ほにゅう》類にしか見られない特性、つまり、つがいの一方と絆を結ぶ行動だ）。

進化論的に言えば、愛情のおかげで、私たちは近親者のみならず、最終的には血縁のない個人に対しても特別なつながりを感じるようになる。ようするに、人間は友人をつくる。これもまた、社会性一式に欠かせない要素だ。

私たちは、他人とのあいだに生殖とは無関係な長期的つながりを形成する。動物界ではきわめてまれなことだが、人間にとっては普遍的な現象である。友人をつくることの帰結として、私たちは社会的ネットワークに加わるが、こうした社会参加の特定の方法はまたしても普遍的なものだ。交友の数学的パターンは世界中どこでも同じなのである。

人間はまた、あらゆる場所でお互いに協力する。こうした協力の支えとなるのは、私たちがつくる対面的ネットワークの内部ではまちがいなく見知らぬ人よりも友人と交流するという事実だけではない。私たちが集団を形成し、外部の人よりも内部の人を好きになることで、集団の境界線を設定するという事実でもある。人びとはあらゆる場所で友人を選び、自分の属す集団をひいきする。

さらに、協力は社会的学習にとってきわめて重要な属性であり、人類の最も有効な発明の一つだ。人は誰でもあらゆることを独力で学ぶ必要はない。私たちはみな、他人に教えてもらえることを当てにしている。それは、あらゆる文化に存在するきわめて効率的な慣行である。交友のネットワークと社会的学習は、最終的に、ある種のゆるやかな階級制度のお膳立てをする。私たちはそこで、集団の一部のメンバー――通常はものを教えてくれる人や多くのつながりを持つ人――に対してより大きな敬意を払うのだ。

これらの特徴は団結することにかかわっており、不確実な世界で生き延びるためにきわめて有益なものである。知識をより効率的に獲得・伝達する方法を提供し、リスクを共有できるようにしてくれるからだ。言い換えれば、これらの特質は進化の観点から見て合理的であり、私たちのダーウィン適応度〔訳注：ある遺伝子型を持つ個体が次代にどれだけ残るかを示す尺度〕を高め、個人的・集団的利益を促進する。人間の遺伝子は、社会的な感性や行動を私たちに授けることによって、私たちが大小の規模でつくる社会の形成を助けてくれるのである。

こうしてつくりだされた社会環境が、今度は、進化的時間を通じたフィードバック・ループを生み出す。歴史を通じて、人間は社会集団に囲まれて暮らしてきたが、同胞――私たちが交流し、協力し、あるいは避けなければならない人びと――の存在は、遺伝子の形成においてどんな捕食者にも劣らないほど大きな影響力を持っていた。進化論的に言えば、私たちが社会環境を形成してきたのと同様に、社会環境が私たちを形成してきたのだ。

そのうえ、物理的、生物学的、社会的環境はいずれも進化において中心的役割を果たしてきたものの、ある本質的な点で異なっている。数百万年以上昔に始まった火の使用は（きわめて重要ながら）別として、人間が物理的・生物学的環境を――河川にダムを築き、動植物を栽培・飼育し、大気汚染を引き起こし、抗生物質を使用するなどして――大規模に形づくれるようになったのは、過去数千年のことにすぎない。農業や都市を発明する以前、人間が物理的環境を築くことはなく、ただ選ぶだけだった。対照的に、人間は絶えず社会環境を構築してきたのである。

社会的に暮らすことで、私たちは特別な要求を課される。それらの要求にうまく対処するため、多くの認知能力と行動レパートリーが進化した。たとえば、私たちは生まれつき協力する姿勢を身につけているが、協力的な集団で暮らせば、思いやりや互恵《ごけい》主義にかかわる遺伝的素質が強化される。私たちは生殖のパートナーだけでなく、友人をつくるよう配線されており、交友関係を結ぶ際には、友好的であれば有利になるよう周囲の社会をいくぶん変化させる。こうした向社会的能力を欠く個人は、生き延びて子孫を残そうとしてもほかの人ほどうまくいかない。遺伝子に導かれて私たちがつくりだす社会環境が、特定の遺伝子、つまり、私たちがつくってきた環境で役立つ遺伝子をフィードバックして強化するのだ。こうした理由もあって、人間は進化的な時間を通じ、普遍的な社会的原理を遺伝子によって内面化してきたのである。

人間社会の基本的な特徴は、人類が長い歳月をかけてそのスケッチを助けてきた「青写真《ブループリント》」に導かれている。進化生物学者のなかには、青写真という比喩《ひゆ》にいらだつ者もいる。[32] その理由の一端は、彼らが青写真を固定的で決定論的なものと見ている点にある。

だが、もう一つの問題は次のようなものだ。一連の計画にもとづいて建物を建てているなら、ほかの誰かがその建物を検査し、それから過去にさかのぼって青写真をつくれるのに対し、生物に指示を出す遺伝暗号の場合、生物を検査して暗号にまで簡単にさかのぼれる者はいない。青写真であれば過去から現在へ、現在から過去へと両方向に進めるが、遺伝暗号の場合は過去から現在への一方向にしか進めないのだ。結果として、そうした科学者は「プログラム」とか「レシピ」といった比喩を好む。だが、調理された料理を吟味することで、実はレシピについていくつかの予想ができるのだ。

いずれにせよ、建物を検査することで、もともとの青写真をつねに正確に再現できるとはかぎらない。

青写真は必ずしも完全に実現されるわけではないし、そもそも完成されたものですらない。青写真には解釈の余地がある。それは特別な指針であるにもかかわらず、変更されることもある——建築家によって修正され、建設業者によって解釈され、居住者によって手直しされるのだ。

さらに重要なのは次の点だ。ときに議論を呼ぶこの比喩の使い方という観点からすると、私が本書でそれを使うとき、遺伝子は青写真だと言っているわけではないのである。私が言いたいのは、遺伝子は青写真を描くために機能するということだ。社会生活の青写真は私たちの進化の所産であり、ＤＮＡというインクで描かれているのである。

過去の進化の歴史からして、私たちは一般に、基本的で義務的な社会をつくらざるをえない。この青写真には次のような意味もある。つまり、社会にはそれがとれない形がいくつかあるし、守らねばならない制約があるということだ。これらの点については、ともにのちほど検討する。人間は青写真から逸脱できるが、それもある程度までの話だ。この先で見るように、逸脱がすぎれば社会は崩壊してしまうのである。

私たちを一つにするもの

異文化間における特質や行動の違いは、長きにわたりとほうもない関心を集めてきた。だが、こうした違いは「よそ者」への侮蔑や弾圧を正当化するという嘆かわしい方法で利用されることも多かった。これらの文化的差異は、ときとして人間の肉体的特徴（たとえば、タイプの異なるヘモグロビン。これは高所耐性やマラリアへの抵抗力といった強みをもたらす）の遺伝的差異にかんする情報と関連していることがある。[33]そのため、文化的慣行の違いの原因を遺伝に求めることは理にかなっているように思えるかもしれない。暴力、好奇心、リスク回避、移動行動といった特質にかんしては、一定の限られた証拠がある。[34]だが、文化人類学者の提示する特質の長いリストに見られる文化的集団間の差異が、遺伝子によってはほとんど説明できないのはたしかだ。外科医学や偶像崇拝の遺伝子によって、人間を切開したり神の像をつくったりする社会がある理由を説明できるなどということはない。そうした差異の原因は文化にある。

とはいえ、遺伝子が文化的な違いを説明しないとしても、文化の普遍的特性なら説明できる。さらに、そもそもなぜ文化が存在するのかを解き明かせるのだ。人間は進化を通じて、協力し、友人をつくり、社会的に学習する能力を身につけた。こうした進化のおかげで、文化の根本的な基盤がもたらされた。私たちが文化的差異を明確に示すのは、まさに、何よりもまずこうした能力を持つよう進化したからだ。

個人レベルであれ社会レベルであれ、行動の進化的基盤について科学者が説明する際、私たちをへだて、分裂させることさえある人間どうしの違いに焦点を合わせることが多い。だが、私が青写真について語るときは、まるで異なる興味を抱いている。私は、さまざまな社会のあいだの違いが遺伝子にもとづいていると言いたいわけではない。そうではなく、さまざまな社会のあいだに存在する類似点——それは社会性一式に例示されている——は遺伝子にもとづいていると言っているのだ。

私が興味を抱いているのは、すべての人間が共有する根深い社会的特徴であり、それらの特徴はどこから生じるのか、それらの特徴が果たす生物学的・社会学的目的は何か、また、文化的な詳細はともかく、それらの特徴はいかにして社会を形成しつづけるのかといったことだ。比較的少ない普遍的特徴に後押しされ、人間はみずから集まって社会をつくる。地球上のどこかから人びとの集団を連れてきて、指示も権威もないまま思いどおりに社会を形成させたら、彼らは何をするだろうか？　次章ではこの点について見ていこう。

第2章　意図せざるコミュニティ

BBCテレビのリアリティ番組『キャスト・アウェイ2000』の設定のような実験を行なうチャンスに恵まれれば、ほとんどの社会科学者は喜んで飛びつくことだろう。この番組でカメラが追ったのは、一年のあいだともに無人島に取り残された（カップルと家族を含む）三六人の男女だった。番組の目的は「イギリスの縮図となる人びとが新しい社会をつくろうとするとき、何が起こるかを明らかにする」[1]ことだった。この集団が向き合った課題は、結束が固く、持続可能で、機能的なコミュニティをゼロから建設することだった。世界中の新聞がはらはらしつつも、「新たなミレニアムに向けた大胆な社会実験」[2]だとしてその番組をほめそやした。

この番組は人為的につくられたものなので、そのことが遭難者《キャスト・アウェイ》たちの意思決定や行動を方向づけたのはまちがいない。だがそれでも、参加者自身の多くが語ったところでは、彼らの目から見るとこのプロジェクトは何よりもまず「科学実験」だったという。参加者のジュリア・コリガンはのちにこう説明している。

「こんなことを言うと、どれだけ鈍《にぶ》いんだと思われそうですが、私たちはプロジェクトの撮影の重要性に最初は気づいていませんでした。ごく初期のころは特にそうです。私たちが実地段階に入ったころには、『社会実験』としての側面がすっかり重視されているようでした」[3]

この三六人は、普段の生活から引き離され、スコットランドのタランゼイという小島に移住させられると、食物を栽培し、家畜を育て、住みかを保全し、効率的なコミュニティを整備・運営するよう指示された。現地に到着するや、彼らは暮らすためのポッドを割り当てられ、一箱ぶんの私物を持ち込むことを許され、作物が育つまで持ちこたえられるよう数週間分の食料を与えられた。それ以外はすべて彼らの自由にできた。参加者の一人であるロン・コプシーはのちに、コミュニティ建設の初期段階について手短に述べている。

当初は、お互いに知り合うことと、タランゼイ島での暮らし方をめぐる終わりのないミーティングに大半の時間が費《つい》やされました。仕事の当番とコミュニティの予算の使い方をめぐって、議論が次から次へと巻き起こりました——男たちのあいだで殴り合いになることさえあったんです。[4]

参加者のうち二九人が最後までやり抜き、仲間どうしの親交を深めつつタランゼイ島への愛着を育んだ。だが、七人（三人の個人と四人の一家族）は、さまざまな理由でみずから島を去った。[5] そのうちの一人だったコプシーは、この実験について抱いた感情をこうまとめている。

私たちは普段とは違った暮らしを送るすばらしいチャンスを与えられました。ところが、私たちがやったのは自宅での生活を再現することにすぎなかったんです。参加者が望んだのは、規則や派閥といったものでした。タランゼイのコミュニティが社会を反映しているように思えてがっかりしました。[6]

タランゼイ島が一般社会にそこまで似てしまったのはなぜだろう？　参加者が自分たちの望みとは裏腹《うらはら》に新しいものを生み出せなかったのはなぜだろう？　理想的な世界であれば、研究者は長期間にわたり科学的厳密さをもってタランゼイの実験を何度も行なうことだろう。だが、支援業務や倫理面での支障を考えると、それを実現する方法はなかなか想像しがたい。

一つの可能性は、その種の実験をより小規模に行なうことだ。私の研究室は、相互交流を簡略化してネット上でこうした実験を短期間に行なうある方法を開発した。もう一つの可能性は、社会を一新しようとするささやかな意図的取り組みの興味深い歴史を検証することだろう。

過去数世紀にわたって何度となく、ユートピア的、哲学的、宗教的な展望に、あるいは差し迫った現実的必要性に突き動かされた人びとが、一般社会とは別のコミュニティをつくるため、自発的に社会から離れていった。こうしたおなじみのユートピア的奮闘は、とりわけアメリカ合衆国に強く根を張っている。アメリカには多くのコミューン的集団を抱えてきた歴史がある（ピューリタン、シェーカー教徒、さらに最近では一九六〇年代のコミューンを考えてみるといい）。

社会の発展を研究するさらに別の方法は、社会秩序をゼロからつくりあげようとする意図せざる取り組みを検証することだろう。そうした取り組みとしては、難破船の船員たちによるものが挙げられる。彼らは気づいてみると、生き延びるために機能的なコミュニティを一致協力してつくりあげるという難題に直面していたのだ。

これらのさまざまな観点については、この先のいくつかの章で検討する。だが、いますぐ注目すべきなのは、意図的だったり偶然だったりするこれらのできごとの際立った特徴は、完全に予測できるその「結末」にあるということだ。根本的に異なるルールを持つ社会をつくりあげようという取り組みの大半は、すっかり破綻《はたん》するか、タランゼイのように元の社会と似てしまうという結果になるかのどちらかだったのである。

世界中の多種多様な文化やあらゆる場所で見られる果てしない社会変革からわかるように、人間は並外れたイノベーション能力を有している。それにもかかわらず、いくつかの基本的で普遍的な原理、すなわち社会性一式に惹きつけられる。これらの原理を排除しようとする試みは、たいてい失敗に終わるものなのだ。

「社会をつくる」という自然実験

社会をつくりあげようとする人びとの自発的取り組みについて掘り下げる前に、社会システムを用いた大規模な実験が、少なくとも科学者の夢の中ではどのようなものかを考えてみよう。

科学者はSF作家ばりの想像力を駆使してあらゆる可能なタイプの社会を描き、それから、現実の人間をそれぞれの社会に送り込んで実験したいと思うかもしれない。科学者が規定するであろう——住民は幸せか、あるいは身内殺しを避けるかといった——定義にしたがって「機能する」社会はどれかを調べるためだ。この種のアイデアのいくつかは実行可能である。科学者は社会制度を体系的に操作し、人びとや集団への影響を短期的に観察できる（これについては第4章で検討する）。また、マカクザルの群れからリーダーを排除するなどといった方法で、ほかの社会的な種の社会組織を意図的に操作することもできる（この実験については第7章で論じる）。

社会をつくろうとする人間の生来の性向を探るための別のタイプの実験は、文化にいっさい触れさせずに子供を育てることかもしれない。彼らが大人になったときどんな社会をつくるか見てみようというのだ。昔からこうした奇抜な着想を抱いてきたのは、言語の起源を理解したいと熱望する人びとだった。[7]これは実のところ「禁じられた実験」と呼ばれている。残酷で不道徳なのは明らかだからだろう。ヘロドトスによれば、エジプト王のプサンメティコス一世（在位：前六六四～前六一〇）は、生まれたばかりの二人の赤ん坊を羊飼いに預けて言葉を使わずに育てさせ、二人が自力で言葉を話すかどうかを見極めようとした。

こんな思いつきをした王はプサンメティコスだけではなかった。フリードリヒ二世（一一九四～一二五〇）、スコットランドのジェイムズ四世（一四七三～一五一三）、ムガール帝国皇帝のアクバル（一五四二～一六〇五）などが、同じような実験を試みたと伝えられている。[8]こうした試みはSF小説の中心的テーマでもあった。[9]

もう一つの仮想実験は、社会活動にかかわる遺伝子（たとえば、友人の選び方を制御する遺伝子）に突然変異を起こし、それから、そうした突然変異のある人びとの集団でどんな交流が生じるかを観察するというものかもしれない。異なる遺伝子を持つ人びとは異なる種類の社会をつくるのだろうか？　人間での遺伝子実験が不可能なのは言うまでもない。しかし、第6章と第10章で見るように、齧歯《げっし》動物を使えばそうした実験も可能だ。

だが、人間はもちろんすべてを含む複雑な社会システムを長期的につくりだし、対照群とさまざまな「処置」——実験主義者の専門用語で、被験者に課す条件の意図的な変更を指す——の備えもあるという科学実験は、聞いたことがない。

人間の集団を対象とした実験には制限があることを考えると、人びとがゼロからつくりあげる社会にかんするデータを集めるのは至難の業《わざ》だ。とはいえ、歴史上のさまざまな時代と地域において、それに近い自然実験が繰り返されてきた。こうした状況では、明らかな科学的操作は行なわれなかったにもかかわらず、人びとのコミュニティは偶然であれ意図的であれ固く結束していた。

孤島に取り残された船員やみずから孤立を選んだユートピア主義者のセクトのような集団は、どの程度までもとの社会を再現することになったのだろう？　また、新たな形の社会組織を継続的にどこまで実現できたのだろう？　彼らの成功や失敗はその生活様式と関係があったのだろうか？　こうした例が教えてくれることについて考える前に、意図的なものか自然なものかを問わず、実験がそもそも有益である理由を考えてみよう。

数名の医師が、自分たちはある病気の生理学を理解していると思っており、ある新薬がその病気の治療に有効かどうかを知りたがっているとしよう。彼らはその新薬を数名の患者に投与し、服用した人は死亡する可能性が高いことに気づく。彼らはその新薬は有害だと結論したくなるかもしれない。だが、もしかすると比較的病気が重い人にだけ薬を与えることにしていたのかもしれない。言うまでもなく、服用する薬にかかわらず病気がより重い人は死亡する可能性が高くなる。では、病気がより重い人にだけ薬が与えられる場合、その薬が有益なのか有害なのかを科学者が知るにはどうすればいいだろう？

比較のために、その薬を与えられていない同様の病状の患者の集団が必要になるだろう。さらに、医師たちは逆の問題を抱えていた可能性もある。比較的若く健康な患者にだけ新薬を与えることにしたのかもしれないからだ。この場合、その新薬は実際よりも安全に見えてしまう恐れがある。健康、年齢、その他の要因のせいで科学者による薬効の評価が混乱しないようにする最善の方法は、薬を服用するグループとしないグループができるように、患者の一団に無作為に薬を割り当て、それから、両グループの結果を比較するというものだ。このタイプの実験——薬の投与は科学者によって管理されているので外部要因の影響は最小限になる——が科学研究の理想である。

　科学には多様な活動が含まれるが、実験の役割は依然として傑出している。[10]それでも、一般的に言って実験と科学的方法をひとくくりにすべきではない。科学的方法とは、一七世紀以降科学者によって広く実践されてきたもので、自然界を研究する方法を指す。その特徴は、組織的観察、慎重な測定、ときに行なわれる実際の実験であり、これらすべてが、仮説の設定、検証、改定と結びついている。科学者が実験を行なえない状況は多く、天文学や古生物学のような分野に限られるわけではない。

　たとえば、配偶者の喪失が人の死亡リスクを高める（未亡人効果、すなわち「傷心による死」）かどうかを実験によって評価することはできない。誰かの配偶者を殺したり、無作為に奪い去ったりはできないからだ！　また、誰かを無作為に喫煙者に指名することで、タバコが人体にどう影響するかを実験によって判断するわけにもいかない。それが命にかかわることはすでにわかっているからだ。こうした状況では、科学者は別の統計的手法を頼りに答えを探ることになる。

　それに加えて、科学者はいわゆる「自然実験」を利用できる。一見したところ偶然に、外部の力によってさまざまな被験者集団に処置が割り当てられるケースだ。自然実験はときとして本当の実験にきわめて似通ったものとなる。たとえば、一九八〇年代、兵役は兵士の除隊後の賃金を増やすか否かという論争があった。ことによると、誰が入隊するかは何らかの影響で決まっただけなのかもしれない。入隊した男たちは入隊しなかった男たちよりも有能だったのだろうか？　それとも、男たちはほとんど何のスキルも持たず就職の見込みもなかったから入隊したのだろうか？　入隊した人びとの資質を考慮すると、兵役は経済的に見て彼らに害を及ぼしたのだろうか、及ぼさなかったのだろうか？　理想的な実験であれば、兵役に服すことを男たちに無作為に割り当て、その後、除隊して数年後に彼らの賃金を調べればいい。だが、実際にはそんなことはできない。ところが、経済学者のジョシュア・アングリストは、そうする代わりに一九七〇年代のベトナムの徴兵抽選という自然実験を利用し、兵役に服すとその後の所得が減ることを示したのだ。[11]

歴史家、生物学者、考古学者、さまざまな社会科学者が、インドにおけるイギリスの植民地制度の長期的影響から、（かの有名な）ガラパゴス諸島におけるダーウィンフィンチのくちばしの形態の進化にいたるまで、自然実験を利用してあらゆるものを研究してきた。[12]とはいえ、それぞれの自然実験は、実験上の処置が実際にどの程度まで無作為に割り当てられるかという点で大きく異なっている（徴兵の例では無作為だったと言える）。大半の自然実験において、無作為化がそれほど完全であることはめったにない。

だが、中核となる概念はつねに次のようなものだ。すなわち実験上の処置は、科学者とは別の何らかの力によって、結果を予言しないような形で割り当てられるのである。ある自然実験で、経済学者のダロン・アセモグルと共同研究者は、ドイツにおいてフランス革命後にフランス軍に侵略された地域は、よりすみやかに封建的政府を捨て去ったと結論した。[13]これらの地域はさらに、その後数世紀にわたっていっそうの繁栄と都市化を経験することになった。

この種の自然実験は、社会的な制度や慣行が、多様な経済的帰結にどう影響するかを解明する一助となる。これは、ほかの方法ではとても真似できるものではない。研究者がヨーロッパのさまざまな地域にさまざまな形の政府を無作為に割り当て、その後数十年にわたってそれらの地域の経済にどんな影響が出るかを研究するなどということはどう考えても不可能だ。科学者にはそんなことは絶対できなかった。だが、フランス軍にはできたのである。

自然実験のおかげで、科学者は実際的な障害を回避し、倫理的な問題（たとえば配偶者を殺すなど）を軽減し、再現できない大規模な現象（たとえば軍事侵略の影響）を研究できる。とはいえ、研究者は侵略が本当に偶然に割り当てられているとつねに確信しているわけではない。もしかするとフランス軍は、ドイツのなかでもどういうわけか将来いっそう繁栄する運命にある地域を特に選んだのかもしれないのだ！

社会秩序にかんする自然実験には多くの形がありうる。まず初めに、辺鄙《へんぴ》な土地に取り残された人びとについて考えてみよう。

難破事故の生存者コミュニティ

難破のあとに建設される生存者キャンプは、いくつもの問題について興味深いデータを提供してくれる。人びとの集団は社会の構築をゆだねられるとどんなものをつくるのか？　社会秩序はなぜ、どのように変化するのか？　平和と生存に最も資するのはどんな取り決めなのか？　数世紀にわたってほぼ無作為に形づくられた難破群島のおかげで、人びとは歴史上何度となく、この実験に意図せずして参加することになった。

難破の生存者は、数千年にわたって人間の想像力に特別な影響を及ぼしてきた。その影響は、少なくともホメロスが『オデュッセイア』をつくりあげたときに始まり、シェークスピアが『テンペスト』を書き、セルバンテスがドン・キホーテの孤立を描き、さらにその後の作家が『ロビンソン・クルーソー』『蝿《はえ》の王』などを著したときまで続いてきたのだ。

フィクションにおける難破者の物語では、ジャン・ジャック・ルソーを受け継いで自然の牧歌的な状態にスポットが当てられるか、トマス・ホッブズを受け継いで無政府状態や暴力が強調される場合が多い。ルソーとホッブズという二人の哲学者は、人間の本性についてかなり対立する考えを持っていた。

ホッブズ説の実例は、現実世界で難破が起きた状況でいくらでも見られる。バタヴィア号の乗組員について考えてみよう。一六二九年、彼らは資源を温存するため、女性と子供の大量殺人を組織的に計画した。[14]あるいは、フランスの奴隷船ユーチレ号の乗組員について考えてみよう。この船は一七六一年にインド洋のトロメリン島で難破した。乗組員はどうにか島を脱出したが、六〇人の奴隷を置き去りにした。助けを送ると約束したにもかかわらず、一五年もそれを実行できなかった。ようやくのことで一隻の船が島に到着したとき、生き残っていたのは七人の女性と一人の赤ん坊だけだった。[15]

一部の難破事故では、社会秩序が崩壊してしまうという、不気味ながらおなじみの事態が見られる。つまり、殺人どころか食人（それはさほどまれなことではない）まで起こるケースだ。難破という極限状況が、善良にふるまおうとする生来の性向を押しつぶしてしまうのかもしれない。一八一六年のメデューズ号の難破（この事件では不安定で大きな筏《いかだ》に一四六人が取り残されたが、三〇日後に救助されるまで生きていたのは一五人だけだった）や、一七六六年のル・ティグレ号の難破（このときは四人が被害に遭ったが、そのうち三人が二カ月のあいだ生き延びた）の際には、ともに殺人と食人が生き延びる手段となった。[16]ル・ティグレ号のケースでは、一八世紀に世界的ベストセラーとなった本に書かれているように、唯一の女性生存者に特別の配慮が払われ、男性生存者はこの女性を守るための備えをした。一方、唯一の黒人生存者は身分が低いとみなされていたせいで、最初に殺されて食べられてしまった。メデューズ号のケースは、こうした微妙な問題とは無縁だった。状況から判断して、男、女、黒人、白人の生存者全員が見境《みさかい》なくお互いを殺し、食べたのである。

食人と社会秩序の崩壊の関係は、言うまでもなく、食人の理由によって決まる。つまり、すでに死んでいる者の体を、そうしなければ自分自身が飢え死にしてしまうという理由で食べたのか（アンデス山脈での飛行機事故など二〇世紀に見られる事例）、それとも食べられた者が故意に殺されたのかということだ。[17] 同時代の読者は二つの難破事故を異なる角度から見ていた。ル・ティグレ号の事件は、その性差別と人種差別への固執を考えると皮肉なことに、臨機応変の精神と忍耐を教える注目すべき物語と見られていた。一方メデューズ号の事件は、堕落と獣《けだもの》のような残虐さを典型的に示すものとして描かれていた。

私たちがこれらの事件について知っているのは、こうした惨事を一人称の視点で語る一風変わった文学のおかげだ。居ながらにしてスリルを求める読者向けに売り出されるこうした文学は、一九世紀に最盛期を迎えたようだ。[18] このジャンルの作品には以下のようなすばらしいタイトルがついていた。

- **驚嘆すべき難破事件。海難にまつわる興味尽きない物語を多数収録。難破船の乗組員の常軌を逸した冒険と苦難、はるか彼方の海岸で彼らがとった行動がつまびらかに。生存者の証言を併録（一八一三）。**
- **驚天動地の海難事件の物語からなる船乗りの記録。難破、嵐、火事、飢え、さらには海戦、海賊を**

めぐる冒険、発見譚をはじめ、尋常ならざる興味深いできごとの数々(一八三四)。

これらの物語は、二〇世紀の歴史家や考古学者が行なったもっと正式な難破の評価によって補足できる。

ヨーロッパ人が地球を探検していた時期、つまり、一六世紀に始まってから二〇世紀に現代的な航海術と通信手段が現れるまでのあいだに、九〇〇〇件を超える難破事故が起こっている。その大半のケースで、すべての命が海の藻屑《もくず》と消えた。ときおり、生存者が小舟に乗って命をつなぐことがあった。たとえば、一八二〇年にエセックス号が沈没したとき、乗組員は細長い救助艇で数週間漂流したものの、最終的には食人に救いを求めた(この事件にインスピレーションを得て、作家のハーマン・メルヴィルは『白鯨』を書いた)。

だが、私たちの目下の目的に必要なのは、生存者が上陸してキャンプをつくりあげたという事例だ。ところが、そういうケースはめったにない。

タスマニア付近で起こった一一〇〇件を超える難破事故をめぐるある報告から明らかになったのは、生存者がキャンプサイトをつくり、一カ所に一週間以上滞在したケースはわずか一五件(一・四パーセント)にすぎなかったという事実だ。[19] 小社会らしきものを築くのに十分な生存者と時間があったケースはさらに少なかったことだろう。陸地までたどり着いた人びとの多くが、壊血病、栄養失調、極度の疲労、ケガなどのせいでその後まもなく亡くなった。惨事に際しての死亡率はおおむね五〇パーセントを超えていた。私たちは、生存者だけが取り残され、攻撃を受けず、奴隷にもされず、現地の集団に取り込まれもしない状況を望んでいる。そしてもちろん、生存者の少なくとも一人が生還することを必要としている。[20]

表 2.1　小規模な難破社会（1500 年～ 1900 年）

船名	発生年	当初生き残っていた人数	最終的に生き残った人数	継続期間
コアサンプル				
サン・ジョアン *	1552	500	21	5 カ月
サン・ベント *	1554	322	62	2.5 カ月
コルビン **	1602	40	4	5 年
シー・ヴェンチャー	1609	150	140	10 カ月
バタヴィア	1629	280	190	2 カ月
ユトレヒト	1654	94	89	2 カ月
フェアグルデ・ドリーク *	1656	75	7	6 カ月
ポルトギーズ・スループ	1688	20	16	6 年
ゼーワイク	1727	208	88	9.5 カ月
ウェイジャー ***	1741	101	10	8.5 カ月
セント・ピーター	1741	74	46	9 カ月
ドディントン	1755	23	22	7 カ月
リッチフィールド **	1758	220	220	18 カ月
ユータイル	1761	60	7	15 年
シドニー・コーヴ	1797	51	24	5 カ月
ブレンデン・ホール	1821	82	70	4 カ月
ブラーミン	1854	41	25	5 カ月
ジュリア・アン	1855	51	51	2 カ月
インヴァーコールド	1864	19	3	1 年
メガエラ	1871	289	289	3 カ月
追加事例				
ル・ティグレ	1766	4	3	2 カ月
メデューズ	1816	146	15	13 日
グラフトン	1864	5	5	19 カ月
ジェネラル・グラント	1866	15	10	18 カ月

一部はおおよその数値
* 資料によって違いがある。
** 現地の住民と敵対的接触（暴力、奴隷化など）があった。
*** ある下位集団は約 5 年のあいだ取り残された。

有益な社会実験のためには、二カ月以上にわたってキャンプを設営した一九人以上の生存者の集団が必要だ。[21] この基準を満たす難破事件はきわめて少ない。私は、一五〇〇年から一九〇〇年にかけて起こったそうした事例を二〇件ほど確認できた（表2・1を参照）。生存者の総計とキャンプの存続期間の評価は、生存者はときとして二度難破の憂き目に遭《う》う——一度目はそもそもの難破事故のあとに、二度目は一行が助けを求めて船出しながら別の場所で難破してしまったあとに——という驚くべき事実のせいで複雑なものとなることが多い。

私たちの基準に合うこれら二〇の事例においてさえ、生存者は厳密には人類の代表とは言えないことを認識しておかねばならない。船旅をしていた人びとは、地上から無作為に選ばれたわけではない。彼らは海軍や海兵隊に勤務していたり、奴隷、囚人、貿易商だったりした場合が多い。船上生活には厳格な序列と指揮系統があり、こうした人びとはそれに慣れていた。したがって、生存者の集団はたいてい（オランダの、ポルトガルの、イギリスの、といった具合に）ある特定の文化的背景を持つ人びとから成っていただけでなく、探検の時代の長い遠洋航海にかんする多様な下位文化の一部でもあった。結果として、こうした難破社会のメンバーはほぼ男性だった。そのうえ、私たちの研究対象者の大半は、すんでのところで死をまぬがれて精神的に傷つきながら、おぼれそうになりつつ、ときには裸になりケガを負って島にたどり着いたのである。

よって、難破事故の生存者が理想的な実験材料でないのは明らかだ。禁じられた実験を追求する科学者が本当に望んでいるのは、お互いに見ず知らずで、どんな文化的背景も持たず、隔離された実り多い環境に不安なく連れてこられたあとで取り残され、研究者がその発展をひそかに監視できる新たな社会を築く人びとなのである。とはいえ、過去に起こった数少ない貴重な自然実験から学べることもある。

事態がうまく運ばず、殺人や食人にいたったいくつかの難破事故についてはすでに論じた。だが、大きな成功を収めた難破社会が共有していたのは、どんな要素だったのだろう？　私たちのサンプルにおいて、おおむね最もうまくいった集団は、（いかなる残虐行為もともなわない）ゆるやかな階級制の形をとるすぐれたリーダーシップ、生存者のあいだの友好関係、協力と利他精神という特徴を備えていた。これらはすべて、社会性一式の大切な要素である。

生存者のコミュニティでは、さまざまな面で協調性が見られた。食べ物を平等に分け、ケガや病気の仲間を世話し、協力して井戸を掘り、死者を埋葬し、防備を整え、狼煙《のろし》を上げつづけ、さらには、小舟を建造したり確実な救助を求めたりする計画をともに練った。こうした平等主義的行動を示す歴史的資料に加え、考古学的証拠からわかるのは、下位集団（たとえば将校と下士官兵、旅客と使用人）が別々に暮らすことはなく、全員が力を合わせて井戸や狼煙を上げる石台をつくったということだ[22]。その他の間接的な証拠が、生存者にかんする情報、たとえば、すぐれたリーダーシップを見込まれた乗組員が危険な引き揚げ作業に加わるよう説得されたという報告などにも見いだされる。また、こうした状況で友情や仲間意識が育まれたことを示すたくさんの手がかりがある。暴力や殺人は当たり前のものではなかったのだ。

資源の共有や危険なボランティア活動といった利他主義がとりわけ顕著だったのは、ジュリア・アン号の難破事故のケースだ。一八五五年九月七日、この船はシリー諸島、つまり太平洋に浮かぶ岩礁で難破し、五一人が二カ月にわたって取り残された。この災難が幕を下ろしたのは、船長と九人の乗組員が水平線の彼方へ向かって三日のあいだ舟を漕ぐことを志願したときだった。助けを呼ぶため、二一七マイル（約三五〇キロメートル）東に位置するボラボラ島を目指したのだ。

ジュリア・アン号が岩礁に衝突したとき五人の命が失われたものの、結局は五一人の生存者全員が救助された。ある新聞はのちにこう報じている。

ポンド船長は、船客と乗組員の命を救うことを何より望んでいたようだ。以下のような気高い行為がそれを明らかにしている。乗組員が船客を［沖の難破船に積んであった救命索を利用して］上陸させることに没頭していたとき、二等航海士のオーエンズ氏は船長の所有物である八〇〇〇ドルの入ったバッグを陸に運ぼうとしていた。船長はその金を置いて一人の少女を陸に運ぶよう命じた……少女は助かったが、金は失われた。[23]

この一目でわかる利他的行動が、まず初めに、集団が一致協力して活動する前例をしっかりと確立した。ジュリア・アン号の遭難者の半数はモルモン教徒だったため、そのおかげで集団が結束しやすくなったのかもしれない。船長によれば、彼らは「とても統率しやすく」「私の助言にいつでも進んで耳を傾け、従ってくれた」という。[24]

現地の資源が利用できたことや、遭難者が特定の技能を持っていたことが役に立ったのも明らかだ。ジュリア・アン号の生存者たちは、ウミガメの卵、ココナッツ、真水を見つけた。鍛冶《かじ》場とふいごをつくり、ボートを修理した（成功した物語には、ふいごをつくって活用する技能がよく登場する）。さらに、救命ボートで海に漕ぎだすことを志願した男たちは、命がけで集団を救おうとした。のちに、ある船客がこう回想している。

私たちは、船長と彼に同行する九人の男たちに神の恵みがあらんことを祈った。彼らは私たちに救助をもたらすべく、甲板のない壊れかけたボートに乗って、果敢にも命をかけて外洋を横断しようというのだ。岸から遠ざかるボートを見送る私たちのなかに……気づいていない者は一人としていなかった……そのボートに自分たちの生存そのものがかかっているのだと。[25]

あるいは、一八二一年七月二二日に、南大西洋の真ん中に浮かぶその名もイナクセシブル（近寄りがたい）島で難破したブレンデン・ホール号について考えてみよう。口論に加えて盗みや暴力といった行為でミソをつけたものの、ジュリア・アン号のケースと同じく、この難破事故も英雄的行為と協調を特徴としていた。船に乗っていた八二人のうち七〇人が岸までたどり着き、四カ月にわたって生き延びたのだ。最初の数日で、生存者たちは難破した船から木材、帆、布などを回収して住まいをつくることができた。ほかには酒や医療用具一式も引き揚げ、後者に含まれていたリンを使って火をおこした。酒の回収は痛しかゆしだった。カロリーと一時的な気晴らしをもたらす一方で、暴力や脅迫の呼び水ともなったからだ。

難破を招いた嵐による絶え間ない雨が落ち着くと、遭難者たちはやや楽観的な気分になりはじめた。ブレンデン・ホール号の生存者は、比較的容易に食料や水を入手できた。だが、食料や物資が手に入ったとしても、集団が生き延びるには、集団による効率的な資源配分がともなう必要があった。彼らは、餓死者や凍死者が出ないように、ペンギンの肉、野生のセロリ、衣類といった資源を慎重に分け合った。[26]

船長のアレクサンダー・グレイグはリーダーシップと臨機応変の才を発揮すると、正念場で治安を守り、労働の役割分担を決めた（いくつかの作業班をつくり、難破船からの資源回収、現地の探索、薪《まき》の収集などに当たらせた）。残念ながら、生存者は（ときには身分、階級、性別、人種などに応じて）反目し合う別々の集団を形成することが多かった。社会性一式の一つでもある内集団バイアスを反映してのことだ。緊張が高まり、九月下旬に乗組員が船客を襲撃した。彼らは船長の命を受けた一二人の男たちによって撃退された。のちに、船長は首謀者を罰しようとしたが、彼らが襲った女性のうち一人の嘆願のおかげで、辛うじてむち打ちは回避された。

船長の一八歳の息子——彼自身すぐれたリーダーシップを発揮した——は日記をつけていた。回収した新聞の余白にペンギンの血で文字を書いたのだ。彼は自分たちが置かれた苦境を洞察力をもって記述している。

> 僕にとってつねに不可解だったことを認めなければならないが、こんなときにああした敵愾心《てきがい》を……船客のあいだに呼び覚ませるものは何なんだろう。こうした災難に直面すれば、誰だっていらいらするし、怒りっぽくなるのは当然だ。でも一方で、飢えが避けられそうにないこうした極限の緊急事態では、人類に共通の命令によって、暴動は抑止され、各人がともに苦しむ仲間に同情を寄せるものと想像されていたはずだ。[27]

乗組員による襲撃事件のあとも、集団の分裂は依然としてはっきりしていた。力を合わせ、手に入る希少な回収物資を共同管理するなどということにはならず、三つの別々の集団がボートの建造を競い合った。二〇マイル（約三二キロメートル）離れたトリスタンダクーニャという島へ向かうためだ。一〇月一九日、六人のメンバーからなる一行が出発したものの、彼らの消息が聞かれることは二度となかった。だが、一一月八日に別の一行がトリスタンダクーニャ島に到達し、緊急事態を知らせた。残りの人びとはその後まもなく救出された。

四カ月にわたる滞在期間を通じて攻撃的行動に悩まされていなければ、ブレンデン・ホール号の生存者たちはもっとうまくやれただろうか？　おそらく、そうだろう。だが結局のところ、必要な物資が手に入ったおかげで争いの規模や影響が低下した可能性が高いし、すぐれたリーダーシップや明らかな協調性もまたきわめて重要な役割を果たしたのだ。

一七九七年二月九日にタスマニア沖のプリザベーション島で難破したシドニー・コーヴ号の場合、当初上陸したのは五一人だった。証拠文書や考古学的資料から、かなりの社会秩序が生み出されたことがわかる。たとえば、集団による井戸の掘削や共同住居の建設などが行なわれた。また残っている記録には、溺死しかけている同船者を救うことから助けを求めに行くことまで、さまざまな利他的行動が見られる。[28]

二月二八日、一七人の男たちがロングボートに乗り組み、本土のポートジャクソンを目指して出発したものの、今度は三月一日にオーストラリアの南東岸で再び難破した。そこで、彼らは四〇〇マイル（約六四四キロメートル）近く離れたポートジャクソンへ向かって歩きはじめた。この第二の探検を率いていた上乗人《うわのり》（船荷とその販売の監督責任者）のウィリアム・クラークは、こう述べている。

いくら想像の翼を羽ばたかせたところで、この不運な乗組員たちがはまり込んだ状況ほど憂うつなものは思い浮かばない――ニューサウスウェールズの荒涼たる海岸で二度目の難破に見舞われ、仲間に再合流する希望をすべて絶たれ、食料も武器もなく、あらゆる不運は知られることも同情されることもないまま、乗組員たちはだらだら近づく死という惨事へ向かうしかないように思えた。この耐えがたい状況にあっても、彼らは絶望しなかった……危険や困難は近づくにつれて小さくなる――精神とは、あたかも苦境のためにその究極の強さが取ってあったかのように、遠くから眺めたときは恐怖で後ずさりしたであろう苦難をおだやかな諦念とともに受け入れるものだ。[29]

彼らの旅が成功したのは、こうした不屈の精神だけでなく、オーストラリアの先住民であるアボリジニが見知らぬ者に特筆すべき利他精神を示したという事実のおかげでもあった。クラークが何度となく述べているところによれば、味方となってくれた現地の住人は、彼らに付き添って海岸を歩き、魚などの食料を恵み、さらには手こぎの船で川を渡らせてくれさえしたという。一七九七年三月二九日の日記で、クラークはアボリジニについて「その姿形を除いて」「人間的なところは何もない」ように見えると書いた。そして、しばしば彼らを「未開人」と呼んでいる――内集団バイアスの普遍的傾向が反映しているのだ。ところが、クラークはまもなく態度を変える。

私たちはかなり大きな川に出くわした。歩いて渡るには深すぎるので筏をつくりはじめたのだが、前日に別れた現地の友人三人が再合流して手伝ってくれなければ、翌日まで完成できなかったはずだ。彼らの思いやりがとてもうれしかった。その行為がとても親切だったからだ。彼らは私たちがこの川を渡らなければならないことを知っていたので、手を貸してやろうとわざわざ追いかけてきたらしい。[30]

その後再び、数日後の四月二日のこと、

九時から一〇時のあいだに、旧友である五人の現地人に出会ったのはうれしい驚きだった。彼らはとても友好的に私たちを迎え入れ、エビやカニで親切にもてなしてくれた。とても満足のいく食事になった。私たちの米は底を突きかけていたからだ。[31]

先住民とのその他の何度かの出会いはもっと敵対的で、あるときは三人がケガを負う結果になった。それでも交流全体を見れば、ジョン・ハンター知事による苦難に満ちた旅の後日の要約を裏付けるものではなかった。ハンター知事はそのなかで「現地人の野蛮な残虐性」について述べている。[32]むしろ、アボリジニの人びとは見知らぬ者の命を救ったように思える。クラークの一行は彼らを野蛮人であり友人でもあると見ていた。オーストラリアの先住民がクラークとその部下について同じように感じていたとしても、私は驚かない。

クラーク一行で生き延びたのは三人だけだった。だが、彼らが最初の難破で取り残されたほかの人びとの危機を知らせたおかげで、遭難者はその後救助された（後に残った三四人のうち二一人が生き延びていた）。

ドディントン号の難破事故で生き残るためのカギは「協力」にあった。一七五五年七月一七日の深夜、ドディントン号は喜望峰を回って東へ一日ほど進んだあと、インド洋のアルゴア湾で岩に衝突した。例によって、惨事は唐突で過酷だった。三等航海士のウィリアム・ウェブの航海日誌にはこう記録されている。

最初の一撃で目を覚ましたとき、私は自分の船室で寝ているところだった。大急ぎでデッキに上がると、あらゆるものが考えられるかぎり最悪の状況に置かれているのを見た。船は大破してばらばらになり、誰も彼もがあちらこちらに叩きつけられながら、神の慈悲を求めて泣き叫んでいた。[33]

数分もしないうちに、彼は激しく波に打たれ、頭に一撃を受けて気を失った。しばらくして厚板の上で意識を取り戻したとき、肩に釘が刺さっているのに気づいた。ほとんどおぼれかけていたものの、どうにか近くのバード・アイランドにたどり着いた。この岩だらけの小さな島に生きて到達したのは、わずか二三人（全員が乗組員）にすぎなかった。乗員乗客問わず、ほかの二四七人は命を落とした。[34]

面積わずか四七エーカー（約〇・一九平方キロメートル）、海抜わずか九メートルにすぎないバード・アイランドには、真水がまったくなかった。現在はアドゥ・エレファント国立公園の一部となっているこの島は、いまでも、遭難者たちがその卵をむさぼり食った海鳥の繁殖コロニーの拠点だ。実際に遠くに本土を目にしていた男たちは、難破船から回収した食料や物資を活用し、魚、鳥、アザラシ、卵などを食べながら、その島で七カ月のあいだ生き延びた。[35]

遭難者の一人であるリチャード・トッピングは大工だった。ほかの男たち、とりわけ発明の才のあるヘンドリック・スカンツ（鍛冶屋として訓練を受け、道具をつくれる船乗り）の助けを借りながら、トッピングはスループ型帆船をつくりあげた。男たちはその船をハッピー・デリバランス号と命名すると、一七五六年二月一六日に島を出発した。どうにか島に上陸した男たちのうち一人を除く全員が生き延びて、島を去ったのだ（とはいえその後、アフリカ海岸沿いに北上しようと奮闘しつつ半数近くが命を落とした）。[36]

ウェブは、バード・アイランドに取り残された七カ月間について、海岸を北上するその後の旅について、四月下旬にようやく救助されたことについて詳細に記し、食料の入手やスループ型帆船の建造に払った努力に焦点を当て、風や海の状況を克明に描いている。[37] そこにほの見える彼らの集団生活の断片をつなぎ合わせると、その全貌が見えてくる。

集団に何らかの階級があったことは明らかだ。ウェブの航海日誌にあるとおり、一部の遭難者が選ばれて特別待遇を受けていた。「ブランデーは、あの大工に取っておく二ガロン（約九リットル）を除いてすべて飲んでしまった」[38]。水と食料が残り少なくなったときは、公正かつ平和的に蓄えが割り当てられた。唯一言及されているもめごとは、船の宝物箱からの盗みというすぐに忘れられてしまった未解決事件だった。[39] けが人を手当てする、難破船の残骸を引き揚げる、食料を探し回る、ロープを綯《な》い布地を補修して帆をつくる、島から脱出するためスループ型帆船を建造する、といったさまざまな協力作業について多くの記述がある。

彼らはまた、何艘かのカタマラン船と小型漁船もつくった。これらの船の利用中、幾度となくおぼれかけたり、近くにある別の小島に取り残されそうになったりしては、お互いに助け合わざるをえなくなった。彼らは共通の目的のために一致団結していたのだ。

男たちはまた、お互いに思いやりがあった。島に取り残されてから三日後の七月二〇日、二等航海士の妻であるコレット夫人の遺体が岸に打ち上げられた。コレット氏は「妻を心から愛している」ようだった。そこで、男たちは当初はその発見を彼に伏せ、あとで事実を明かすことにした。彼らはコレット氏の注意をそらし、島の反対側へ連れて行った。それから彼の妻を埋葬し（悲しいかな、地面を覆う鳥の糞のなかに）、難破船から引き揚げた一冊の「祈禱書《きとう》」から引いた葬送の辞を彼女のために読んだ。数日後、その件を知らされたコレット氏は、妻の結婚指輪を見せられるまで「ほとんど信じることができなかった」という。

二件の難破事故のことなる結末

完璧な自然実験に最も近い例は、一八六四年にインヴァーコールド号とグラフトン号の二隻の船が、オークランド島の両側で難破した事件だ。ニュージーランドの南二九〇マイル（約四六七キロメートル）に浮かぶオークランド島は、長さが二六マイル（約四二キロメートル）、幅が一六マイル（約二六キロメートル）ある。一九世紀、この場所で非常に多くの難破事故が起きたため、遭難者はときとして以前に難破した船乗りの残した痕跡に出くわすことがあった。たとえば、グラフトン号の乗組員が救助された二年後、ジェネラル・グラント号の難破事故の生存者一〇人がその島で一八カ月を過ごし、グラフトン号の男たちが建てた小屋を発見した（そして、そこに居を定めた）。最終的に、ニュージーランド政府はその海岸に打ち上げられた人びとを援助するため、援助物資と標識を島に落としはじめた。

ところが、同じ時期に同じ島で生き延びるべく奮闘していながら、インヴァーコールド号とグラフトン号の乗組員はお互いの存在に気づかなかった。インヴァーコールド号の場合、二五人の乗組員のうち一九人が岸までたどり着き、救出されるまでの一年のあいだ生き延びたのは三人だけだった。グラフトン号の場合、船に乗っていた五人全員が島に上陸し、五人全員が二年近くのちに島を去った。

生存者の割合がこれほど違ってしまった原因はどこにあるのだろうか？　これら二つの事例を比較することによって、社会性一式の影響と、交友、協力、階級、社会学習の役割がわかる。

一八六四年五月一一日、インヴァーコールド号はオークランド島北西部の荒れた入り江で難破すると、二〇分足らずで「こっぱみじんに」砕け散った[40]。一九人の男たちが泳いで船を離れ、高い崖の下の浜に上陸した。靴はぬげ、着衣もほとんどなく、ポケットに入っているものと言えば、マッチ数本と鉛筆だけだった。二ポンド（約九〇〇グラム）の乾パンと三ポンドの塩漬け豚肉をどうにか引き揚げたが、それでは数日しかもたなかった。彼らは四日のあいだ崖の下にとどまってから、やっとの思いで頂上までよじ登った。衰弱していた一人はそこに残したまま見殺しにした。

それから一年にわたり、男たちは分裂したり再結集したりして集団を形成しながら島を横断し、最終的に北方のポート・ロスに達した。そこでは、アザラシ猟師の小屋の名残や、かつてヨーロッパ人が開拓しようとして失敗した痕跡さえ見つかった。それまでの道中、衰弱やケガのために先へ進めなくなったメンバーは、置き去りにされたり、ある場合には食べられたりした。

一八六五年五月二〇日、ジョージ・ダルガーノ船長を含む三人の生存者がポルトガル船ジュリアン号によって救助された。階級の低い船員は、ロバート・ホールディングという機転の利く一人を除いて全員が亡くなっていたその理由は、もしかすると高級船員が難破以前にいい食事をしていたことかもしれないし、あるいは入手可能な証拠から推定されるとおり、彼らがその後いっそう利己的になったことかもしれない[41]。

ダルガーノ船長はおそらく、救助されたあとPTSDに苦しんでいたのだろう。一八六五年一〇月二八日付けのオタゴ・ウィットネス紙の記事でこう述べられている。

「異常な窮乏にさらされていたせいで、船長の健康状態は依然としてきわめてあやうい。指導医は彼に、難破について語ることを禁じてきた。事件における自分の役割を思い出すと必ず神経性発作を起こすからだ[42]」

同じ島の南部のカーンリー港でグラフトン号の難破事故が起きたのは、インヴァーコールド号の事故の四カ月前、一八六四年一月三日のことだった。グラフトン号の五人の乗組員はそれぞれ異なる五カ国の出身だった。船長のトーマス・マズグレイヴ（三〇歳）はアメリカ人、航海士のフランソワ・レイナル（三三歳）はフランス人、アレグザンダー・マクラーレン（二八歳）はノルウェー人、ジョージ・ハリス（二〇歳）はイギリス人、調理師のヘンリー・フォルジェス（二八歳）はポルトガル人だった。こうした多様性は注目に値するが、彼らの成功にとってどんな役割を演じたかを知るのは難しい。[43]この集団はインヴァーコールド号の生存者の集団よりもずっと小さかったうえ、難破した船からより多くの物資と食料（銃、航法装置、工具、とても大切な小型ボートを含む）を回収できた。

マズグレイヴとレイナルはともに、アザラシの血をインク代わりにして詳しい日誌をつけており、それらはのちに出版されることになる。[44]彼らの物語は読む者をわくわくさせる。タイムズ紙のある通信記者は、マズグレイヴの記述をこう評している。

「『ロビンソン・クルーソー』にも劣らないほど面白い。ただし、子供たちが言うように『全部本当のこと』である点を除いて」[45]

シドニー・コーヴ号のウィリアム・クラークと同じように、レイナルは当初、絶望の淵《ふち》に沈んで日誌にこう記している。

「大海原のまっただなかに埋もれ、人の住む世界の果てに浮かぶこの島から、いつ、どうやって逃げ出せというのか？　おそらく、絶対に無理だろう！……息が詰まりそうだった。こらえきれない涙が目からあふれ、子供のようにしくしくと泣いた」[46]

男たちは当初から団結し、力を合わせてことに当たった。意見の相違もあったが、結束力は大変なものだった。難破の時点でレイナルは重病にかかっていたが、船が沈没しても男たちは彼を見捨てることなく、ロープを使ってどうにか(利用価値のある物資とともに)岸まで運んだ。最初の段階におけるこの誰の目にも明らかな利他的行動が、生存者たちを一つにし、気持ちをふるい立たせたし、協力して互恵的関係を築こうという彼らの意思を表していた。それはまた、インヴァーコールド号の乗組員が崖の下に仲間を置き去りにしたこと――この行為をきっかけに集団は異なる運命をたどることになった――と好対照をなしている。

グラフトン号の乗組員のリーダーシップと共同体精神もまたすばらしかった。経験豊富なレイナルは状況への対処能力が並外れていた。彼は乗組員を指導して、海辺に近い小川のほとりに、石造りの煙突のある小屋を建てた。最終的には鍛冶場と(アザラシの皮で)ふいごもつくり、男たちはそれらを利用して、引き揚げた金属を材料に釘や工具をこしらえた。ローマの製法を用いてコンクリートもつくった。貝殻を焼き、できたものを砂と混ぜ合わせたのだ。レイナルは島での一年目に、皮をなめして靴をつくる方法(これにもアザラシの皮を使った)までみずから教えた。

レイナルは野営中、チェスの駒、ドミノ、そして、のちに賢明にも廃棄したトランプ一組をつくった。というのも、マズグレイヴは負けると文句を言うタイプで、よくケンカになったからだ。船員たちはお互いに外国語と数学を教え合った。彼らの即席学校のいいところは、男たちが平等になったことだとレイナルは述べている。

「私たちは代わる代わる教師になったり生徒になったりした。こうした新たな関係のおかげで結束はいっそう強まった。交互に他人の上になったり下になったりすることで、私たちは実際に対等な地位にとどまり、完全な平等が生み出された」[47]

図 2. 1　グラフトン号の乗組員。フランソワ・レイナルの著書（1874 年）の口絵より

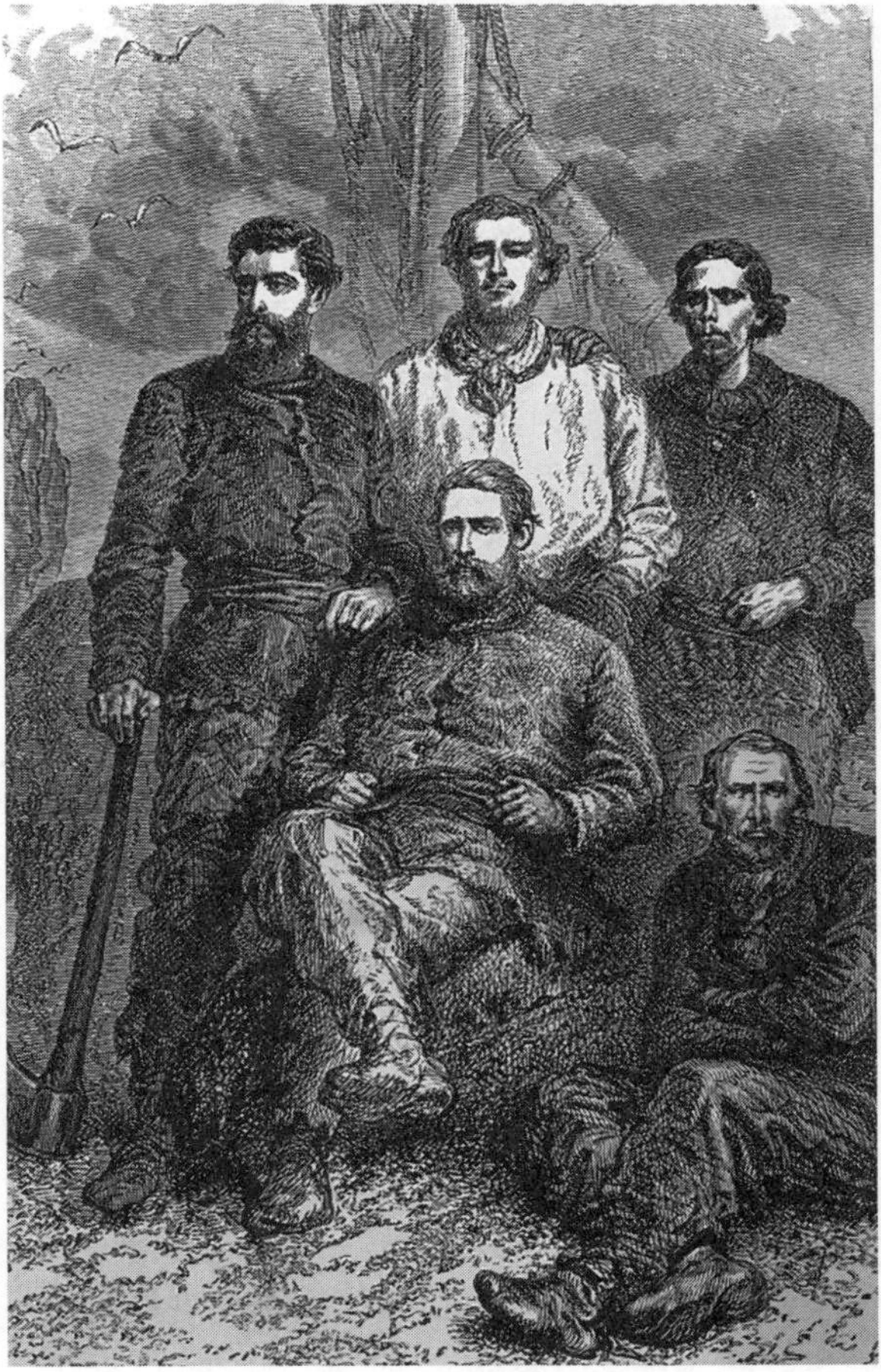

これらの活動が、集団内での学習と指導という社会性一式のもう一つの要素を反映していたのは言うまでもない。それでも、男たちのあいだに階級がまったくなかったわけではないし、彼らはレイナルへの特別な敬意を共有していた。

二月に入り、どうにか島での暮らしに慣れてまもなく、レイナルは、自分たちのなかから誰か一人を投票で選び「主人や上役ではなく『長』あるいは『家長』」になってもらおうと提案した。選ばれた人は「おだやかに、だが同時に毅然《きぜん》として、秩序を維持する」といった義務を負うという。[48] 彼らはさらに、必要と思われれば、将来この人物を投票によってほかのメンバーと交代させる場合もありうることに同意した。レイナルはその役を担うべき人物としてマズグレイヴを推薦した。男たちは満場一致でマズグレイヴを選び、マズグレイヴは彼らが二年に及ぶ試練を乗り切るまでその役割をまっとうした。

あるときマズグレイヴが病気にかかると、レイナルはこう実感した。

「目下の状況で誰かが死ねば、残された者の士気に悪影響が及び、ことによると全員にとって致命的な結果になるかもしれない。だから、私たちがすでに陥っているひどい苦境にあって、神がこの試練をまぬがれさせてくださるよう絶えず祈っている」[49]

結局、一八六五年七月一九日に男たちのうち三人（マズグレイヴ、レイナル、マクラーレン）が、修理した小型船に乗って出発し、五日後にニュージーランドのスチュワート島に到着した。マズグレイヴをはじめとする人びとが、残った二人を救出するためすぐさま取って返した。その後、救助船の乗組員たちはその島を探索し、インヴァーコールド号の乗組員の一人だったジェイムズ・マホニーの遺体を発見した。もっとも、彼らはそのことに気づいていなかったのだが。[50]

グラフトン号の乗組員による生存経験において、人格が重要な役割を果たしたのは明らかだ。インヴァーコールド号のダルガーノ船長は自分自身が生き延びることに何より関心があったようだが、マズグレイヴ船長は試練を乗り切るまで真のリーダーシップを発揮した。みずからが救出されて数カ月後、そこで難破した男たちがほかにいるかもしれないとして、彼はまたしても島へ戻り、こう述べている。

「自分自身が苦しむとしても、似たような状況にあるほかの人たちを救うためなら、極地へでも喜んで向かったことでしょう[51]」

一八六五年一一月七日、レイナルはダルガーノ船長の手になる新聞記事を読んだ。「オークランド島におけるインヴァーコールド号の難破の物語」というタイトルだった。グラフトン号の乗組員が自分たちの難破した島で同時期に別の難破事故があったことを知ったのは、このときがはじめてだった[52]。マズグレイヴは、ニュージーランドに住む友人の商人（のちにマズグレイヴ自身の回想録が捧げられた人物）への手紙で、ダルガーノのリーダーシップの欠如について考えを述べた。彼は手紙のなかでこう指摘している。ダルガーノ自身の説明から「彼らのあいだに結束がなかったこと、船長が彼らに対する権威や影響力を保持しようとしなかった（あるいはできなかった）ことがうかがえる。多くの人が命を落とした原因はそこにあると思う[53]」。

二つの集団で生存状況に差が出た原因は、最初に難破船から回収できた物資の違いやリーダーシップの違いにあるかもしれない。とはいえ、社会的な仕組みの違いも大きかった。インヴァーコールド号の乗組員のあいだには「自分の身は自分で守れ」という姿勢があった。一方、グラフトン号の男たちは協力する人びとだった。彼らは食料を平等に分け、共通の目的（たとえば小型ボートの修理）に向かってともに働き、民主的な投票によって（新たな投票で交代させることもできる）リーダーを選び、全員で生き残るために全力を傾け、お互いを対等に扱った。これらすべての点で、グラフトン号の乗組員にはジュリア・アン号の生存者と共通する多くの特徴があった。難破という試練が命を救うことから始まったという事実もその一つだ。両集団にはまた、技術的な専門知識、私心のないリーダーシップ、協力の精神、助けを求めて数人が危険な旅に乗り出したこと、などの共通点もあった。

反逆者たちが築いたピトケアン島コミュニティ

これまでに取り上げた難破社会は、意図して立ち上げられたものでなかったにもかかわらず、すべてが目標を持っていた。つまり、そこに加わっていた人びとはもとの世界に復帰したかったのだ。

対照的に、意図せざるコミュニティのなかには、創建者たちがそうした願いを抱いていないものもあった。ともに孤立せざるをえなくなった人びとにかんする最も有名な自然実験の一つが、一七八九年のバウンティ号の反逆者たちによるものだ。彼らはその後ピトケアン島に小社会を建設したが、それは現在も続いている。この事例は広く研究され、宇宙への植民から立憲的統治にいたるあらゆるものへの理解を深めるために役立てられている。[54]

航海士のフレッチャー・クリスチャンは、ほかの一八人の反逆者からなるグループを率い、艦長のウィリアム・ブライ（イギリスの探検家ジェイムズ・クック船長に取り立てられた人物）を捕らえてバウンティ号を乗っ取った。ブライは暴君として描かれることが多いものの、多くの報告によれば開明的で人間味のある艦長で、実はクリスチャンの友人だった。ブライと一八人の忠実な部下は、二三フィート（約七メートル）の甲板のないボートに乗せられて船から追い出された。[55]彼らは四〇〇〇マイル（約六四〇〇キロメートル）を航海し、四七日後にティモールに上陸した。反逆者たちが向かったのは、反乱を起こす直前にバウンティ号が立ち寄ったタヒチだった。この反乱の原因は次のようなものだとする説が有力だ。つまり、反逆者たちは、イギリス海軍の言いなりになって危険で気詰まりな海上生活を続ける代わりに、タヒチに戻ってそこで経験した愉快で性的に奔放な生活を再開したかっただけなのである。

しかし、彼らがタヒチに戻ったあと、クリスチャンを含む九人はイギリス当局の目の届きそうにない場所に落ち着こうと決めた。タヒチ人の男女を何人か誘拐すると、彼らは遠方にありながら住むのに適した島を探しに出発した。[56]

その航海の途中、クリスチャンはふと、バウンティ号に積んである本の何冊かに目を通してみた。「南アメリカとオーストラリアの真ん中あたり……群島の外縁にぽつんと一つだけ離れて浮かんでいる」というある島の記述が目にとまった。[57]この島は歴史的記録にはほんの数回しか現れておらず、急峻で人を寄せつけない崖があり、陸には植物が生い茂っていると言われていた。そのうえ船を係留できる場所は一カ所しかなく、しかも危険だった。だが、指定されている地理座標に着いても何も見当たらない。

クリスチャンは、その島はおそらく誤って記録されたのだろうと考え、周辺を探索しはじめた。するとまもなく、ピトケアン島が水平線上に姿を現した。反逆者たちは、その島の位置が外部の世界では正確に知られていないという事実にわくわくした。人知れず潜伏して身を守るための要素がさらに加わることになるからだ。彼らは船を燃やすことにした。そうすれば、ほかの船が通りかかっても見つかることはない。ピトケアン島は彼らの永住の地にして、彼らがゼロから建設するコミュニティの拠点となった。

その島が小さなコミュニティをつくるのに快適な環境であることは、すぐに明らかになった。姿の見えない人びとが残した痕跡はあったものの、人は住んでおらず、四平方マイル（約一〇平方キロメートル）の土地に、材木のとれる森、真水の流水、肥沃な火山灰土などがあった。島をふち取る海岸では、メバル、サバ、ロブスターなどの漁ができた。気候は温暖で、八〇インチ（約二〇〇〇ミリメートル）ある年間降雨量は、農業を通年営むのに適していた。[58]

九人の白人の反逆者たちは島を九等分して分け合い、六人のタヒチ人の男性は土地の所有をいっさい認められなかった。反逆者たちはタヒチ人の女性をそれぞれ一人ずつ要求したが、六人のタヒチ人の男性は三人の女性を共有するようあてがわれた（こうしたひどく利己的な行動をほかにどう表現すればいいのか、私にはわからない）。

当初、人種やジェンダーによるこうした不平等があったにもかかわらず、この集団は比較的平和に暮らしていた。反逆者たちはうまく協力して新しい生活の地の安全を守った。彼らはコミュニティの存在を隠し、土地を利用するための規則をつくった。バウンティ号を燃やす前に、取り去れるものはすべて取り去った。家屋は内陸に建てねばならず、海岸近くでの木の伐採は禁じられた。見張りは継続され、通りすがりの船舶が見つかった場合、火は消された。[59] バウンティ号に残っていた家畜（ブタ、ヤギ、ニワトリなど）と、到着してすぐに発見した天然産物（ココナッツ、魚、海鳥、卵）のおかげで、この島の新たな住人は数カ月のあいだ生き延びられる食料を手にしていた。男たちは自分の敷地の土を掘り返し、持っていた種《たね》のうちから作物を植えはじめた。[60]

豊富な資源と良好な気候という環境のもと、これほど幸先《さいさき》のよいスタートを切ったにもかかわらず、ある歴史家によれば「このコミュニティ（そう呼べるとすればだが）はあっというまに、人間社会にかつて存在したことがないほどのまったくの無政府状態に陥ったようだ[61]」。住民全員に影響する決定を下さざるをえないときは、ヨーロッパ人だけをメンバーとして不定期に開かれる会議（各人が対等の発言権を持っていた）における合意あるいは多数決によって行なわれた。

多くの理由から、住民のあいだの協力は限られたものだった。反逆者たちはそれぞれが自分の領有地に対して絶対的な支配権を持っており、生活は不安定な私的協調関係を特徴としていた。社会組織は流動的で先の読めないものだった。このコミュニティには、法典も、中央の政治権力も、武力行使の独占も存在しなかった。したがって、住民どうしの親密な結びつきや進展する協力関係がない以上、争いを調停したり集団的決定を強制したりする方法はなかった。

一七九一年の春、この社会契約のあいまいさの初期徴候が現れた。ジョン・アダムズの妻のパウライが海鳥の卵を集めていて崖から落ちて亡くなると、アダムズは、以前にタヒチ人の男たちにあてがった女性のなかから一人を取り上げようと決めた。別の反逆者でバウンティ号の兵器係だったジョン・ウィリアムズも、島に着いてまもなく妻のパショトゥを病気で失い、別の女性を要求していた。彼の望みはかなわなかったが、アダムズはより強引な人物だった。彼は自分の思いどおりにした。こうして、この二人の男はくじ引きでタヒチ人女性のうち二人を手に入れた。

ポリネシア人の男たちは、自分たちをさらに侮辱するこの行為に激怒し、この事態を招いた反逆者を殺害しようという陰謀を企てた。ところが、この陰謀はフレッチャー・クリスチャンによって暴かれ、ヨーロッパ人はタヒチ人に仲間の二人、タラロとオヘアを処刑するよう迫る結果となった。

一八一九年に島を去ったあと受けた取材で、タヒチ人女性の一人であるジェニーは、タヒチ人の男たちが訴えた痛みと怒りを代弁した。

「タラロ（ウィリアムズに妻を奪われた男性）は妻との別れに涙を流し、とても怒っていました。彼は復讐を考えていましたが、見つかってしまい、オヘアとともに銃殺されたのです」[62]

ピトケアン島で起きた最初の殺人だった。

処刑のあと、島の生活は安定した。少なかった住民は増えていった。最初の三年で七人の赤ん坊が生まれたからだ。島民は家畜と作物を整理統合し、ヤシの葉ぶきの頑丈な木造建築の集まる集落を築いた。だが、残された少数のタヒチ人男性の地位はさらに低くなった。簡単に言えば、彼らは奴隷の身分に落ちぶれていた。[63]

一七九三年九月二〇日、タヒチ人の男たちの積もりに積もった怒りがついに爆発した。女たちが山に出かけ、ヨーロッパ人が離ればなれになったところを見計らい、ポリネシア人の男たちは六人の白人男性を銃撃し、こん棒で何度も打つと、五人を殺し、一人（ジョン・アダムズ）にケガを負わせた。[64]ジェニーは、その後七年のあいだに起こったさらなる大量殺人について語っている。それはタヒチ人どうしのある殺人事件に始まり、ピトケアン島に住んでいた大人がジョン・アダムズを除いて一人残らず死にいたったところで最高潮に達した。アダムズはこの厄災を引き起こした張本人であり、それは「万人の万人に対する闘争」という一種のホッブズ的無政府状態においてのことだった。

自分たちで蒸留した新酒を生《き》で飲みながら怒りにふるえ、嫉妬《しっと》の炎を燃え上がらせて、マナリジはテイムアの体を三発の銃弾で撃ち抜いて殺した。ヨーロッパ人と女たちはマナリジを殺して報復した。ニアウはマッコイを見ると銃で撃った。二人の女が、マッコイが殺されたかどうかを確かめるふりをして近より、彼と親しくなった。彼らは計画を練り、夜になってニアウがヤングに殺された。現地人の男で唯一生き残っていたタヘティは殺されるのをひどく恐れていたが、ヤングは殺さないと固く誓った。ところが、女たちが夫の死への復讐としてタヘティを殺してしまった。高齢のマット［クウィンタル］は、酒に酔って興奮し、F・クリスチャンの子供たちと生き残っているイギリス人をみな殺しにしてやると言い放ち、今度は自分が処刑されるはめになった。高齢のマッコイは酒で正気を失い、海に飛び込んで自殺した。ネッド・ヤングは胸の病気にかかって命を落とした。したがって、アダム・スミス［ジョン・アダムズが使っていた偽名］はヨーロッパ人として唯一の生存者である。[65]

これはそもそも男どうしの争いだったが、女たちもまた大量殺人の進展に決定的な役割を果たした。ジェニーによれば、この事件は白人のパートナーの血まみれの死に対する女たちの怒りから始まったというのだ。[66]

反乱から二〇年近く経った一八〇八年、アザラシ猟のために遠征してきた船がピトケアン島を偶然発見した。その船、トパーズ号のメイヒュー・フォルジャー船長と乗組員は当初、そこを無人島だと思っていた。彼らは一〇時間を島で過ごし、そこで暮らす三五人の人びと——バウンティ号の反逆者の生き残り、ポリネシア人の捕虜、そして、彼らの子供たち——と交流した。フォルジャーは、そのコミュニティの秩序と、それほど限られた空間で争うことなく暮らす人びとの能力に畏敬の念を抱いた。反逆者の生き残りであるジョン・アダムズについて、フォルジャーはこう書いている。アダムズは「ピトケアン島の最高司令官でもあるかのように実に快適に暮らしており、亡くなった反逆者の子供たちは全員がまずまずの英語を話す。そのうちの何人かは、大人の男女の背かっこうに成長している。彼らを公正に評価すれば、とても人間味のある温かい人びとだと思う。かつての反逆者［アダムズ］の過ちや罪が何であれ、私の考えでは彼はいまでは立派な人物である」[67]。

悲しいかな、その二〇〇年後、そんな楽天的な評価とはかけ離れた実態が明らかになった。高齢男性による少女の性的略奪という文化が何世紀も続いていたらしいことがわかったのだ。その島は依然としてひどく孤立している。船による物資の供給はめったになく、住民は五〇人にも満たない。
だが、二〇〇四年、不穏な空気の漂う裁判で、反逆者の子孫の多くが強姦と児童虐待で有罪判決を受けた。島の一〇歳から一二歳のほぼすべての少女を「しつける」習慣が暴露されたのだ。[68]

ピトケアン島はなぜ失敗したのか

ピトケアン島に最初に入植した人びとは機能的な社会を構築できなかった。進化によって形成され、遺伝的遺産の一部をなす基本的で機能的な社会の青写真があるとすれば、なぜ社会は失敗することがあるのだろう?

大ざっぱに言えば、青写真は人間が築く社会の形を規定するが、それは人間がそもそも社会を形成できる場合に限られる。それを邪魔する障害は多い。まず、人間には敵意を抱いたり暴力をふるったりする似たような傾向がある。これが社会の崩壊の一因となるのは言うまでもない。社会性一式はこうした傾向の抑止力として働く(また、それは大きな成功をおさめるのが普通だ)。環境的な制約もまた社会的厄災を招く要因だ。たとえば、とりわけ破壊的な個人や機能不全の文化的要素(ピトケアン島における根の深い性暴力など)がそうした役割を演じる。[69]社会秩序を生み出そうという試みは、それがどんなに組織的なものであろうと、すべてうまくいくわけではない。死産の社会というものがありうるのだ。

では、ピトケアン島は具体的に言ってなぜ失敗したのだろう? もっと大きな国家における社会的崩壊のよくある原因——官僚の不始末や汚職、移民、戦争、環境悪化、人口圧力など——はここでは当てはまらないし、資源の制約もなかった。極端な孤立が完全な無政府状態を招いたと論じる者もいるが、難破事故の例で見たように、孤立した集団が似たような環境でうまくやったケースもある。

　私の見解によれば、ピトケアン島における初期の無政府状態の根本的原因は、入植者が協力的な姿勢を当初から維持できなかったことにあり、それを助長した要因として、明白な人種差別、現地で蒸留されたアルコールによる陶酔（ブレンデン・ホール号の事例の初期段階にも生じた状態）、数の少ない女性をめぐる男たちの争いがあげられる。まったく無力なリーダーシップも問題だった。クリスチャンは反逆者としてはすぐれていたものの、入植地の長としては別で、完全に民主的な統治という目標は、数年足らずで非現実的なものとなってしまったのだ。

　社会学者のマックス・ウェーバーによれば、国家の定義の一つは「一定の領域において暴力の合法的な使用の独占を要求する存在」だとされる（民衆自身がそう考えているとおりだ）[70]。国家が崩壊してしまえば、それはもはや個人を同等には守らないし、派閥争いは暴力にいたることが多い。社会性一式の特徴はそうした暴力的な無秩序と真っ向から対立する。ピトケアン島の入植者たちは、一つの社会秩序をひっくり返したものの、新たな社会秩序を生み出すことはできなかったのである。

シャクルトンの南極コミュニティはなぜ成功したのか

　これらの孤立した社会集団の成功と存続にとって、私が「ゆるやかな階級制」と呼ぶものの一部としてのリーダーシップが重要なのは明らかだ。リーダーが連帯を育むために、また皮肉にも、集団内の階級制を弱め、平等主義と協調を確保するために尽力する場合はなおさらだ。

　リーダーシップが欠けていたピトケアン島の移民団の例を通じて、またグラフトン号とインヴァーコールド号の難破事故を対比することで、私たちはリーダーシップの重要性を理解できる。ここでは、孤立した集団の最後の事例について考えてみよう。この集団が成功を収めた原因の一つは、この種のリーダーシップにあった。

一九一四年、経験豊富な極地探検家のアーネスト・シャクルトンは、ロンドンのある新聞にこんな広告を出したと言われている。

「冒険旅行に加わる男性を求む。賃金僅少。厳しい寒さ。真っ暗闇のなかでの長い数カ月。絶え間ない危険。無事な帰還は保証せず。成功すれば名誉と社会的評価あり」[71]

それ以前に二度、南極大陸へ冒険の旅に出ていたシャクルトンは、大英帝国南極横断探検隊に同行してくれる乗組員を集めていた。この探検隊の目標は、狭いうえに変化しやすい隙間のような開水域を通って、南極大陸全体を船で横断することだった。

ところが、エンデュランス号がサウスジョージア島を出発してわずか四五日後の一月一八日、船を取り囲む海が結氷し、船上の二八人の男たちは氷の荒野に閉じ込められてしまった。厳しい寒さ、真っ暗闇、絶え間ない危険という予想が現実のものとなったのだ。

九カ月のあいだ、南極からゆっくりと離れていく浮氷にがっちりとはまり込んだその船は、取り残された男たちにとっての自宅となった。当初の「探検旅行」ではなく「自分たちの生存」が新たな目標だと悟った男たちは、厳冬の数カ月を乗り切るのに必要な準備に取りかかった。船の中に個人用の小さな生活空間をつくり、船の食料供給を調整し、ときおり氷上に飛び出しては運動したりペンギンやアザラシを捕ったりした。

九月二日、エンデュランス号は周囲を閉ざしている氷山の圧縮圧でゆがみはじめた。一〇月二七日、男たちは仕方なく船を捨て、氷のうえにじかにテントを張った。浮氷はエレファント島へ向かって漂っていた。それ以前にこの島を訪れた者はいなかった。島への近づきにくさと、厳しい気候や荒涼とした地形のためだ。四月九日、島が視界に入ると、乗組員は三艘の小型船で出発し、世界で最も冷たく最も荒れた海を進んで七日後に島への上陸に成功した。

乗組員の置かれた悲惨な状況を考え、シャクルトンはある決断をした。五人の男たちとともに小型船のうちの一艘に乗り組み、八〇〇マイル（約一二九〇キロメートル）を帆走してサウスジョージア島へ戻り、そこから雪に覆われた山々を踏破してその先の小さな捕鯨基地までたどり着こうというのだ。驚くべきことに、エレファント島を出発して四カ月後、シャクルトンはあとに残っていた二二人の男たちを救助するため小型の気船で戻ってきた。こうして、二八人の乗組員全員が総計で五一三日のあいだ一つのコミュニティで一緒に過ごし、二二人がシャクルトンが助けに戻ってくるまでさらに一二八日をともに暮らしたのだ。死者は一人も出なかった。[72]

これらの男たちは、ほぼ二年にわたって閉じ込められ、孤立していながら、どうやって機能的コミュニティを整然と築き、日々交流したのだろう？　彼らの社会的な仕組みは、その成功にどう役立ったのだろう？

このコミュニティを維持するために必要なのは、休みなく続く大変な重労働だった——ペンギンやアザラシの狩猟、小屋の建設、テントの設営、食事の用意、物資の運搬、犬の世話、ひどい条件下に立っての見張り。だが、概して、それらの仕事は乗組員のあいだで平等かつ平和的に分担された。グラフトン号の場合とまったく同じだ。この探検隊に選ばれた男たち——生物学者、大工、物理学者、船医、航海士——は専門的な経歴を持つさまざまな社会階層の出身だったが、彼らは力を合わせ、一丸となって効率的に働いた。エンデュランス号の司令官であるフランク・ワースリーは日記で、この集団の人間関係における力学についてこう述べている。

現在、イングランドを出て六カ月になる。この期間中ずっと、私たちはみなよく協力し、もめごとはほとんどなかった。船員仲間として、これ以上に好ましい紳士の一団は望めない。どんな任務も快く引き受けられ、どんな苦労に直面しても泣き言は聞かれない。こうした状況をもたらした功績は、探検隊長［シャクルトン］の気配りとリーダーシップ、ワイルド［副司令官］の陽気さと気さくさに帰されるべきだ。二人はともに、敬意、信頼、親愛の情を勝ち取ったのである。[73]

多くの人がワースリーの言葉を繰りかえすかのように、団結した協力的集団の構築がこうして成功したのは、シャクルトンのおかげだとしてきた。彼は死ぬときも生きるときもみな一緒だと力説した。また、職業や地位に関係なく乗組員全員が自分の権威に従い、あらゆる労働に貢献するよう求めた。食事と会議は厳しくスケジュールが組まれ、強制された。労働は明確かつ公正な方法で割り当てられた。食料は男たちのあいだで均等に分けられた（とはいえ、印象深いことに、シャクルトンはしばしば自分に割り当てられた分を乗組員に与えたという）。男たちはまた、グラフトン号の乗組員と同じようにお互いに教え合い、学び合った。これもまた社会性一式の重要な特徴だ。

目を引くのは、男たちが娯楽に多くの時間を費やしたことだ。サッカーの試合、演劇制作、コンサートなどで時間をつぶしたのである。あるとき、男たちは雪のなかに走路を描き、賭けをして、「ドッグ・ダービー」と称する犬ぞりレースをした。[74] いまでは彼らの旅の象徴となっている写真を撮った探検写真家のフランク・ハーリーは、日記でこう述べている。
「本日、南極ダービーステークスで大がかりな仮装パーティと賭け事が行なわれる。現地の通貨であるチョコレートとタバコが手に入るだけ集められている……働き手は全員がレースを見るために休みをもらっている」[75]
もう一つの特別な日である冬至には、女装したり歌ったりといった三〇もの余興が行なわれると、ハーリーは伝えている。厳しい試練をつづった日誌において、トーマス・オルデ・リーズ少佐（のちにパラシュート降下のパイオニアとなる人物）はこう述べている。
「私たちは数曲の時事的な歌を含む二四の出し物からなる盛大なコンサートを催し、私の人生で最も幸福な日々を締めくくった」[76]
ようするに、南極大陸に取り残されたこの集団に、完全に平等主義的な権力の分配は存在しなかった。だが、交友、協調的努力、物資の公平な分配はあった。集団の結束と生存のカギは、シャクルトンのすぐれたリーダーシップと男たちの技量だけではなく、社会性一式に含まれる多くの特徴を示す彼らの能力にもあったのである。

ポリネシアの植民

太平洋の島々は、数々の難破事故やピトケアン島の事件をも上回る長期的な自然実験を提供してきた。社会が築かれ、数世紀にわたって存続し、相当な規模に成長したのだ。これは、よく研究されたポリネシア人の拡散の壮大な事例である。三〇〇〇年以上にわたり、植民者たちは――計画的にあるいは偶然に―

——太平洋中の島々に上陸し、先祖代々の故郷から東へと進出していった。太平洋の島々へのポリネシア人の植民は、さまざまな歴史的・文化人類学的原理を例証するものであり、社会秩序に対する環境的制約の役割を示すとりわけ強力なケーススタディである。広範囲に散らばった多様な特徴を持つ島々に見られる帰結を比較できる点は、まさに現実の実験そのものだ[77]。

西暦七〇〇年ごろにポリネシア人がマルケサス諸島に定住したとき、彼らは当初、海岸沿いの孤立した小村で暮らし、狩猟採集によって食料を手に入れていた。だが、その後数世紀にわたって内陸に移住し、農業を考え出し、人口を劇的に増大させ、石のモニュメントや複雑な社会政治的仕組みを構築した。ヨーロッパ人と接触するときまで、島々の社会は「絶え間ない襲撃、かつてなく盛大な祝宴の開催、人身御供《ひとみごくう》」を特徴としていた[78]。

もっと大きくより遠方にあるハワイ諸島——早くも西暦一二四年には発見されていたようだが、植民が進んだのは六〇〇年から一〇〇〇年にかけてのことだった——では、一六〇〇年までに、族長による統治から聖なる血統を持つとされる王による統治へと政治体制が進展した。ハワイの二つの王国の人口はそれぞれ、六万人から一〇万人に達していたらしい。一七七八年にキャプテン・クックがやってくるまでには本格的な封建制度が確立されており、平民は王に労働を提供したり年貢を納めたりするのと引き換えに土地を耕《たがや》した。先祖のポリネシア人の政治体制からすると飛躍的な進展だった。宗教制度も発達し、古代エジプトなどと同じく税制と結びつくようになった。

文化人類学者のマーシャル・サーリンズは、よく知られているように、ポリネシアの三〇の島々のサンプルを自然実験として利用し、生態環境の違いが、先祖代々のポリネシア人の社会システムから現れた政治的仕組みや文化的慣行を形づくる主因であると論じた[79]。概して、豊穣な環境のおかげで多くの人口を維持できる大きな島になるほど、大がかりな階級制と正式な機関をともなう政治的仕組みが整っていた。雨が少ない島々では、灌漑《かんがい》システムが発明され、こうした固定資産を勝ち取るために戦争が起こるようになり、社会はそうした戦争を支えるためにますます組織化された。こうした島々の住人はまた、戦《いくさ》の神々をなだめるために人身御供の風習を発達させた。食人や人間を調理する専用のかまなどの考古学的証拠さえ存在する。[80] 世界中で、灌漑システムは社会階層の出現やエリートと一般大衆の乖離《かいり》に結びついているようだ（実際、歴史的に降雨より灌漑に依存してきた社会は、こんにちでも依然としてあまり民主的ではない）。[81]

だが理想を言えば、普遍的社会を特定し、環境的制約の影響よりもむしろ根本的で本質的な社会的特徴を研究したいなら、天然資源が厳しく制限されることのない地域で、自然な社会組織が現れるのを観察すべきだ。もちろん、ピトケアン島の事例で見たとおり、それでも成功が保証されるわけではない。だが、サーリンズによるポリネシア人の拡散の研究とは異なり、私たちが想像する実験は以下のようなものとなる。つまり、一つの集団を取り上げ、創立者ごとにグループ分けし、同じような資源が豊富にある多くの島々にそのグループを分散させ、それから次のような問題に取り組むのだ。人びとはどんな社会をつくるか？　この社会のあいだの違いはどれだけ大きい、あるいは小さいか？　一貫して観察されるのはどんな特徴か？

実際、資源のきわめて乏しい環境では、いかにも不自然な社会システムが現れる可能性がある。たとえば、マンガイア島における食人や人身御供がそうだ。マンガイア島もまたポリネシア人が定住した島だが、五〇〇〇人を超えるコミュニティを支えることはできなかった。こうした過酷な環境に放り込まれた人びとの集団は何をしたのだろうか？　お互いを食べはじめたのだ。[82] これに似たものと言えば、人体がひどい食料不足に適応する方法かもしれない——それは形を変え、通常の自然な軌道から押し出され、発育不全をはっきりと示す。発育不全の人間が標準的な人間生理学を例証しないように、資源不足に対応した極端な社会的仕組みは本質的な社会秩序を例証しないのだ。

社会的に生きる

これまで述べてきた取り残された集団について、どう理解すればいいだろう？　はっきり見て取れるのは二つだ。第一に、ほかの集団とくらべてずっとうまくやった集団があった点は重要だ。成功の可能性がとりわけ高かったのは、社会性一式を具現できた集団だった。第二に、社会的行動に社会性一式として表される共通点があったことがわかる。

だが、同じく注目に値するのは、私たちの目に入らないものだ。つまり、それが可能なら、孤立した小規模なコミュニティがまったく新しい有効な社会秩序を発明することはないのである。これは言うまでもなく、孤立させられた男女は自分の属する文化の所産だという事実に多少なりとも関係している。社会がどのようなものであるべきかについての彼らの期待を形づくったのは、その文化だからだ。第1章で見たように、社会的知覚を研究する心理学者がしばしば生後三カ月ほどの幼児について調べようとするのは、まさに文化的背景の影響を最小限に抑えるためだ。野生児を使った禁じられた実験を考えたくなるのと同じ理屈である。

ヨーロッパとは無関係な背景を持つ難破事故や社会からの孤立の例はめったにない。私が知るアジアの事例は、大部分が沿岸の船旅であり文明世界への帰還が早すぎるケースだ。[83] また、アフリカや南北アメリ力に由来する事例はまったく見つからなかった。その理由の一つは、航海技術が限られていたこと、もう一つは記録が欠けていることだ。それでもポリネシア人の拡散は、環境の影響のみならず、社会性一式の普遍的な出現をも例証している。多様な政治的仕組みが数世紀をかけてできあがり、それが別の意味で社会科学者や歴史家の心を奪ってきたにもかかわらずだ。ここでもまた、人間の社会的な生活様式という話になると、私たちは異なる面よりも似ている面のほうが大きいのである。

ピトケアン島のように失敗した社会や、マンガイア島のように食人を特徴とする社会が存在するからといって、社会性一式の中心的役割が損なわれるわけではない。社会性一式がもたらすのは、進化論的に見て時の試練を経た、集団が生き延びるのに有効な戦略である。ときとして、集団は社会性一式を具現するために団結できないこともある。それでも、社会性一式の代わりに取りうる選択肢はないのだ。

環境（たとえば食料はどれくらいあるか）に対して社会的仕組みがどう反応するかを観察することで、さらに微妙な問題が持ち上がる。環境的制約がゆがんだ社会につながる場合があることはすでに見たとおりだ。しかし、個人の生涯にわたるものであれ、人類の進化にわたるものであれ、社会的交流の形成において環境の果たす役割から明らかになるのは、もっと深遠な論点である。環境の変化が文化の変化を引き起こすとすれば、人間社会の変化しない普遍的特徴は、環境そのもののある一貫した特徴に起因するとも考えられる。ことによると、私たちがあらゆる場所で同じような社会制度を形成するのは、人類が相対《あいたい》している環境に一貫した何かが存在するためかもしれない。いったい、それは何だろう？

人間が直面する環境には、実のところ変化しない要素が一つある。他人の存在である。第11章で見るように、人間がある特定の仕方で社会的なものとなるよう進化してきたのは、まさに人間が過去に社会的だったためだ。私たちの先祖がつくりだした社会システムは、自然選択の一つの力となった。そして、人類がいったん社会的に生きる道を歩みはじめると、人間はフィードバック・ループを回しはじめた。このフィードバック・ループが、こんにち私たちがともに生きるあり方を絶えず形づくっているのだ。

人間を集めて一つの集団をつくるとき、彼らがそもそも社会を形成できるとすれば、それは根本において完全に予測可能な社会となる。彼らは自分たちが望むような古い社会をつくることはできない。人間が自由につくれる社会は一種類だけであり、それは具体的な計画から生まれる。進化は一枚の青写真を提供してきたのだ。

第3章　意図されたコミュニティ

一八四五年三月も末近く、ヘンリー・デイヴィッド・ソローはある友人から斧を借りると、マサチューセッツ州コンコードのウォールデン池畔《ちはん》で、いわばみずから難破した。彼は孤独に暮らすことである実験をしようと思っていた。手始めに木を切り倒して小さな小屋を建てると、三脚の椅子を──「一脚は独りでいるため、一脚は友人のため、一脚は社会のため」に──置いた。もっとも、その余分の椅子が使われることはめったになかったのだが。[1]

彼は食料となるものを自分で育て、ウッドチャック〔訳注：リス科の小動物〕を生で食べようかと思案し、広くさまざまな言語で本を読み、逃亡奴隷をかくまった。また、自立、自然、超越主義哲学の価値についての著作『ウォールデン　森の生活』（小学館ほか刊）を著した。この本は今なお大きな影響力を持っている。

人間が繁栄を謳歌する新たな社会秩序の創造を目指し、自然状態に回帰することへの憧れが、個人か集団かを問わず夢想家や変わり者を数千年にわたって突き動かしてきた。

ソローは孤独の恩恵に焦点を合わせていた。私たちの社会的状態がいかに自然かを考えると、これは逆説的な態度だというのが私の考えだ。一人きりでいるとき、ソローは自然そのものを仲間として「夜中のトウモロコシのように」自分が成長したと感じた。[2]

「ちっぽけな松葉という松葉が広がって、共感でふくらみ、私の友人になった」[3]

ソローは他人との交流をあまり必要としなかった。彼は他人についてこう語っている。

人びとはかなり頻繁に顔を合わせるため、お互いにとって新たな価値を獲得する暇はなかった……人びとはこの頻繁な顔合わせを我慢できるものとするために、エチケットとか礼儀とか呼ばれる一定のルールに同意しなければならなかった。おかげで、私たちは戦端を開かずにすむのである。[4]

ソローは公的な機関もあまり好まなかった。

最初の夏も終わりかけたある日の午後、修理屋から片方の靴を受け取るため村へ出かけると、逮捕されて牢屋に入れられてしまった……国に税金を払っていなかった、つまり、議事堂の門の前で男、女、子供たちを家畜のように売り買いする国の権威を認めていなかったからだ……人がどこへ行こうとも、男たちが追いかけてきて、薄汚れた制度を使ってひどい扱いをし、可能であれば、奇妙な連中の絶望的な社会に力ずくで引き込むのだ。[5]

ソローは翌日には釈放された。誰かはわかっていないのだが、ある友人が代わって人頭税を払ってくれたおかげらしい。[6] ソローが何年にもわたって人頭税を払っていなかったのは、戦争をしかけたり奴隷制度を拡大したりするための資金として使うことに反対だったからだ。彼はのちに「市民の反抗」という有名な論文でそう説明している。この論文は、マハトマ・ガンジーやマーティン・ルーサー・キング・ジュニアの活動に力を与えることになる。[7]

ゲマインシャフトとゲゼルシャフト

個人的性質と組織的性質を併せもつ社会的交流にかんするソローの見解は、ほかの思想家によっても考察されてきた。哲学者フェルディナント・テンニースが一八八七年に提示し、のちに社会学者のマックス・ウェーバーが発展させた分類によれば、人びとの社会的つながりには二つの一般的タイプがあるという。すなわち「ゲマインシャフト」（共同社会）と「ゲゼルシャフト」（利益社会）だ。[8]

ゲマインシャフトとは、個人的な交流やそれに付随する役割、価値観、信念のことであり、おおむね顔見知りのコミュニティの概念に対応する。しかし、社会的な結びつきには、より間接的な交流、個人とは無関係な役割、こうしたつながりにかかわる正式な規範や法律といったものもある。より広範で個人とは無関係な社会とのこうした交流はゲゼルシャフトとして知られている。

この区別は現代生活にまつわる重要な問題を浮き彫りにする。多くの人びとは、個人と無関係な大規模社会において、どうすれば共同体意識を保持したり回復したりできるものかといぶかしんできた。ソローをはじめとする世捨て人はときとして、社会的交流をきわめて耐えがたいものとみなし、いっさい捨て去ってしまった（少なくともしばらくのあいだは）。だが、社会秩序の規模と質の変化に対応する方法はほかにもあった。それは、まったく新たな小規模コミュニティを建設することだ。遅くともローマ時代以降、あらゆる大陸で、現代生活というゲゼルシャフトに別れを告げ、ゲマインシャフトを揺るぎない土台とする社会へと回帰することを目指す共同体運動が起こってきた。[9] コミューンに加わる人びとは往々にして、個人と無関係な交流に見切りをつけ、個人的関係の信頼性をさらに確たるものとすることを目標とする。

ユートピア的なコミュニティの試みは、難破事故などの思いがけない事件によってたまたま一緒になった人びとがつくる偶発的なコミュニティとくらべると、おおむね牧歌的なものだ。とはいえ、それらが必ずしもうまくいくわけではない。一九世紀アメリカの数えきれないユートピア的共同体から、二〇世紀イスラエルのキブツ、ここで検討するその他の事例にいたるまで、こうした試みの大半はたいてい一、二年のうちに失敗している。こうした実験の多くがまったくの失敗だったからといって、大きな意味がないとは言えない。[10] たとえ失敗したとしても、これらの自然実験のおかげで、社会組織のどんな特徴が繰り返し現れ、成功のために必要不可欠なのかを理解することができる。意図されたコミュニティが、社会性一式から一時的に逸脱する社会的仕組みをうまく形成することもときにはあったが、ほとんどのケースは失敗に終わった。見たこともないような何かを築き上げた例は、ほとんどなかったのだ。

アメリカにおけるユートピア建設の試み

一五一六年、トマス・モアはギリシャ語の単語を基にして「ユートピア」という言葉をつくった。そのギリシャ語は「どこにもない場所」を意味するが、英語では「良い場所」のルーツのような響きもある。ユートピア社会をつくる試みの多くが失敗したことを考えると、こうした両義性は実に印象深い。[11]

コミューン的ユートピアを築こうとする取り組みにとって、アメリカはとりわけ肥沃な土壌であり、その取り組みは社会に足跡を残してきた。多くの人びとがそれらを知っているのは、その種のコミュニティでつくられた製品、たとえば、シェーカー家具、アマナ器具、オナイダ銀器などを通じてのことだ。マサチューセッツ州のフルートランズやブルック・ファームといった観光地を訪れて、自給自足の過ぎ去ったライフスタイルに驚いた人もいるかもしれない。一九六〇年代的なコミューンや「ブランチ・デビディアン」のように終末論を信じるカルト集団さえ頭に浮かぶ人もいるだろう。

長年にわたり、こうした試みに対する人びとの反応は、困惑から称賛、非難にいたるまでさまざまだった。歴史家のドナルド・ピッツァーはかつてこう指摘した。「コミュニティの建設を試みる人びとは、単なる興味深い『変人』、『主流』からはずれ、失敗をまぬがれない精神的不適応者として描かれることが多かった。彼らはアメリカ的な生き方や価値観を踏み外しているとされていたからだ[12]」

同時代の共同体運動を描いた書物の、少なくとも一九世紀にまでさかのぼる長いリストが存在する。それらの書物は、すでに取り上げた難破物語のアンソロジーのようなものであり、たとえば『アメリカ合衆国の共産主義社会――個人的な訪問と観察』(一八七五)といったタイトルを持つ選集である。[13]

コミュニティ建設へのこうした取り組みは、ヨーロッパ人がアメリカ大陸へ入植したあとすぐに始まった。一六九四年、禁欲主義者の男性学者四〇人がペンシルヴェニア州ジャーマンタウン近くにコミュニティを建設し、みずから「荒野のなかの女性協会」と名乗った。一七八〇年以降、コミューンの建設には少なくとも四つの明確なピークがあった。すなわち、一七九〇年から一八〇五年、一八二四年から一八四八年、一八九〇年から一九一五年、一九六五年から一九七五年にかけてのことだ。さらに、二〇一〇年代の末には、意図されたコミュニティの建設がまたも急増する様子を目にできるかもしれない[14]。

数千という数のユートピア的コミュニティが、歴史を通じてアメリカの風景の中に散らばっていったという事実は驚くに値しない[15]。アメリカ合衆国はつねに、社会的・地理的移動性を保証し、結社の自由を約束し、押しつけがましく独裁的な制度を排除し、斬新《ざんしん》なアイデアを積極的に受け入れ、自己改善や自己再生の機会を提供してきた。こうしたコミュニティを建設しようとする強い衝動は、ソロー的な徹底した個人主義の感覚とは矛盾するかもしれない。一方で、それは開拓者精神を育み、同じく重要な伝統、つまり、周知のようにアレクシ・ド・トクヴィルが「参加する人びと」の国と評したアメリカの伝統に根ざしてもいるのだ[16]。

歴史的に見て、共同体運動が盛んになるのは社会や文化が大混乱にある時期だ。規範や予想が疑問視されている時代に大人へと成長する人びとは、とりわけ改心しやすいようだ。こんにちの情報革命と発展しつつあるロボットによるオートメーションは、共同体主義者を刺激しているかもしれない。産業革命と大恐慌が前の世代を刺激したのとまったく同じである。変化の時代には資産を共有するために結束することが、貧しい個人の集団にとって生き残り戦略となることが多い（もっともメンバーが貧しくないときでも、コミュニティによる資産の共有はユートピア的コミュニティに共通する特徴だ）。

共同体主義は一八四〇年代のニューイングランドでとりわけ大きく花開いた。建国後間もないアメリカの市民が、社会改革をめぐる議論にまだ夢中になっていた時代だ。当時の共同体主義者は、全体の利益のために人びとが力を合わせる状況をつくりだせると信じており、年齢、性別、人種にもとづく階級制度に抵抗した。同時代の人びとによる社会的拘束を——ともかくその大半を——拒絶し、こう思い込んでいた。人びとは集団の利益の名のもとにみずから喜んで利己心を抑制し、堕落した過去から自分を解放して新たな歴史を歩み出せるのだと。
一部の哲学者、作家、聖職者は、いまだ建国一〇〇周年すら祝っていない国家を再建したいという衝動に取りつかれていた。自分たちの理想主義は口先だけで行動がともなっていないと見られることを心配したのだ。ソローの友人で超越主義哲学者のラルフ・ウォルドー・エマソンは一八四〇年にこう書いている。

「ここではみな、無数の社会改革計画に少しばかり熱狂しており」「書斎人ではなく、新たなコミュニティの設計図をベストのポケットに入れている」[17]

エマソンの住む地域では多くの試みが企てられたが、最も注目すべきなのはブルック・ファームのよく知られた取り組みだ。

ブルック・ファーム

マサチューセッツ州ウェスト・ロクスベリーにあったブルック・ファームは、当時を代表するユートピア的コミュニティだ。ブルック・ファームはジョージ・リプリー（一八〇二―一八八〇）の頭脳の所産だった。若きリプリーはヨーロッパで学ぶことを望んでいたが挫折《ざせつ》し、「教育が買えるいちばん安い屋台」すなわちハーヴァード神学校へ進むことを余儀なくされた。[18]一八二六年に神学校を卒業すると、ユニテリアン派の牧師としてボストンで一〇年あまり働き、ヨーロッパ哲学にかんする蔵書を溜め込んだ。その価値は非常に高く、ブルック・ファーム設立の際には、四〇〇ドルの融資の担保として活用できたほどだった。

ブルック・ファームがスタートを切る前の一八三六年、リプリーはソローやエマソンもメンバーだった「超越クラブ」をすでに発足させていた。リプリーは、牧師の仕事を捨てて、ますます魅了されるようになった超越主義哲学を実践したいとの思いを強くしていた。超越主義は自然や人間に内在する善を強調し、人びとの自立を抑圧しかねない公的な社会制度を疑い、主観的経験を重視する経験論を拒否するものだ。一八四一年四月、リプリーと妻のソフィア、それに一二人の仲間たちは一九二エーカー（約〇・七八平方キロメートル）の土地を購入すると、社会生活の実験を始めた。それは六年近く続いたものの、次第に縮小し、最終的には崩壊した。[19]

すべりだしは順調だった。一、二年のうちに、コミュニティは九〇人ほどの住民を抱えるまでに拡大した。その約半数は学生か寄宿人で、正式なメンバーではなかった。カギとなる組織原則の一つは知的労働と肉体労働双方の重要性だった。リプリーはこう述べている。

「私たちは苦役ではない勤勉さ、低俗ではない真の平等を身につけなければならない」[20]

しかし、だからといってブルック・ファームの生活が楽だったわけではない。住民はやりたい仕事を自由に選べたものの、夏は週六〇時間、冬は週四八時間の労働を期待されていた。

ブルック・ファームは、私たちが意図されたコミュニティに結びつけてきた多くの性質を持っていた。すなわち（相対的な）男女同権、ゆるやかな階級制、カリスマ的リーダーなどだ。シャクルトンと同じくリプリーも、伝統的に女性の仕事だった洗濯なども含め、あらゆる雑用を分担することを統率手段の一つとしていた。作業グループが輪番で職務をこなすこともメンバーの平等化に役立った。[21] 創立メンバーの何人かは、作家や思想家も労働者や農夫と並んで骨折り仕事に精を出し、半ば強制的な民主的平等のもとで全員が一緒になって汗を流すという構想を好ましく思っていた。

一部が重なり合っている作業グループで、メンバーやリーダーの資格は流動的なものだった。住民は洗濯グループ、農業グループ、ナイフ洗いグループ、タマネギグループ（タマネギの収穫を担当する子供のグループ）などで働いた。フレデリック・プラットは、両親がリプリーの試みに参加したときにはほんの子供だったが、六〇年後にこう述べている。

「リプリーさんとホーソーンさんが、文句も言わずシャベルで肥やしをまいているのを見たことがあります。でも、ホーソーンさんは作業を楽しんではいなかったと思います」[22]

ブルック・ファームの初期の投資家にして住民の一人に、作家のナサニエル・ホーソーンがいた。彼は一〇〇〇ドル提供したことをすぐに後悔したようで、のちにブルック・ファームを喜んで出ていくことになった。

とはいえ、全員が肉体労働に従事していたものの、ブルック・ファームは構想と認識において中産階級の事業という感覚で運営されていた。それはコミューン的な団体ではなく合資会社として設立され、設立に際しては書面による定款も作成された（その条項は一六項目におよび、前文で設立者たちは「利己的な競争のシステムを親密な協力のシステムに置き換える」よう努めるとされていた）[23]

「ファーマー（農夫）」たち（彼らはそう呼ばれていた）は、重労働にもかかわらず楽しく過ごしており、多くの住民や来客が彼らの遊び好きを強調している。ブロンソン・オルコット（『若草物語』の作者ルイーザ・メイ・オルコットの父）に同行していたある人物は「八〇から九〇人の人びとが、自分たちの若さと昼間の時間を実に楽しげに遊びに浪費している」のを見たと述べている。[24] ある住民は「享楽はこのコミュニティにとって最初から真剣な追求の対象でした」と語っている。[25] ホーソーンの小説『ブライズデイル・ロマンス』はブルック・ファームでの経験を一部土台にしており、彼がそこにいた当時の野外仮装パーティにかんする手厳しい記述が含まれている。

これらすべての享楽的な遊び——そりで坂を滑り降りることから、ダンス、冗談、芝居にいたるまで——は、より深い機能を担っていたのかもしれない。すなわち、コミュニティのメンバーを結束させるという機能だ。心理学者のジョナサン・ハイトは、集団が円滑に働くためにダンスや運動会の統合機能が果たす役割を大いに強調している。[26] 演技が必要となる活動はブルック・ファームのコミュニティにとってとりわけ大切で、ファーマーたちに深い影響を与えたようだ。これは、シャクルトン探検隊の隊員のケースと同じである。

ブルック・ファームでのいくつもの役割や、演劇的な遊びに対する一人ひとりの農夫の取り組みは、このコミュニティの際立った特徴だったが、それでもファーマーたちは自分の個性を表現する余地があった。歴史家リチャード・フランシスはこう述べている。

「ファーマーは最初から、個々のアイデンティティ、あるいはむしろその感覚が、『文明』のなかで押し付けられた社会的役割によって不当に制限されていることを意識していた」[27]

すべてのファーマーが、根幹となるコミュニティ的なアイデンティティを確立すべく、またやや逆説的だが、社会によって課せられた恣意的役割から解放されたまぎれもない個人としての人間性を獲得すべく、懸命に働いた。

意図されたユートピア的コミュニティは、個性という問題と絶えず格闘してきた。あるファーマーは何年も経ってからこうふり返っている。

「あれほど明確な個性を持った四〇人もの人たちを目にすることはめったにないでしょう。そうした個性は高らかに宣言されるわけでもなく、いろいろと学んだあとでようやくわかるものなのですが、あの場所に独特の影響を与えていました」[28]

少なくとも一時的には、ブルック・ファームの住民たちはこの点にかんして適切なバランスを保つことができた。個性を尊重しながらコミュニティを育てたのである。第9章で、個性はコミュニティにとって実は必要不可欠であるというパラドクスについて考え、それが社会性一式と人類の進化においていかに決定的役割を果たしているかを明らかにしたい。ブルック・ファームのように、先祖の遺産の一部である個人のアイデンティティを尊重しながらコミュニティを建設しようとする取り組みは、そうでないケースとくらべると、一般的にうまくいくことが多かった。

ブルック・ファームの学校教育は目をみはるほど進歩的で、子供に知識を叩き込むのではなく、彼らのすぐれた素質や洞察力を引き出すために組み立てられていた。ノラ・シェルター・ブレアは半世紀近くのちに、多様な生徒集団の「調和のとれた混交」と「生徒と教師の自由な対話」を思い出すことになる。子供たちは教師のソフィア・リプリーをファーストネームで呼び、ブレアの回想によれば「ソフィアは生徒たちに、一人ひとりの能力に対する自信を植え付けたようでした。つまり、自分たちは彼女がはっきり示してくれた道を歩んでいけるのだと」[29]。

最も深い部分で、子供は教育を受ける絶対的な権利を持っていると考えられていた――「孤児院や救貧院の子供であるかのように施《ほどこ》しを受けるわけではなく、子供の権利として、つまり、この世に人間として生まれてきたというまさにその事実によって授けられる権利として」認められていたのだ[30]。

一九世紀におけるほかのユートピア実験とは異なり、ブルック・ファームは参加者に、核家族の放棄や外界との遮断を求めたりはしなかった。そのため、ブルック・ファームでのできごとは当時の大衆紙でセンセーショナルに報じられた。あるファーマーはのちにこう語っている。

「私たちを未開人も同然だとみなす者が数千といました。半未開の状態へ戻ってしまったからというんです」[31]

超越主義運動を先導した多くの人びと、すなわち、ラルフ・ウォルドー・エマソン、ブロンソン・オルコット、ヘンリー・デイヴィッド・ソロー、セオドア・パーカーといった面々がブルック・ファームを通過していった。初期のフェミニストで作家のマーガレット・フラーもしばしば来訪し、住民ともなった。フレデリック・プラットはこう回想している。

「子供たちはとても楽しい時間を一緒に過ごし、男の子たちの手押し車や荷車で女の子たちをあちこちへ運んだものです。一五年から一八年のちに、私の兄弟のジョンがアニー・オルコットと結婚し、ルイーザは作家となり、ジョン・ブルックスと『若草物語』は有名になりました」[32]

では、これほど魅力的な情景の何がまちがってしまったのだろう?　一八四四年の初め、ブルック・ファームは当時ますます人気が高まっていた急進的な教義、つまりフランス人ユートピア思想家シャルル・フーリエの教義へと劇的な改宗を果たした。超越主義的な楽しい集団から、厳格に統制された「ファランジュ」――理想のコミュニティを意味するフーリエの用語――への自己変革を試みたのだ。

フーリエの理論は奇妙で、厳密で、難解であり、ブルック・ファームの多くのメンバーはこの転換に反対だった。[33]コミュニティの内部に派閥が生まれ、緊張が高まった。それにもかかわらず、リプリーはフーリエ主義を信奉し、彼のグループは教義に従ってファランステールという一七五フィート（約五三メートル）の建造物を建てた。ところが、一八四六年三月三日の夜、この建物は大火事によって二時間で灰になってしまった。これがブルック・ファームの終わりだった。復活できるだけの力はなかった。

ファーマーたちは外の社会の良き手本になりたいと願っていた。その一人であるアミーリア・ラッセルはこう語っている。

「全国民が私たちの簡素で控え目な生活に魅了され、やがて……（私たちの）法律や政府が拡大し、最後にはこの国の既存の行政を壊滅させるだろうとさえ思っていました[34]」

ブルック・ファームのメンバーが、既存のいかなる秩序も壊滅させられなかったことは言うまでもない――自分たちのものを除いて。火事のあとに終わりが訪れるのは避けられなかった。ラッセルはのちにこう述べている。

「みんなができるだけ長く居残り、そこでの生活を諦めようとしませんでした。それは彼らにとって神聖な思想だったのです。いえ、というよりも、貧しい人たちがそこに残っているのは、いまや各人が自分の財布で暮らしていたからです。その場所は言わば、かつて存在したものの影になってしまいました[35]」

シェーカー教団

コミュニティを建設しようとする取り組みのなかには、かなり長く続いたものもある。最も有名なものの一つがキリスト再来信仰者連合会、別名シェーカー教団である。シェーカー教団は最も組織化され、経済的にも成功し、初期アメリカのユートピアの試みから生まれたものとして最も長く続いた意図されたコミュニティとなった。

シェーカー教団は、もともと一七世紀後半にイングランドで創立された宗派である。運動を率いていたのはきわめてカリスマ的なリーダー、「マザー」・アン・リーだった。アン・リーはイングランドのマンチェスター生まれの若く貧しい女性で、わずか二三歳のときに教団に加わり、九年後の一七六八年には指導者の地位に就いた。彼女の信仰の道を変えたのは、彼女自身の経験だった。

リーは二六歳で鍛冶屋のエイブラハム・スタンリーと結婚し、四人の子を儲けたが、全員が幼いうちに亡くなった。彼女はこの苦痛と対峙し、セックスは罪への、またあらゆる人間の苦しみへの道だという考えを固めるにいたった。独身主義は信仰の中核となった。シェーカー教団の神学理論もまた、神は本質的に男でもあり女でもあるとし、キリストの生涯はこの世におけるキリスト教発展の一つの局面にすぎないと解釈した。シェーカー教団の慣習の多くは、彼らが初期キリスト教会の慣習だと信じていたことの模倣であり、独身主義だけでなく、財産の共有、平和主義、告解などが含まれていた。シェーカー教団は男女を平等とみなし、アフリカ系アメリカ人も受け入れることが多かった。

リーはイングランドで神への冒瀆《ぼうとく》によって一時的に投獄され、一七七四年に夫と七名の信者をともなってニューヨーク・シティに逃亡した。彼女はニューヨークで女中として働き、その後、この小集団は州の北部、のちにウォーターヴリートと呼ばれる土地に移った。彼らはゆっくりと改宗者を取り込みはじめた。一七八一年から一七八三年にかけて、リーはマサチューセッツ州とコネチカット州で、説教して信者を獲得するという驚くべき任務に乗り出した。この活動に携わるあいだ、彼女は反逆、わいせつ、神への冒瀆、魔術といった罪で告発された。仲間の伝道師たちも、橋から投げ落とされたりこん棒で殴られたりした。[36]

これほど極端な反発が起こった原因の一つは、シェーカー教徒が結婚生活を破壊したり、財産を奪ったり、公的援助に依存したりするのではないかという不安だったのかもしれない。シェーカー教徒の平和主義的な考え方に腹を立てる人や、彼らはイギリス人の回し者だとして怖がる人もいた。[37]

一七八四年にアン・リーが世を去ったあと、シェーカー教団はリーが最も重用していた二人の信者に率いられ、一七九四年までに、三〇人から九〇人が暮らす一〇カ所のコミュニティが五つの州につくられた。男女二人ずつの「長老」が各コミュニティのリーダーを務め、こうした「ファミリー」がシェーカー教徒の社会・経済的生活の基本単位となった。信者の数は決して多くはなく（ピークの一八四〇年で三六〇八人）、一九〇〇年には八五五人まで減っていた。[38]

シェーカー教団は、秩序、調和、実用性を重んじており、そのコミュニティは静かでおだやかだと評されていた。宗教行事には週に一二回もの会合が含まれ、そのたびに独特のダンスと行進が行なわれた。多くの信者が八〇歳代、あるいはその先まで生きながらえた。ある研究によると、一九〇〇年にはシェーカー教徒の六パーセントが八〇歳を超えていたという。一方、アメリカの全住民のうちその年齢に達する者は、わずか〇・五パーセントにすぎなかった（もっとも、そもそも人並みより健康な人がシェーカー教団に加わったということかもしれない）。[39]

一人ひとりは自分の財産を所有していなかったものの、シェーカー教徒はメンバーの個性を大切にした。この点はブルック・ファームと同じである。信者たちは特性や能力を培い、親密で個人的な友情を育み、自分のことは自分で決めることができた。シェーカー教徒は心にもない服従はせず、自主性を重んじた。

同じファミリーのメンバーは一緒に暮らし、畑や店で肩を並べて働き、同じ物を食べ、寝るときでさえ、通常それぞれの部屋に四人が暮らす「休息室」の共用ベッドで寝た。信徒たちの関係はきわめて親密な場合が多く、個人的な深い愛着を示す手紙がたくさん残されている。[40] 言うまでもなく、恋愛は厳格に禁じられていた――そして、ほとんど不可能でもあった。男女は階段ですれ違うことさえ許されなかった。多くのシェーカー教団の建物で独特の二重階段構造が見られるのはそのためだ。男女間の握手さえ禁止されていた。既婚の夫婦は別々のファミリーにふり分けられて暮らし、働くことも珍しくなかった。

信者のあいだに見られる利他主義や連帯のようなものが、大きな経済的成功に結びつくことは多くはなかったものの、シェーカー教徒がすぐれていたのは、まさに彼らのコミュニティならではの気質や習慣のためだった。一九世紀後半のシェーカー教コミュニティの経済的成果にかんする分析から、次のことがわかっている。すなわち、コミュニティが財産を所有していたり、労働者の努力に対して報酬が支払われないといった問題にもかかわらず、このコミューンの経済的成果は、農業、工業の両方で、コミュニティ的に運営されていない似たような企業と同等かそれ以上だったのだ。[41] こうした生産性の高さは、シェーカー教徒の暮らしのいくつかの特徴に起因していた。

ほかのあらゆる人間集団と同じく、シェーカー教団も分業制をとっていた。女性はおもに家事を引き受け、男性は畑仕事や機械を使う仕事に従事した。信者は自分が担当する仕事や専門分野を自由に選べたし、生産性のばらつきは、個人の違いが受け入れられることを踏まえて大目に見られていた。たとえば、労働者の生産性にかんするある調査によると、一人の女性は帽子を年に九〇個しかつくらなかったが、別の女性は七三〇個つくったという。[42]

シェーカー教コミュニティにその気があれば、出来高制をとるのは難しいことではなかった。だが、彼らが信頼を寄せていたのは、共有されたイデオロギーに支えられた住民の生まれながらの協同性だった。信者どうしの相互依存関係や物理的な近さを考えると、勤勉という規範が維持された原因は、共通の目標や宗教的信念はもちろん、仲間からのプレッシャーや人前で感じる恥ずかしさにもあったのだ。

シェーカー教コミュニティの子供たちも一四歳まで（男の子は冬に、女の子は夏に）学校に通った。しかし、シェーカー教徒は従来の学校教育に疑問を抱いており、教育では実際的な商売と技能が重視されていた。もちろん、このコミュニティでシェーカー教徒の子供が生まれることはなかったが、若者の供給源はほかにあった。経済的、個人的、あるいは懲罰的な理由から、親や保護者によってこの集団に年季奉公に出される者もいれば、孤児やホームレスもいたし、運動に加わる親に連れられてくる者もいた。独身主義の強制を考えれば無理もないが、大半の若者は大人になるとコミュニティを去った。ある研究によれば、一八八〇年から一九〇〇年までの期間に教団に残った子供はわずか五・七パーセントにすぎなかった。成人の場合は同じ期間に二八・七パーセントが教団に残った。[43]

強制的な独身主義による人員減とともに、大きな火災や洪水で多くのシェーカー教コミュニティが消滅し、こうした災害に対する小規模コミュニティのもろさがまたしても明らかになった。シェーカー教運動も勢いを失った。外部のもっと大きな社会が魅力を増したためだ。一九世紀には経済的発展と自己決定の機会がさまざまな面で拡大したせいで、シェーカー教的な生活様式は説得力を失っていった。宗教史家のアリン・ラッセルは「世界がシェーカー教徒に対し『あなた方に何ができようと、私のほうがもっとうまくやれるのだ』と言っているようだった」と述べている。[44]

アメリカの一般社会もまた、シェーカー教団が長年やってきたように、精神疾患を抱える人びとにより人間的に対応しはじめ、男女をより平等に扱うようになっていった。一九六八年、シェーカー教徒は、ニューハンプシャー州カンタベリーとメイン州サバスデイ・レイクの二つのコミュニティに、わずか一九人の女性が残るのみとなった。一九六〇年代にこの残った信者に対して行なわれたインタビューの際、彼女たちみずからの教派の衰退に直面しても驚くほど落ち着いていた。一つの時代の終わりを迎えるには、それを始めるのと同じくらいの勇気が必要だと信じていたのである。[45]

社会性一式の多くの特徴（協力、交友、個人のアイデンティティの尊重、ゆるやかな階層制など）を受け入れていたことを考えると、独身主義が実践されていなければ、シェーカー教運動は大きく花開いていたかもしれない。独身主義が現実世界の拒絶を反映していることは明らかだ。それは、社会生活を営むほかのあらゆる方法からの逸脱であるばかりか、こうした生き方ではみずからを再生産できないことを本質的に意味するからだ。逆説的ながら、それゆえシェーカー教徒は外部の世界とのつながりを必要としていた。この運動にとって、新たな支持者の供給源はそこにしかなかったからだ。[46]

イスラエルのキブツ

コミュニティ建設運動の勢いは二〇世紀になっても衰えなかった。イスラエルのキブツ（「集団」を意味するヘブライ語）は自発的かつ民主的なコミュニティで、住民の規模は八〇人から二〇〇〇人までと幅がある。人びとはそこで暮らし、協力して働く。これらのコミュニティは、社会生活にかんする自然実験のさらなる事例を与えてくれる。最初のキブツは一九一〇年にパレスチナで創設され、二〇〇九年には二六七のキブツが現代のイスラエル全域に広がっていた。これらの集団はイスラエルのユダヤ人住民の二・一パーセントを占めるにすぎないものの、全国農業生産高の四〇パーセント、工業品生産高の七パーセントを生み出している。[47]

キブツが長命を保っている理由は、経済的成功に加え、コミュニティのメンバーが現実的・社会的な緊急事態に応じてイデオロギーを現実的に修正する意思を持っている点にある。

二〇世紀前半、キブツ運動のメンバーたちは、シオニスト、社会主義者、ヒューマニストの価値観にもとづくイデオロギーから強い刺激を受け、まったく新たな何かを意図的につくりだそうとした。[48] キブツの創設者たちは、外部環境を変えることで人間の行動や本性を根本からつくり直せると信じていた。また、一九世紀のアメリカでの取り組みがそうだったように、彼らも社会を改造したいと願っていた。しかし、ほとんどのキブツは結局のところ、新たな人間と社会を創造するというこのとほうもない目標――いずれにしても彼らがなしとげなかったもの――から方向転換した。

キブツを駆り立てている理念は、ほかのコミュニティのそれと似たようなものだ。つまり、協力、自給自足、労働の分担と資産の共有、平等主義である。初期のキブツでは、あらゆるタイプの仕事に同じ価値が与えられ、直接民主主義（役人は交代制）が実践されたが、こうした平等主義的特徴が二〇世紀のあいだそのまま存続することはなかった。初期キブツの最も人目を引く目標は、集団育児を中心とする急進的で奇抜な家庭生活の構築だった。親が共同住宅の狭い部屋で暮らす一方、子供たちはだいたい六人から二〇人のほぼ同年齢の仲間たちと小さな家で食事をし、眠り、入浴した。子供たちが血のつながった親と過ごすのは、毎日午後の一、二時間だけだった。[49] この仕組みも長続きはしなかった。

キブツ運動にこうした特徴があった理由の一つは、東欧のユダヤ文化で支配的だった家父長的体制を変えたいという願望にあった。集団育児の目的は、女性を家庭生活の重荷から解放し、男性と同じ社会経済的土俵に乗せる一方で、男性にもっと育児の役割を担わせることだった。初期キブツにおける女性のイメージで強調されていたのは、男性との平等、厳しい肉体労働、慎み深さ、そして、恋愛の軽視だった。[50]

集団育児という考え方は、キブツに特有のものではなかった。大昔から定期的に試みられてきたのだ。プラトンは、コミュニティ全体で子育てをすれば子供たちは全男性を自分の父親だとみなし、さらに敬《うやま》うようになると信じていた。[51] 共産主義社会にも集団育児がつきものだった。家族は国家イデオロギーへの脅威とみなされる。それは家族単位への帰属意識を育むが、全体主義的イデオロギーは、家族への忠誠を党や国家への忠誠よりも下に置くことを要求するからだ。リベラルな政治理論もまた、平等主義的社会にとっては（たとえば一般的に言って、育児や家族生活は女性により大きな制約を課しているため）家族が障害になるという問題と格闘してきた。[52]

だが、親子の絆を根本的に再構築する、あるいは最小化しようとする試みが長続きすることはめったになかった。[53]世界各地の文化において（また、第7章で論じるようにほかの哺乳類でも）ゆるやかな形の集団育児が見られるが、そこにはほかの大人による親代わりの育児が何らかの形で含まれているのが普通だ。その場合、縁戚が育児の義務を共有することになる。幼児を寮で寝かせるという（キブツで当初試みられたような）やり方はきわめてめずらしい。世界各地の一八三の社会にかんする一九七一年の調査によれば、こうしたシステムを維持している社会は見当たらなかった。[54]

多くのユートピア的コミュニティのケースと同じく、子育ての組織化はおもに大人の要請を動機としていた。男女が本当に平等に扱われるべきだとすれば、集団育児が組織にとって必要なのは明らかだと考えられるかもしれない。それが一人ひとりの子供と彼らの成長にどんな影響を与えるかは顧みられない。

歴史家のスティーヴン・ミンツは、アメリカの子供にかんする網羅的な著作『ハックの筏』のなかで、アメリカ合衆国における子供の福祉についてのほぼすべてのイノベーションは、児童養護施設や補助金付き育児を含め、主として大人の利害によって推進されてきたと述べている。子供たちにとって何が最善かという点についての哲学的・実際的な信念は二の次だった。[55]

コミューンはいくつかの重要な点で急進的かもしれないが、こと子供にかんしては大人のルールに従うのが常だった。私の知るかぎり、ユートピア的コミュニティにとって子供のニーズや関心が主要な動機だったことは一度もない（すばらしい学校をつくり、子供たちを大切に扱ったコミュニティがあったとしても)。ユートピアの建設は、少なくともある意味でセックスに似ているように思える。すなわち、それは大人が満足することを目指しているのだ。

キブツの転換

一九五〇年代以降、キブツの生活のさまざまな側面が崩壊しはじめた。性差や配偶者(および親子)間の絆を消し去ることは容易でなかった。強力な中核的単位として家族が再びゆっくりと浮上してきた。男女双方からの報告によると、容貌やお互いの魅力が、親密な関係の重要な要素として再び認識されていることがわかった。結婚もまた新たな重要性を帯びていた。男は生産、女はサービスという性差にもとづく分業はますます強まり、多くのキブツで子供は核家族的家庭へ返された[56]。

キブツの子供たちは当初、異なる環境で育った子供とくらべ母親へ愛着を感じる割合が低かった。これは、コミュニティの保育法について女性が抱いた大きな懸念の一つだった[57]。キブツでの幼児に対する母親と父親のふるまいの違いも、結局のところ、ほかの文化で見られる違いを再現するものだった。つまり、父親よりも母親のほうが、世話を焼き、ともに笑い、話しかけ、抱きしめる傾向が強かったのだ[58]。

一九七〇年代には、過激な反家族主義から力強い家族主義への移行がおおむね完了した[59]。女性は男女関係の構造や家族の役割の変革において大きな役割を演じ、女性であることや母親であることの「自然なニーズ」と考えているものを踏まえて議論を組み立てた。

集団育児は子供にいくつかの恩恵をもたらした。キブツ育ちの子供と都会の子供を比較した研究で、キブツ育ちの子供は社会的な遊びに熟練していることがわかった。彼らは都会の子供より積極的に社会性のある遊びに加わり、協調が必要な遊びに時間を費やし、集団内で交流する際も競争を好まない傾向が強い。[60]

とはいえ、集団育児のさらに興味をそそる帰結の一つは、仲間どうしでの結婚が事実上ないことだった。子供時代にキブツで一緒に暮らす期間が長くなるほど、お互いとの性的接触への嫌悪感はいっそう大きくなる。こうした発見は、いわゆるヴェステルマルク効果を支持するものだ。ヴェステルマルク効果とは、フィンランドの人類学者エドヴァルド・ヴェステルマルクによって一八九一年に提唱された心理学的仮説である。彼は子供時代の同居が親族関係の暗示になると主張した（人は誰と一緒に育ったかをもとに、誰が自分のきょうだいかを判断する）。こうした血のつながりの感覚には二つの効果が認められた。第一に、血縁のない個人のあいだに近親相姦のタブーを生み出し、第二に、血縁のない個人のあいだで利他主義を増大させたのだ。[61]

そのため二一世紀になると、子供を集団で寝かせるというやり方と、それに関連した習慣はほぼ廃《すた》れた。保育機能の大半は家族、それも主として女性に返還された。心理学者のオラ・アヴィゼールらはこう述べている。

集団教育は失敗とみなしてよいだろう。基本的な社会単位としての家族はキブツにおいても無効にはならなかった。それどころか、家族主義的傾向はかつてないほど強まっており、キブツの親たちはわが子を世話する権利を取り戻している。集団教育は新たなタイプの人間を生まなかったし、キブツの内と外で育った大人のあいだに見られる違いはごく小さなものだった。[62]

集団育児の放棄に加え、キブツは最終的にほかの独特な特徴のいくつかを手放した。家事の私的領域への移行は一九七〇年代に始まり、コミュニティの食堂や洗濯室は閉鎖された[63]。一九九〇年代以降、ほとんどのキブツは平等な共有という経済モデルからも離れていった。二〇〇四年には、完全な平等共有システムを維持しているキブツは全体の一五パーセントにすぎなかった[64]。一九世紀のアメリカで同じ志《こころざし》を抱いた人びとと同じく、これらのユートピア的取り組みは、もともとの社会が持っていた規範に回帰したのである。

キブツは社会を全面的につくりなおすことに失敗した。性別による役割分担を変えることすらできなかった。この後者の失敗の原因は、一つには性別による役割分担が根付いている点にある。ことによると、キブツの生活がひっくり返そうとしていたその他のどんな特徴よりもしっかりと根付いていたのかもしれない[65]。

とはいえ、私見によれば、そもそも何より非現実的だったのは、大人と子供の愛情の絆を断ち切ろうとする企てだった。親密な家族の愛情は、社会性一式のなかでも最も重要な特徴である。この点については、あとでさらに詳細に検討する。キブツのような牧歌的で協力的なコミュニティのメンバーでさえ、すべての人を同じように扱うわけではない。ある実験では、キブツの住民はほかのキブツのメンバーとペアを組んだ際には協力的に行動したが、都会の住民とペアになるとそうはしなかった。内集団バイアスの心理的な強さを証明する事例だ[66]。キブツ運動のパイオニアたちは、みずからの故郷であるヨーロッパの都市文化の拒絶には成功したが、社会性一式に従うことは避けられなかったようだ。

人類の発展した心理学や社会学は、こうした観察の土台となる。人類学者のライオネル・タイガーとジョセフ・シェファーは、キブツにおいて社会組織がある種の伝統的形式へ回帰することを説明するために、「バイオグラマー」という概念に訴えた。[67] これは、言語学者のノーム・チョムスキーが概要を描いた普遍文法の概念と、彼らが「バイオグラム」と名付けたものの組み合わせだ。バイオグラムとは、遺伝子によって暗号化され、進化によって形成された動物の社会生活の基本形のことで、青写真という私たちの概念に近い。

ほかの現代のコミューンと同じくキブツの実験は、単なる歴史的記述ではなく、現代の視察に依拠するという贅沢を与えてくれる。私たちはこうした取り組みをリアルタイムで観察できる。しかし、さらに重要なのは、キブツという意図されたコミュニティの実例によって、社会性一式の重要な本質と、この基本的な組織化原則から逸脱してしまった場合に生じる困難が浮き彫りになることだ。キブツが存続してこられたのは、まさに、普遍的にして必要でもある社会生活の重要な特性を実例を挙げて裏づけているからだろう。

心理学的ユートピア

一八四八年にソローがウォールデン池畔に移住してからちょうど一〇〇年後、ハーヴァード大学の心理学者B・F・スキナーは『心理学的ユートピア』(原題:*Walden Two* 誠信書房刊)というユートピア小説を出版した。これは、スキナーの行動主義理論を具現する約一〇〇〇人の人びとが暮らす架空の農村コミュニティを描いたものだ。行動主義とは、人間の行動は——完全にではないとしても——主として環境の産物だとする考え方だ。スキナーは、人間は特定の行動をとるように「条件づけられている」と主張し、人びとの思考や感情、あるいは遺伝子をそれほど重視しなかった。[68]

ロシアの心理学者イヴァン・パヴロフの有名な実験について聞いたことがある人は多いだろう。この実験では、イヌが刺激となる音（この場合はメトロノーム）を聞かされると、エサを期待してよだれを流すよう条件づけられていた。イヌ、ネズミ、ハトなどの行動は環境の変更によってコントロールできるのだから、人間の行動も人びとの社会環境を変えることで形成できるはずだ、とスキナーは考えた。自由意思は大半の人が思っているよりはるかに制限されており、ほとんどどんな社会的仕組みも環境次第で構築可能だと信じていた。「［ユートピアを］適切に建設すれば、あとは放っておいても順調にいくはずだ」とスキナーは主張した。[69]

スキナーが『心理学的ユートピア』を書く気になったのは、第二次大戦後の兵士の復員のためだった。スキナーはこう述べている。

「何ということだ。彼らは聖戦の精神を捨て去り、かつての硬直したアメリカ的生活――職を得て、結婚し、アパートを借り、自動車の頭金を払い、一人か二人の子供をつくる――に再び堕落しようとしている」

そうでなく「一九世紀にコミュニティを築いた人びとのように、新たな生き方を探求すべきだ」。スキナーは、ブルック・ファームをはじめとするかつての多くの失敗例を知っていたが、「現代の若者はもっと運がいいかもしれない」と考えた。[70] 戦後の好景気と文化の保守化のなかで『心理学的ユートピア』の出版は失敗に終わったものの、一九六〇年代には販売が伸び、七〇年代には年に二五万部を売り上げるまでになった。[71]

スキナーは自分の考える架空のユートピアを、ソローが実践した自立的で簡素な生活を想起させるべく「ウォールデン2《ツー》」と名付けた。しかし、似ていたのは名前だけだった。もともとのウォールデンの住民は一人だけだったのに対し、スキナーは集団生活の指針を与えることを望んでいた。

『心理学的ユートピア』は大学で心理学を教えるバリス教授を語り手とし、彼があるグループを連れて意図されたユートピア集団を訪れる物語だ。一行はそこでコミュニティの創設者、T・E・フレイジャーに会い、フレイジャーはコミュニティの仕組みについて説明する。コミュニティは「行動エンジニアリング」にもとづく生活戦略を絶えずテストしており、フレイジャーによれば、厳格すぎた過去の取り組みの失敗を避けるにはそれが不可欠だという。

コミュニティの運営は「プランナー・マネジャー・システム」を土台としている。専門的で選挙によらない二つの委員会、つまり一つはプランナーによる、もう一つはマネジャーによる委員会が、集団のために独占的に意思決定を行なうのだ。「ウォールデン2」の住民は一日にだいたい四時間だけ働き、ポイント制で仕事を選び、共同で子供を育てる。彼らは核家族を放棄し、セックスについても鷹揚《おうよう》に構える（たとえば、一五歳や一六歳の少女が子供を産むのはごく自然なことだと考える）。バリス教授自身も最終的にはこのコミュニティに加わることになる。

このフィクション作品におけるスキナーの目的は、こうした慣行を奨励することではなく（『心理学的ユートピア』に見られる慣行の多くは現存するコミューンのそれに似ていたのだが）、ある信念を提示することだった。つまり、行動科学は普通の人びと自身によって生活改善のために活用できるのだと。フレイジャーはこう述べている。

「肝心なのは、人びとがあらゆる習慣やしきたりをその改善を目指して見直すよう仕向けることだ。あらゆることに対する絶え間ない実験的姿勢――私たちに必要なのはそれだけだ」[72]

この本を批判する人びとはこう懸念していた。スキナーの描く社会はユートピアどころかディストピアであり、行動主義的な原則を実行に移せば「核物理学者と生化学者を合体させた場合よりも、西洋文明の本質を破壊的に変えてしまう」恐れがあると。[73] この点にかんして、スキナーの本は果てしない論争に首を突っ込んでいた。つまり、社会科学を含む科学は、人間をめぐる状況に恩恵をもたらすのではなく破滅を招くのかという論争である。

現実の「ウォールデン2」の成否を分けたもの

スキナー自身は、この小説を現実のコミュニティを建設するための実際の指針としようとしていたわけではないが、ウォールデン2という想像上の社会は結局、数十におよぶ現実のコミュニティが建設されるきっかけとなった。[74]

最も成功を収め、長続きしたコミュニティは、アメリカはヴァージニア州のツイン・オークスとメキシコのロス・オルコネスの二つだった。

一九六七年に創設され、いまも存在するツイン・オークスの創立メンバー八人は、最初の会議で『心理学的ユートピア』のページをパラパラとめくりつつ指針となるアイデアを探した。[75] コミュニティができて最初の五年のあいだに、コミュニティのメンバーは自分たちの居住区域で「ウォールデン2」式の多くのシステム、組織、政策を実行した。たとえば、労働ポイント制やポジティブ・フィードバックの活用などだ。しかし、いまとなっては典型的なパターンだが、いずれも期待どおりに機能するとは思えなかった。当初の計画の破綻はピトケアン島の事件ほど暴力的でも劇的でもなかったが、それでも同じように決定的なものだった。

ツイン・オークスにおける論争のよく知られた論点は、コミュニティによる育児システムだった。一九六七年から九四年まで、ツイン・オークスの育児システムはつねに流動的な状態にあった。共同設立者のキャット・キンケイドは、それがうまくいかない理由はおもに次の点にあると結論した。つまり「親は子供と一緒にいたがるし、幼い者に魅了されている」うえ、このシステムは「家族の概念からあまりにも根本的に逸脱」していたのだ[76]。この失敗のあと、コミュニティはさまざまな集団育児プログラムを試しては捨て去り、最終的に現在行なわれている方式に落ち着いた。親が子供と直接触れ合える時間を長くし、子供を家庭で教育するか公立学校に入れるかを各人が決められるようにするというものだ。

人びとは生活のほかの面もみずから管理したがった。小説で描かれていたプランナー‐マネジャー・システムという統治体制はあっというまに崩壊した。コミュニティのメンバーは意思決定のプロセスに関与できるものと思って参加していたからだ。

「彼らはよくこう言ったものだ」とキンケイドは回想している。「そうでないほうが良かったという決定は思い当たらない。決定に問題はなかった。ただ、自分も決定にかかわりたかったんだ」[77]

設立当初の数年間コミュニティのメンバーだったイングリッド・コマルは、一九八三年の文書で「メンバーのあいだに存在する運営面での不満」について記録している[78]。結局、コミュニティは民主的な運営方式を受け入れた。キンケイドはそれを「きわめて折衷主義的、きわめて散漫であり……争いが止むことがない」と評している[79]。平等主義的コンセンサスと慈悲深い権威のバランスは、シャクルトン率いる南極探検隊の成功のカギだったが、ツイン・オークスでは実現が難しかった。

当初、ツイン・オークスは不安定な状況に悩まされた。毎年初めにいた住民の四分の一ほどが年末までにコミュニティを去り、新たにやってきたほぼ同数の人びとと入れ替わった[80]。入れ替え率がこれほど高いせいで、ツイン・オークスでは社会的絆がひっきりなしに結び直されることになり、コミュニティに必要となる社会的な結束と協力が損なわれてしまった。[81] コマルはこう記している。

こうした状況が絶えずもたらす交友の途絶は、あとに残された者にとって胸が痛むような経験であり、去っていく人びとが滞在中になしとげた独自の貢献は再現できないことが多い。コミュニティからの離脱はまた、人びとの士気をくじき、共同体主義者の信念体系に疑問を生じさせる傾向もある。[82]

持続的な交友は（それが不変でないとしても）、成功のために欠かせないものなのだ。

ツイン・オークスは、ウォールデン2に着想を得た計画を実現できなかっただけでなく、何らかの明確なコミュニティ構造を確立すべく、どう見ても前途多難な数十年にわたる道のりを歩み出した。何年にもおよぶやっかいな試行錯誤を経て、現在でも約一〇〇人のメンバーを擁《よう》するツイン・オークスが最終的に採用した体制は、ウォールデン2とはほとんど似ていなかった。この意味でツイン・オークスは、コミュニティが実験を先導するというスキナーの重要課題に忠実でありつづけたと言える。

結果的にできあがった社会秩序は、メンバーの入れ替わりの激しいほかのコミュニティのそれに近いものだった。住民は寮で暮らし、集団労働計画を実行した（各人が週に四二時間働いた）。彼らは収入を生む活動（たとえば、ツイン・オークス豆腐、ツイン・オークス・ハンモック、ツイン・オークス採種圃など）に携わったり、家庭の仕事（たとえば、調理、庭の手入れ、建物の補修、育児など）をこなしたりした。個人の持ち物を除き、すべての資産は共有だった。

成功を収めたもう一つのウォールデン2式コミューンは、一九七三年にメキシコで設立されたロス・オルコネス（スペイン語で「柱」の意）だった。このコミュニティには三〇人ほどのメンバーがいる。スキナー自身が、ロス・オルコネスは『心理学的ユートピア』で描いた「たくみに運営されたユートピア」に最も近いと述べている。[83] ロス・オルコネスのメンバーは「私たちはスキナーの小説にもとづくコミュニティではありません……そうではなく、あの小説が土台としている科学にもとづくコミュニティなのです」と語っている。[84]

応用行動分析ジャーナル誌に掲載された記事において、また、定期的に開催されるグループ討議――実際には彼らが行なったあらゆる活動――において、ロス・オルコネス・コミューンのメンバーは自分たちの存在の根幹に行動主義をすえた。[85] ツイン・オークスのキャット・キンケイドはロス・オルコネスを訪問中、そのコミュニティの行儀のよい子供たちは「自分の子供がまさにそう育ってほしいと願うような子供たちだ。彼らは行動主義によってそれをなしとげたと思っている……［だから］行動主義は信頼できる」と述べている。[86]

『心理学的ユートピア』で描かれているように、ロス・オルコネスのメンバーはコミュニティによる育児を実践し、一種の「倫理トレーニング」を行ない、労働クレジット・システムを運営していた。ブルック・ファームで行なわれていたように、ロス・オルコネスのコミュニティは学校を設立するとエルモシヨという近隣の都市の子供たちにも開放し、収入を得た。ツイン・オークスのケースと同じく、コミュニティのメンバーはあらゆる資産を（衣類さえも）共有し、協力、平等、平和主義の原則を受け入れた。当初はプランナー・マネジャー・システムをとっていたが、やがて「パーソノクラシー」を受け入れた。これは「すべてのメンバーの参加をうながし」「全員が利用できる［正の］強化の量を増やす」ことを願う新たなシステムだった。[87] ロス・オルコネスには、『心理学的ユートピア』の登場人物であるフレイジャーにそっくりな生まれながらのカリスマ的リーダーまでいた。

大半が完全な失敗に終わった多くのウォールデン2式コミュニティとくらべ、ロス・オルコネスがうまくいったのはなぜだろう？　おもな理由は、すぐれたリーダーの存在とともに、創立に際しての親密な人間関係にあった。ツイン・オークスの特徴だった表面的でつかの間の結びつきとは異なり、ロス・オルコネスのメンバーどうしの社会的絆は当初から深く、安定していた（そして、いまでもそのままである）。四人の創立メンバーはロス・オルコネスがスタートする前からすでに結婚しており、一部の創立メンバーはかつて長年にわたって教育プロジェクトで親密に働いた仲だった。コミュニティの拡大は、出産に加え、近親者や友人を少しずつ取り込んでいったおかげであり、緩い参加基準のためではなかった。

一九六〇年代の都市コミューン

コミュニティ運動は数世紀にわたって盛衰を繰り返してきた。だが、一九六五年から七五年にかけて、アメリカではコミュニティ人気が新たな高みに達し、年に二〇〇〇をゆうに上回るコミューンが創設された。その理由は、いくつかの歴史的な特殊要因にありそうだ。たとえば、ベトナム戦争への反発、一九六〇年代の特異な若者文化と疎外感、（女性運動や経口避妊薬の発明によって）女性が享受した新たな自由、さらに、コミューンに加わる人びとが飢えずにすむことを保証する連邦フード・スタンプ法の成立などだ。とはいえ、どの時期においても、コミューンに加わる選択をしたのはアメリカの人口のわずか〇・一パーセントにすぎなかった。

一九七四年、社会学者のベンジャミン・ザブロッキーは、アメリカにおける六〇の代表的な都市コミューンを二〇年にわたって観察するプロジェクトを開始した[88]。これらの都市コミューン（所在地はニューヨーク・シティ、ボストン、ミネアポリス—セント・ポール地域、アトランタ、ヒューストン、ロサンジェルス）を構成していたのは五人から六七人（平均で一三・四人）までの大人で、それぞれがさまざまなイデオロギー的目標を持っていた[89]。数世紀にわたる先駆者たちと同様、これらのコミューンのメンバーは新たな信念や道徳信条だと思っているものを明瞭に語り、実行しようとした。住民たちの大半がアメリカにおけるそれ以前のコミュニティ主義的な取り組みを知らなかったため、気づかないうちに長年にわたる慣行を繰り返していた[90]。

メンバーのほとんどは白人で教育があったが、宗教、職業、婚姻状況、年齢、経歴はまちまちだった。年齢の中央値は二五歳で、五四パーセントが男性、七二パーセントが単身、五〇パーセントは大卒だった。ほとんどの人が、閉塞感、目的の喪失、より大きな社会からの疎外感を理由にコミューンに加わっていた。自分の生活にかんする彼らの典型的な描写はこんなふうだった。

「何かが欠けていた。人生で大切なことに向き合っていなかった」

「人生は快適だが平坦だった。ひどく退屈で、何かが足りないのは明らかだった[91]」

驚いたことに、彼らの疎外感のレベルを定量化し、より広範なアメリカ人の集団と比較したところ、コミューンに加わった人びとが感じている経済的・政治的な疎外感のほうが小さいことがわかった。だが、彼らは個人的な生活の無意味さをより強く意識し、より敏感になっているようだった。したがって、大半の参加者は意味を探しており「世界を管理可能な規模に縮小する」ことを望んでいた[92]。一部の人が主張してきたように、彼らは社会的に逸脱した行動をとれる機会を求めていたわけではなかった。

これらのコミューンへの参加理由はさまざまだったが、ほぼすべてのメンバーにとっての第一の動機は、共有された価値をもとにした合意によるコミュニティを築くことだった。何人かの参加者がみずからの動機をこう説明している。

私はあるグループの人たちと暮らすことにしました。私という人間のこれまでの変化とこれからの変化を、ここの人たちは支持してくれると思ったからです。政治や個人的なことについての考えを共有し、その生活に私が創造的に参加することを認めてくれる人たちと一緒にいたいんです。

私たちが一緒に暮らすことを望んだのは、みんなが大学で唯一のヒッピー、あるいは変わり者だったからです。全員が、一緒に暮らし、支え合うグループでありたいと願っていたようなものです。[93]

調査対象となったこうした人びとが一〇年後にインタビューを受けたときですら、自分たちの経験を「若気のいたり」として否定する人は一〇パーセントにも満たなかった。ほとんどの人は、そうした経験が大人としてのアイデンティティ形成に非常に大きな役割を果たしたと感じていたのだ。

これまで考察してきたほかの多くのコミュニティと同じく、こうした社会が存続するには、寄付、賃料、メンバーが稼ぐ賃金といった形で、外界との機能的相互交流から生じる資金の流入が欠かせなかった。コミューンが直面する課題は一般に、外部ではなく内部にあった。ある研究はこう結論づけている。「はるかに多くのコミューンが破綻してしまったのは、敵意を持つ隣人や都市計画委員会に追い出されたからというより、皿一枚洗えなかったからだ」[94]

実際には皿は洗えるのが普通だったが、こうした都市コミューンにおける作業負担は性別によって大きく偏ったままだった。女性は調理、掃除、育児により多く携わり（各人が自分の子供以外の育児に毎週一・五時間を費やしていた）、男性は家の補修や「思想的メッセージを広める」という「仕事」をより多く担当した（週に四・九時間が当てられた）[95]。これまで考察してきたすべての意図された社会において、性別にもとづく分業にはある程度のばらつきが見られる。そこには比較優位という古典的概念が反映されている——男女はそれぞれ別の仕事（それが何であろうと）を得意としており、したがって、熟練した技術にかかわる能力を高めることでお互いの仕事を補完しあうという考え方だ。

ゆるやかな階級制とともにリーダーシップが、活動の成功とコミューンの存続に決定的役割を果たすことも多かった。あるコミューンでは、カリスマ的リーダーがヒッピーの男一〇人からなるチームのやる気を鼓舞し、建築作業の事前トレーニングもせずに一日一棟という驚異的なペースで小屋を建てた。しかも、ありあわせの道具と悪天候という条件下でだ。その過酷なペースに不平を漏らすメンバーはいなかった。むしろ、有益な精神修養とみなされていたのだ[96]。

この研究の対象となったコミューンではメンバーの交替率が非常に高く、ツイン・オークスを上回っていた。一九七四年に研究が始まり、七六年の時点でまだ残っていた住民は約三分の一にすぎなかった。メンバーが去っていくおもな理由は、彼らの話によると、コミューンのほかのメンバーに「愛されている」と感じられないことだったという。当初の六〇のコミューンのうち、一年間存続したのは四八（八〇パーセント）で、二年存続したのは三八（六三パーセント）だった。長続きするコミューンほど、参加要件が厳しかったり新メンバーの試験参加期間が長かったりする傾向があった。この研究でサンプルとなったコミューンのうち、七七パーセントが内部的理由（たとえばイデオロギー上の分裂、リーダーシップをめぐる争い、性的な緊張関係など）で崩壊し、二三パーセントが外部的理由（訴訟の脅威や火災などの災害）

による崩壊だった。[97]

この時期のコミューンは、時に誤解されるような状況とは異なり、性的な乱痴気騒《らんちき》ぎ、ドラッグの乱用、違法行為とは無縁だった。これらのグループのメンバーになると、もっとおだやかになるべしという規範的プレッシャーを受けたのだ。自己申告によるドラッグの使用率は八六パーセントから四二パーセントに、人前で裸になることは四〇パーセントから三二パーセントに、一時期に複数の相手と性的関係を持つことは二四パーセントから一四パーセントに、暴動への参加は二二パーセントから三パーセントに減った。反戦デモへの参加率さえ五七パーセントから九パーセントに下がった。[98] サンプル全体で、住民の四二パーセントは同じコミューンのメンバーと性的関係を持っておらず（その一部は外部の人間と関係を持っていたが）、メンバー間で関係を持っていた者の七一パーセントは夫婦どうしだった。集団婚や複数の男女と関係するポリアモリーの発生率は一パーセントにも満たなかった。

これらのコミューンにおいて集団の結束を左右するのは、たいてい二つの一般的要素、すなわちイデオロギーと構造である。「構造」という言葉で私が意味しているのは、集団内の序列だけでなく社会的関係のパターンでもある（たとえば友情はお互いに分かち合われているか、人びとはどの程度まで共通の友人を持っているかなど）。

この二つの要素はともに重要だ。社会学者のスティーヴン・ヴァイジーはいくつもの都市コミューンを分析し、「ゲマインシャフト」の感覚、つまり集団的自己あるいは生まれながらの「帰属」意識をより生み出しやすい集団はどれかを検討した。集団のメンバーが持つこの「われわれ感覚」は、構造的要素からどの程度まで生じるのだろう？　また、メンバー間の思想の共有からはどの程度まで生じるのだろう？

これらのコミューンにかんするデータは非常に詳細だったため、私たちはいわゆる「社会的ネットワーク」における個人間の実際の社会的つながりを図面化して分析できる。社会的ネットワークのさらに別の事例についてはあとで検討する。コミューンの住民は他人との関係についてさまざまな質問を受けた。たとえば、誰と自由時間を過ごすか、誰と働くか、誰とセックスするか、誰に愛情を感じるか、さらには誰が嫌いかといったことまでだ。ヴァイジーは、ほどほどの社会的構造では都市コミューンにおいて彼ら自身の帰属意識を生むには不十分だと述べている。しかし、彼は共有された道徳的理解――統一された一連の信念や共通の目的意識――がきわめて重要であることを見いだした[99]。

一九七〇年代から存在するこれらのコミューンにおいても、社会性一式――友情の絆の維持、ゆるやかな階級制の存在、個人のアイデンティティ意識の尊重――がまたしても姿を現し、集団的成功において役割を果たしていることがわかる。

最後に、やや毛色の異なる意図されたコミュニティの例について考察しよう。世界のほかの地域から物理的に孤立した、南極基地コミュニティである。

南極基地の科学者コミュニティ

冬の南極基地はすっかり孤立しているので、長きにわたり宇宙旅行のモデルとして使われてきた[100]。ある探検家の一九〇二年の日記にはこうある。

「私たちは地球上ではなく、月面に立っているのだと想像するのも難しくはない。すべてが動かず、死に絶え、冷たく、この世のものとは思えない[101]」

シャクルトン探検隊について書いたジャーナリストのアルフレッド・ランシングによれば「極地の夜ほ

ど完全な荒涼は存在しない。氷河時代へ戻ったようだ――暖かさも、生命も、動くものも、いっさいないのだ」[102]。

人類が南極点にはじめて到達したのは一九一一年のことだった。一九五六年には、毎年新しいチームが交代で駐在する常設基地が設置された。この入植地に責任を負う科学者と軍当局者はすぐさま、基地の円滑な機能にかかわる心理社会的特徴について検討を始めた[103]。そもそも人間がいなかったこの大陸は、皮肉にも、社会というものを研究するための貴重な実験室を提供してきたのだ。

いくつもの国が、何マイルもへだててみずからの基地を維持している。南極点のアメリカ基地は一九五六年に海軍によって開設され、初めて南極点に到達した著名な探検家にちなんでアムンゼン・スコット南極基地と命名された。基地内には、いくつものモジュール式建築を収容した象徴的なジオデシック・ドームがあったが、これは二〇〇三年の大規模改修によって更新された。基地は現在、全米科学財団によって運営されている。おもな目的は研究、とりわけ天体物理と気象学の研究だ。夏のあいだは一〇〇人もの人びとがそこで暮らしているが、冬にはおそらく三〇人程度――私たちが考察してきた難破船からコミューンにいたる人間集団の一般的な規模――が住んでいるだけだ[104]。約八カ月半のあいだ、彼らは世界から切り離されている。

三月から九月まで続く南半球の冬のあいだ、南極にはまったく陽が当たらない。広大な雪原を抱えているにもかかわらず、そこは実際には砂漠であり、雨はほぼ降らない。それでも、吹雪《ふぶき》をもたらすこともある強風が吹き、基地の入り口から建物までの除雪にはブルドーザーが必要だ。これでもまだ不足だと言うなら、基地は海抜九三〇六フィート（約二八三六メートル）に位置するため、新たにやってきた者は高山病にかかるほどだ。環境はきわめて過酷なので、緊急救助すらできそうにない。冬の極点への飛行は事実上不可能だし、最寄りのアメリカの基地までは八三〇マイル（約一三三六キロメートル）もあるからだ。

この数十年、かつては使えなかったツールを利用して集団を研究することが徐々に可能になってきた（残念ながら、過去にさかのぼって歴史的事例にこのツールを応用することは難しい）。たとえば、社会的ネットワーク分析として知られる手法を使って社会的つながりを詳細な数学的写像として示すことは、グループの形成と働きのプロセスを理解するうえで非常に有用だ。南極にみずからとどまった科学者集団の事例を検討することによって、これらのツールの利用法を紹介したい。この事例は、私たちが考察する意図されたコミュニティにかんする最後の自然実験だ。

いくつか注意しておく必要がある。南極行きを選択した人びとは、コミューンへの参加者や船で大海原へ乗り出した者と同じく、人間という母集団の代表的サンプルではない。彼らはそこに行くことを選び、審査を受け、資金提供者、軍幹部、心理学者、彼らの参加を承認したその他の人びとに支えられている。彼らはまた、才能、能力、環境にふさわしい関心によって選抜される。これは、孤立したあらゆるコミュニティに備わっているとは言えない利点だ。また「救出される」時間が前もって決まっているため、それが『蝿の王』的な無政府状態への防壁をもたらす。

南極で越冬する人びとは二つのタイプに分けられる。一つは「職人」と呼ばれる支援要員（配管工、電気工、機械工、料理人、基地の日常の運用に責任を負う技術者などのグループ）、もう一つは「ビーカー（実験器具の一種）」と呼ばれる研究科学者だ。こうした区分は南極基地発足当初から続いてきた。[105] 二カ月の合同訓練のあとで、越冬隊員は一〇月に南極へ向かい、翌年一一月まで一三カ月にわたってその地に留まる。その他の要員は夏の数カ月間に行ったり来たりするが、冬のあいだはこれらの隊員だけになり、基地に来る者も基地を去る者もいない。

南極で冬を越す隊員たちは、睡眠障害、低酸素症、高山病、さまざまな内分泌異常や免疫異常を起こすことがある。ときには認識機能障害や、軽度の催眠状態に陥ることもある。だが隊員たちによれば、実際には肉体的ストレスより社会的・心理的ストレスのほうが辛く、うつ病は深刻な問題になりかねないという。[106]ある科学者は「窓、プライバシー、生きた動植物、太陽、湿気をたっぷり含んだ空気の吸入、旅行の自由、うわさ話が飛び交う孤立した前哨基地を去る自由」がないことを嘆いている。[107]

難破船のケースと同じく、こうした孤立した小集団では、通例の階級構造が崩壊してしまうことがある。料理人のほうが上級将校より立場が上だったり、無線通信士が先端を行く科学者よりも権威を持っていたりしてもおかしくない。高度な教育を受けた科学者や軍歴を積んだ士官にとって、これは受け入れがたいかもしれない。だが、集団のすべてのメンバーのあいだで権威が柔軟に移動したり任務が共有されたりすることは、全員が満足できる生活を送るにはきわめて重要だ。

一九六〇年代に南極の社会調査がスタートした当初から、科学者たちは集団内で考えられるすべての社会的つながりを測定した。たとえば越冬隊員にかんする初期の調査では、半世紀後に私が自分の実験室で使うことになるものと似たような質問がなされた。つまり「この数カ月で誰がいちばんの親友だとわかったか?」「必要なときに他人のためにリーダーシップを発揮できるという点で、最も印象に残ったのはどの人物か?」「狭い基地で越冬する隊員を選ぶという任務を与えられたとしたら、この基地のなかからまず最初に選ぶのはどの五人か?」といったものだ。[108]

これらの基本的質問によって得られるデータを利用すれば、集団内の人びとの交流を社会的ネットワークの形で図面化できる。そうなれば、この社会的ネットワークを視覚化し、数学的に分析することもできる。社会学者のジェフリー・ジョンソンらは、一九九〇年代に三組の別々の越冬隊からデータを集めた。

図 3.1　南極越冬隊の社会的ネットワーク

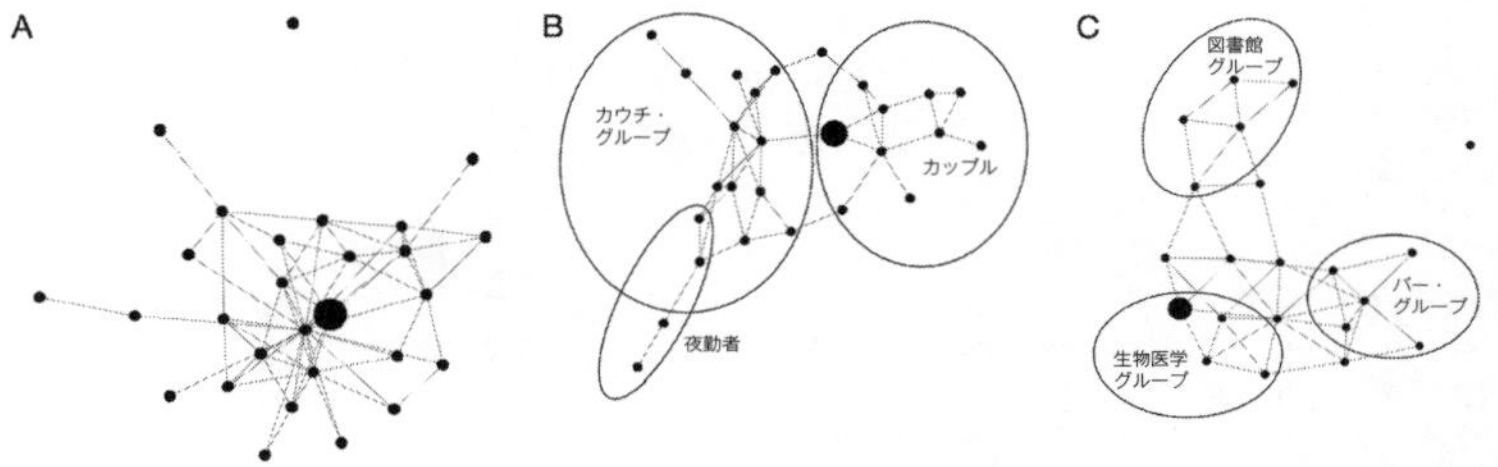

図の三つのイメージは、アメリカの南極基地における科学者と支援要員からなる越冬隊（３年度分）の社会的ネットワークを表すもので、Ａ、Ｂ、Ｃと名づけられている。人びと（節点）と彼らの一次的交友（絆）が示されている。いずれのケースでも、最大の節点はマネジャーだ。年度Ａでは、マネジャーはネットワーク全体の中央にいるのに対し、年度ＢとＣでは一つのサブグループに属している。年度Ａではサブグループは観察されなかった。年度ＢとＣでは、三つの（名前をつけられた）サブグループが特定できた。ここでのサブグループへの定性的な割りふりは、より形式的で数学的なアルゴリズムに基づくグループ分けと厳密に一致するものではない。

一年目（年度Ａ）には二八人（男性一九人、女性九人）、二年目（年度Ｂ）には二七人（男性二〇人、女性七人）、三年目（年度Ｃ）には二二人（男性一八人、女性四人）が対象となった。[109] 基地に駐在する医師が毎月の一五日目に住民を調査し、住民はほかのすべての住民との交流の程度を評価し、自分たちの集団のリーダーとみなす人物を特定した。

　集団内のメンバー間のほぼあらゆる可能なつながりを評価する研究は「ソシオセントリック研究」として知られており、図３・１のようなイメージを生み出す。興味深いことに、南極におけるこれらの集団の社会構成《ソーシャル・アーキテクチャー》は、アメリカの大学生、タンザニアの狩猟採集民、マサチューセッツ州の町の住民、ホンジュラスやインドの村人、世界各地の会社員などを対象に私の研究室で図面化した社会構成とよく似ていた。これについては第８章で検討したい。

南極のネットワーク科学

こうしたネットワークの線図（「マップ」とも呼ばれる）が何を意味しているかを説明するには、少しばかり脇道にそれて、ネットワーク科学の基礎について見ておく必要がある。

ある特定の集団（たとえば、南極基地、難破船乗組員の集落、企業、学校、村、国全体など）における一人ひとりの人間は線図のなかの丸、すなわち節点で示されている。また、二人の人間（二人の友人、二人の同僚、二人の親戚、二人の配偶者など）の絆は線、つまり接線で示されている。人びとのつながりは「ネーム・ジェネレーター」と呼ばれる質問をすることで見つけられる。たとえば被験者は、「自由時間は誰と過ごしますか？」とか「重要な問題について誰と相談しますか？」などと問われるかもしれない。研究員はまた、お金の貸し借りは誰とするかとたずねたり、親友、きょうだい、同僚、あるいはセックスの相手の名前を挙げるよう求めたりするかもしれない。[110] ときには、研究員が被験者にお金など価値のあるものを渡し、それをほかの誰かに実際に匿名でプレゼントするよう頼む場合もある。人は一般に見知らぬ人や嫌いな相手にプレゼントしたりはしないと仮定すれば、指名されたプレゼントの受取人も注目すべき社会的つながりの確認に役立つ。

言うまでもなく、人間どうしの絆を測定するもっと直接的な方法は、人びとを観察することだ。学校の食堂に座り、誰が誰と同席しているかに注目するのもいい。疫学者のマルセル・サラテ、政治学者のデイヴィッド・レイザー、社会学者のマーク・パチュキらは、小型の無線追跡装置をはじめ、その種のデータを取り込む機器を学生たちに装着してもらい、誰が誰のそばに、どのくらいの時間いるかを記録した（第

7章で見るように、この方法はサルやゾウの交流を調べるのにも使われる)。[111] 研究員はビデオカメラを特定の場所に設置し、人びとの交流や集会の様子を追跡することもできる。メールや電話のトラフィック、あるいはオンラインのソーシャル・ネットワークのデータを利用して、社会的絆を特定することもできる。道具を共用する人びとのチームやグループにかんする職場のデータ——たとえば、南極での作業中に三人乗り雪上車に毎日乗るのは誰か——を利用するのもいいだろう。[112]

研究員は標的集団のメンバー間の絆にかんする情報を定義・収集したら、そのネットワークを描き、数学的に分析すればいい。ネットワークの形は「アーキテクチャー」とか「トポロジー」などとも呼ばれ、社会的交流のあるコミュニティの基本的特性である。[113] その形はさまざまな方法で視覚化できるが、形を決めるつながりの実際の「パターン」は、そのネットワークがどう描かれようと一定のままだ。

その理由はこうである。一〇〇個のボタンが床に散らばっており、そのボタンをつなぐために使える紐《ひも》が四〇〇本あると想像してみよう。次に、二つのボタンを無作為に選び、床の上でそれらがあった場所を変えずに、一本の紐でつなぐものとしよう。さて、この手順を繰り返し、無作為に選んだ二つのボタンを次々につなぎ、紐を使い切るまで続ける。最終的に、偶然に何回も選ばれて、たくさんの紐がつながれたボタンもできるだろう。一本の紐しかつながれていないボタンもあるだろう。相互につながれて一つの集団をつくっているよって、紐が一本もつながれていないボタンもあるだろう。さらに、これもまた偶然にものの、別の集団とはまったくつながれていないボタンもあるかもしれない。こうした独立集団は——つながりを持たない一個だけのボタンからなるものであろうと——ネットワークの「構成要素」と呼ばれる。

紐はボタンにしっかり結びつけられているとしよう。どれか一つのボタンを選び、床から持ち上げれば、直接間接に（その構成要素のなかで）つながっているすべてのボタンが一緒に宙に持ち上がる。それ以外の構成要素は床の上に取り残される。さて、ここから先の細かい話が重要だ。このボタンと紐のまとまりを床の別の場所に落とすと、拾い上げたときとは見た目が違ってしまう。だがそれでも、それぞれのボタンのほかのボタンに対する相関的位置は以前のままだ。ネットワークにおけるその位置づけは変わっていないのである。言い換えれば、ボタンの「トポロジー」――ネットワークの固有特性――は、つながったボタンの塊を何度持ち上げ、何度落とそうとも、まったく同じなのだ。

一つのネットワークを描く（つまり、床の上に展開する）には、その構造のわかりやすいイメージを生み出すアルゴリズムを使えばいい。たとえば、ボタン間で重なり合う紐を最少化するといった方法がある（テーブルの上で毛糸玉をやさしく広げることによって、それをほどこうとするようなものだ）。視覚化ソフトウェアは、つながりが最も多いボタンを中央に、最も少ないボタンを周縁に配置することによって、基本的なトポロジーを明らかにしようとする。しかし、ここでもまた、アルゴリズムは同じネットワークをさまざまに描けるものの、ネットワークがどう描かれようとそれは本質的に同じ対象である点を理解することが重要だ。

ネットワークを解明し、視覚的に表現する方法についての基礎知識を身につけたところで、南極の科学者の話に戻ることにしよう。彼らのネットワークを描くことで、何が明らかになるのだろうか？

三つの越冬隊は、その統合具合や集団全体のなかにネットワークのサブグループがあるかどうかという点でやや異なっていた。「派閥」あるいは「ネットワーク・コミュニティ」としても知られるサブグループは、先に述べた独立の一団（構成要素）と同じものではない。サブグループは、メンバー間に強いつながりのある一連の節点だが、ほかの隊員から完全に孤立しているわけではない。三つの越冬隊は構造位置やリーダーの役割でも異なっていた。

図3・1のイメージを見てみると、年度Aでは一つの核と周縁という構造を持つ単一の集団が形成されており、サブグループはない。年度Bでは、そこそこまとまりのある集団全体のなかに明白なサブグループがある。この年、一〇人の隊員（ビーカーと職人がともに含まれていた）が調理室で一緒に過ごすことがよくあり、カウチ・グループとして知られるようになった。夜勤についている三人の隊員によるサブグループもあり、結束の固いもう一つの派閥を形づくっていた。さらに、四組のカップルがあり、そのうちの何人かはすでに何度か南極で冬を越しており、以前からのつながりがあった。年度Cではいっそう明確な派閥が見られ、年度Bと比較してさらに孤立した三つのサブグループがある。年度Cの派閥名は、これらのグループが一緒にビデオを観るためによく集まった場所からとっている。

越冬隊員によって認められたリーダー（あるいはマネジャー）もまた、構成上異なる立場を占めている。年度Aでは、リーダーは全メンバーのためのネットワークの中心近くにいる。年度Bでは、リーダーは一つの派閥のメンバーになっているが、それでも集団全体の中心にいる。年度Cでは、リーダーは一つの派閥の中心近くにいる。年度Aはうまく機能している小集団で最も典型的に見られるパターンだ。シャクルトン探検隊のネットワークを描けたとすれば、私たちはこのパターンを目にしたことだろう。対照的に、年度Cは大量殺人が起こる前のピトケアン島の男たちがどう見えたかを示すものかもしれない。

集団には「手段的リーダー」と「表出的リーダー」がともにいる場合がある。前者は現実的な目標や課題に焦点を合わせるタイプ、後者は集団内の連帯を築くために働くタイプだ。

すでに見たように、フレッチャー・クリスチャンは有能な手段的リーダーだった（バウンティ号で反乱を成功させた）が、ピトケアン島に上陸後は反乱者どうしの対立を解決できなかった。有能なリーダーが果たすべき務めは多い。すなわち、集団内の対立をできるだけ小さくする、厄介者が集団の調和を乱す前にうまく対処する、計画どおりに仕事を進める、緊急時にも合理的な判断を下す、争いが起きれば公正に対応する、コミュニケーションを円滑にする、といったことだ。ときには、同じ人間が手段的な機能と表出的な機能をともに果たすことはできない場合もあるだろう。これこそ、多くの社会に「戦争をするリーダー（将軍）」と「平和交渉をするリーダー（外交官）」がいる理由だ。

年度Cの集団の場合、ほかの年度の集団より分裂していることに加え、特定のトラブルメーカーが何人かいた。社会組織において反目と敵意が果たす役割については第8章で論じるが、さしあたり、この集団には、断絶、陰口、忌避、結果として生じる不信感――これらのすべてが対立と分断を招く――という悪循環がはっきり見られることを指摘しておけば十分だろう。[114] 実際、孤立した環境にある集団は、人間関係に悪影響をおよぼす「絶え間ない陰口」という問題を抱えていることが多い。[115] ジョンソンが一九九〇年代に行なったこの研究では、何人かがリーダーの役割をめぐって争いもした。最後に、年度Cにおける主要な問題は過剰なアルコール摂取だったようだ。これは、社会的調和への長年にわたるもう一つの脅威である。

サブグループの構成には相当なばらつきがあるとはいえ、交友や相互協力の形成をうながす一貫した原則がいくつか存在する。一群の人びとと彼らの結びつきにはさまざまな組み合わせがありうるものの、実生活ではいくつかの制約が課される。南極の科学者であれほかのいかなる人間集団であれ、図3・2のようなネットワークを自然に形成することはない。これらのネットワークは（それぞれ様態は異なるが）きわめて整然としている。たとえば、これら三つの例では、各ネットワークにおけるあらゆる人物が（図3・2のAとBの外縁に位置する人を除いて）同じ数（それぞれ、三、八、一一）の社会的つながりを持

図 3.2　不自然な社会的ネットワーク

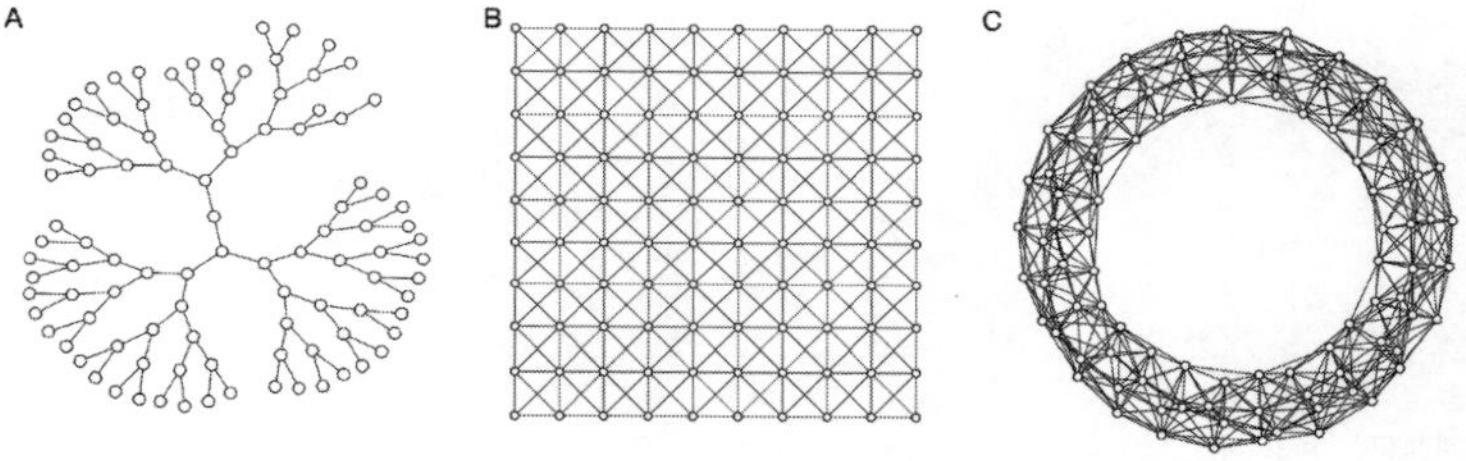

ここに示すような構造を持つ社会的ネットワークは、原理的には可能であり、ときに意図的に設計されることもあるが、自然に生じることはない。節点は人間であり、線は社会的つながりを示している。（A）100 人が電話連絡網のように配列され、各人が別の２人とつながっている（外縁にいる人を除く）。（B）100 人が規則的な格子状に配列され、各人が８人とつながっている（外縁にいる人を除く）。（C）100 人がいわゆる近隣構造の環状ネットワーク状に配列され、各人が 11 人とつながっている。

っている。対照的に、図３・１の三つの越冬年度における三つのネットワークはさまざまだが、それでもいくつかの重要な特性を共有している（たとえば、中心と外縁のある構造や、各人が持っている社会的絆の数のばらつきなど）。

先に述べたように、年度Ｂには一つの派閥と二つのサブグループがあった。それらが生じたのは、一つには、そのグループのメンバー間に前もってつながりがあったためだ。過去の交流とネットワークの基礎構造のこうした関連性から、三つのポイントが浮き彫りになる。

第一に、ネットワークは静的ではなく、友情は結ばれたり断たれたりする（これについては第８章で検討する）。つながりを築くには時間がかかるのが普通で、絆の強さはその存続期間に相関することが多い。

第二に、スタートの条件が重要だ。見知らぬ者どうしの集団がたまたまできあがり――海兵隊の新兵、大学生、巡礼者、クルーズ客などの身に起こるように――共同で何かに立ち向かったり、経験を共有したりすると、社交上のぎこちなさは薄れ、新たなつながりを形成するため、少なくともしばらくは開かれた姿勢が強まる。誰もが同じ立場に置かれ、同じ新たな経験に向き合っている。大学での最初の週に、見知らぬ人が隣に座り、「やあ、僕はニコラス、よろしく」と自己紹介し、会話が始まるのはごく普通のことだ。しかし、数カ月たってしまえば、そういう自己紹介はいささか気持ち悪いかもしれない。

第三に、経時的なネットワークの発展は、集団がいかにして結束するか、あるいは、いかにして結束しそこねるかにかかわっている。さまざまな南極越冬隊にかんするもう一つの研究によって、絆がどう形成されるかが定性的に説明されている。当然ながら、この規模の集団では、つながりはばらばらのペアとして始まり、当初は（天候や音楽のような）共通の課題や趣味を基にしているのが普通だ。ブルック・ファームやシャクルトン探検隊の例で見たように、長く続いているしきたりや共有された宗教的イデオロギーが欠けている場合、ゲームや合唱といった団体活動が特に重要である。[116]

何がコミュニティの成功を決めるのか

社会学者のマックス・ウェーバーは一九一八年、現代生活の規模に対する人びとの対応や、世界に対する彼らの幻滅について説明しつつ、こう述べている。「究極にして最も崇高な価値が、一般の生活から退いて、神秘的な生活という超越的領域や直接的で個人的な人間関係という親密さのなかに引きこもってしまった」[117]

アノミー（社会的規範や価値観が崩壊した混沌状態）や懐疑に対する唯一の解決策は、信頼および現実との深い接触である。コミューンに参加する人びとが求めているのは「ゲマインシャフト」、つまり、個人的な交流から生じる集団的一体感や連帯意識だ。彼らは規模の縮小を通じて信憑《しんぴょう》性を追求するのである。

新たなコミュニティを形成しようとする意図的な取り組みは、一連の自然実験を提供してきた。それらを通じて人類の社会状況が浮き彫りになり、社会性一式の重要性が立証されてきた。こうした取り組みが、うまく機能する新たな社会形態をつくりだすことはなかったし、多くは数年間を生き延びることすらなかった。だが、交友、協力、ゆるやかな階級制、内集団の優先といった、私たちの社会生活に備わる時代を超えた特徴を明らかにしたのである。

社会性一式の必要性を尊重した新たなコミュニティは、そうしなかったコミュニティよりうまくいった。たとえば、ブルック・ファームやシェーカー教団が真剣に受け止めた考え方は、人びとはいかなる社会をも形成できる均質で取り替え可能な集団ではないというものだった。そうではなく、尊敬に値する個人の人格を持っていると考えられたのだ。集団のアイデンティティと個性のバランスをとることは、社会システムが成功を収めるためのカギである。一人ひとりの個人の（さらには彼らの所有権の）多様性がいっそう考慮されたため、個人が自分自身であることを認める社会と、他人を出しぬこうとする利己心を抑制するために築かれた社会を調和させることが課題となった。この際、協力的な性向を育んで活かし、友情や集団への帰属意識を養おうとする努力がきわめて重要だった。さらに、これらの意図的な努力においても、意図せざる努力の場合と同じように、すぐれたリーダーシップがとても大切だった。

さまざまなユートピア的コミュニティが、セックスに対して矛盾したアプローチをとった。メンバー間の自由な性交渉を強調したコミュニティもあった。シェーカー教団のように完全な禁欲を求めたコミュニティもあった。しかし、これらの戦略はともに、結婚制度をくつがえし、個人のペアのあいだの深い人間的つながりを壊すという共通の目的を持っていた。これらの戦略の目的は、集団全体との連帯感を養うことにあった。これこそ、多くのコミュニティが、キブツで行なわれたような集団育児や親子の別居によって核家族を破壊しようとした理由である。しかし、これまで見てきたように、こうした試みはほとんどつねに失敗する。人間が持って生まれた愛の本能をむしばんでしまうからだ。

青写真からの逸脱は破滅をもたらすように思えるかもしれないが、かたくなにそれに固執したからといって必ずしも成功が保証されるわけではない。外部の力も重要だ。自然災害、火災、経済的・環境的制約などの――さらにはアルコールの入手しやすさすら含んだ――脅威は、しっかり構築されたコミュニティをあっというまに破壊してしまうことがある。

ようするに、具体的な状況は違っていても、社会を一新したいというコミューン主義者の夢の実現をうながしたり、その崩壊を速めたりする二つの力が存在する。すなわち、内部からの生物学的圧力と外部からの環境的圧力だ。私たちに内在する青写真に突き動かされたり、さらには周囲の力に引きずられたりしたとしても、社会性一式を捨て去ることは容易ではないし、可能でもない。

人間にとって自然な社会状況をさらに探究するため、今度は実験室でつくりだされた社会について考察していこう。これらの実験によって、人間がつくりだせる、またつくりださねばならない社会はどんな社会か、という問いへの答えに近づくことができる。

第4章　人工的なコミュニティ

二〇〇五年、アマゾン・ドットコムはあるソフトウェア・システムを開発した。自社のウェブサイト改善のための簡単な仕事（重複出品の判別や商品説明のチェックなど）を一件当たり数セントでこなしてもらうため、数千人を採用し、支払いを行なうシステムである。スタッフたちは自分の都合のいいときに、自宅でパソコンの前に座り、ログオンして好きな時間だけ作業できる。アマゾンのシステムは、仕事を割りふり、作業者の入力データを回収し、対価を支払う。

自社の課題を解決すると、アマゾンはほかの事業者が働き手を雇うのにこのプラットフォームを有料で開放し、自社の発明をプロフィット・センターに変えた。このサービスは、一八世紀にオーストリアの宮廷に初めて現れたチェス指し人形にちなんで、「アマゾン・メカニカルターク（機械仕掛けのトルコ人）」と名づけられた。そのチェス指し人形は、木製でターバンを巻いた機械仕掛けの男性で、表向きはゼンマイで動き、チェスを指すことができた。だが、この自動人形はまがい物だった。実は、内部に隠れたとても小柄なチェス名人が動かしていたのだ。彼は対局したナポレオン・ボナパルトやベンジャミン・フランクリンを負かすほどの腕前で、相手は大いに肝《きも》をつぶした。[1]

実際には背後に人間がいるにもかかわらず機械のふりをしているという点で、アマゾン・メカニカルタークのシステムもこれとよく似ている。このシステムがとりわけ得意としているのは、人間にとっては簡単だがコンピューターにとってはそうでない作業だ（たとえば手書き文書の清書）。このため、事業者がプラットフォームに掲載する仕事は、ＨＩＴ（human-intelligence tasks）と呼ばれている。

世界中の五〇万人を超えるスタッフがタークワーカー（ターカーと呼ばれることもある）として登録している。約二万人はいつでも作業に応じられ、時間当たり六ドルを得て、たいていはそれぞれ数分ですむ半端《はんぱ》仕事をこなしている。たとえばある企業は、このプラットフォームを使って五万人を雇い、画像認識についてコンピューターを鍛えるデータベースをつくるために、一四〇〇万もの画像の内容を分類させた。[2] 人間がそうした作業を終えたら、今度は本物の機械が後を引き継げるようになる。

ここ一〇年で導入されたアマゾン・メカニカルタークをはじめとするクラウドソーシング・プラットフォームは、ビジネスばかりか科学にも大変革をもたらしてきた。科学者はこうしたプラットフォームを利用して（天文画像における銀河、生化学画像におけるタンパク質、ジャングルの人工衛星写真における古代遺跡などの）データをコード化したり、マーケティングや科学的調査を行なったり、社会科学的実験の被験者を集めたりしている。私の研究室はこのプラットフォームをいち早く導入し、二〇〇八年ごろには実験を開始した。

こうした大規模で変化に富んだ被験者プールのおかげで、社会科学はさまざまな面で変わってきた。科学分野での業績は年に数点のみという遅いスタートだったにもかかわらず、いまではタークワーカーを被験者とした、ゆうに一〇〇〇を超える論文が毎年発表されている。[3] 科学者はもはや、裕福な国々の学生を使い、一〇〇人という限られた被験者のサンプルで実験を行なうという制約にとらわれてはいない。いま

図 4.1　メカニカルターク（機械仕掛けのトルコ人）

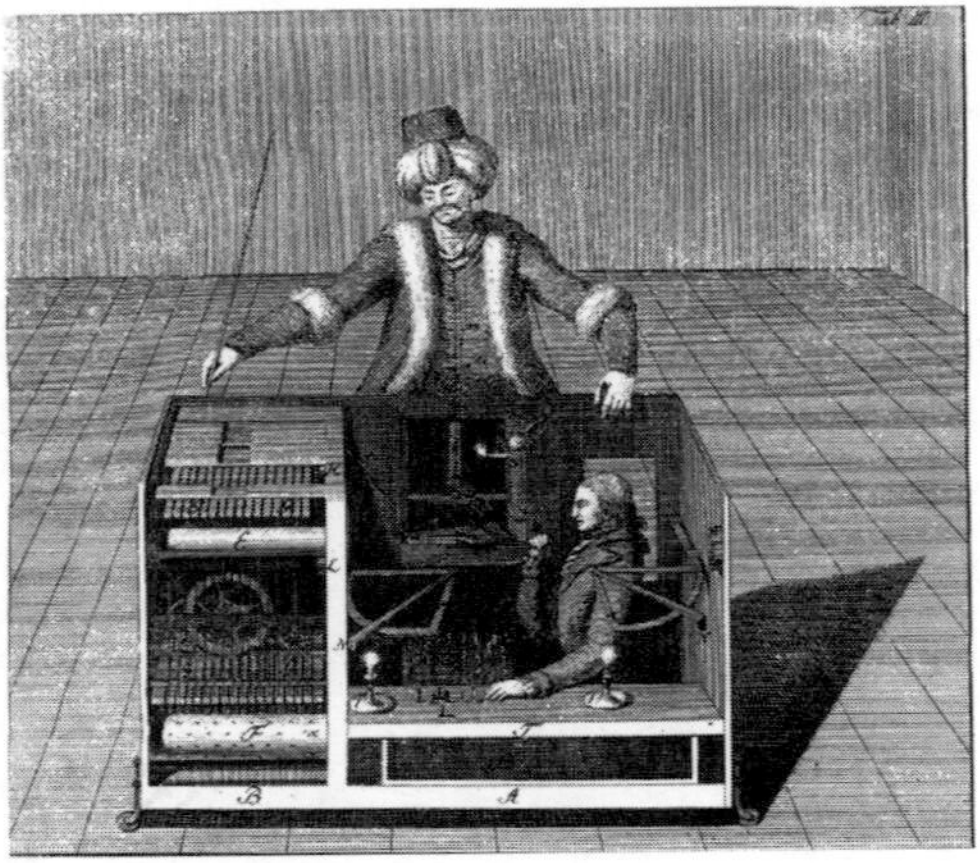

1789 年に描かれたメカニカルターク、すなわちチェス指しロボットの銅版画。このロボットは実は機械ではなかった。とても小柄なチェス名人が箱のなかに隠れていたのだ。

や科学者は数千人におよぶ被験者を使って実験ができるし、これらの被験者はより広範な人びとを代表している――多様な国籍と経歴を持つあらゆる年齢の人びとなのだ。

多くの研究が立証してきたのは、さまざまな状況における（たとえば協力を必要とする社会的ジレンマに直面している場合や、リスク評価を行なっている場合など）タークワーカーのふるまい方は、研究室に連れてこられた被験者のそれと同じだということだ。[4] これらの被験者は、正常かつ人間的に行動する現実の人間なのである。

Amazonのワーカーを使った実験

南極の科学者の三つのグループ、二〇の難破者集団、さらには六〇のコミューンでさえ、これらのサンプルをもとに確実な推論をするのは難しい。これらの各集団に数百人の人間がいたとしても、問題は解決しないだろう。私たちの関心の対象は集団の特性であり、厳密にはそのなかの個人ではないから、ここで実際に問題となっていることについてより確実に知るには、相互に比較するための多くの集団が必要となる。

さらに、自然実験の場合、コミュニティが意図されたものであろうとなかろうと、私たちの関心の対象に影響するすべての要素を統制することはできない。難破船の乗組員やポリネシア人の入植者はどんな資源を入手できたのだろう? 誰がどのコミューンに参加するかを決めたのだろう? 多くの集団があるだけでは不十分だ。理想を言えば、より典型的な被験者を有する集団を私たち自身の手でつくりあげたい。

以上のような理由から、現実の実験を遂行する一環として、社会集団の構成、組織、相互作用などを、リアリティ番組のプロデューサーがやるように大規模に操作し、それによって、これまで考察してきた自然実験の先へと進めるようにする必要がある。

これを実現するため、私の研究室で、タークワーカーを被験者として一時的で人工的なミニ社会をつくりだすソフトを開発した。私たちはこのソフトを「ブレッドボード（実験用回路板）」と呼んでいる。駆け出しのエンジニアがかつて電子回路の組み立てやテストに使った木の板にちなんでのことだ。

だが、私たちが操作する要素は変動しやすい。たとえば、被験者間の相互交流の構造（つまり、私たちが被験者を配置する社会的ネットワークのトポロジー）や相互交流の性質（被験者は互いに協力することを許されているか、自分たちの置かれた状況についてどの程度の情報を与えられているかなど）といったものだ。私たちはまた、被験者がどれだけ「裕福」か「貧しい」かといった個人属性を変えることもできる（ゲーム内で使える現金を被験者に渡しているため）。ブレッドボードは企業の従業員、教室の学生、広告調査会社にモニター登録されている数千人の一般市民といった、ほかの被験者を使った実験を行なうためにも活用できる。

こう説明しても革命的なこととは思えないかもしれない。だが、実際は革命的なことだ。心理学の分野を例外として、社会学、経済学、人類学、政治学といった社会科学における従来の研究の圧倒的多数が、自然科学ではごく当たり前の管理実験ではなく、観察研究に携わってきた。一九六九年、社会学者のモリス・ゼルディッチはやや大げさに、また疑わしげにこう問うた。「研究室で本当に軍隊を研究できるだろうか？」[5]。半世紀後の現在、答えは「イエス」だ。この数年間、数千人、ときには数百万人を対象にした実験がオンラインで行なわれてきた。私たちのブレッドボード実験だけで二万五〇〇〇人を超える人が参加しているのだ。

七八五人を四〇の集団に配置するある重要な実験で、私たちはターカーを集め、図4・2に示されている特定の（任意の）構造を持つ社会的ネットワークに（無作為に）放り込んだ。

各参加者は、人びとが実生活で持っていることが知られている絆の数にならって、一から六までの社会的つながりを持つように割りふられた。集団内の全員が、同じ集団のほかの人とは異なる組み合わせの隣人を持っていた。

私たちの目標は、公共財——灯台や井戸のように、人びとが力を合わせてこしらえ、お互いの利益になるもの——をつくるという状況を再現することだった。すべての人が協力し、犠牲を払って何かをつくりださなければならない。それは、各個人を含む集団全体に役立ち、彼らの貢献以上の見返りを各人にもたらす何かである。

私たちの実験では、参加者に、ゲームの最後に現金に換金できる小切手を渡した。ゲームは何回戦も行なわれた。一回戦ごとに、参加者はお金を持ちつづけてもいいし、隣人に寄付してもいいと告げられた。隣人に寄付された場合、私たちは隣人が受け取ったお金を二倍に増やした。参加者の支払いは少額でも、

図 4.2　社会的交流のルールの操作が集団の協力に影響を及ぼす

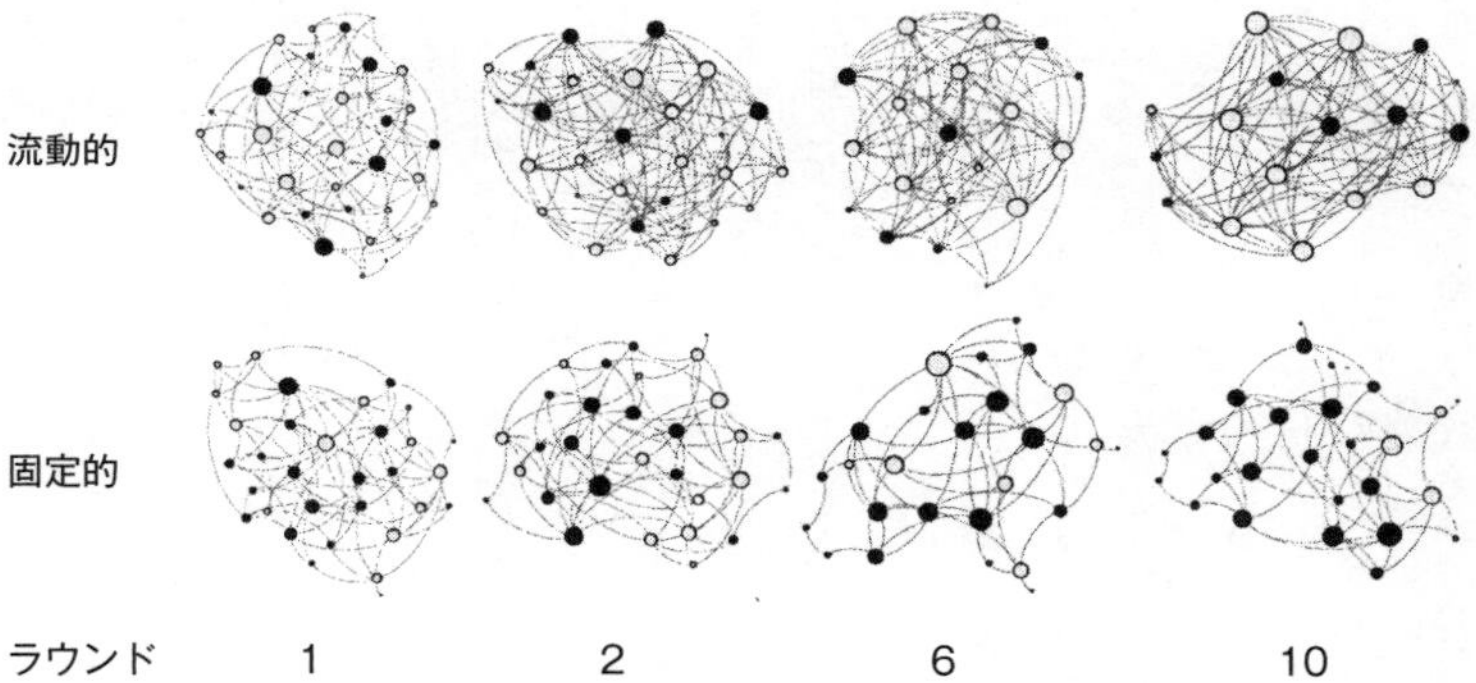

あるネットワーク協力ゲームの（連続 10 回の勝負のうちの）4 回の勝負のスナップショット。一連の実験で、このゲームには約 30 人からなる二つの集団が参加した。図中の白い節点は親切で協力的であることを選ぶ者を、黒い節点は搾取的あるいは非協力的であることを選ぶ（そして裏切る）者を示している。節点の大きさは、被験者が持つつながりの数に比例する。固定的な状況（下段）では、参加者は隣人（最初の勝負の際に実験者によって割り当てられる）から離れられず、協力は減少する。というのも、被験者は隣人が（協力しないことによって）自分を利用しても、裏切る以外に選択肢がないからだ。注意してほしいのは、多くのつながりを持つ被験者はたいてい裏切り者だということだ（多くのつながりを持つ人びとが搾取に直面しても協力的でありつづけるのは特に難しいため）。ゲームの終了時、協力しつづける一徹者はごくわずかであり（右端の図）、集団のへりで協力し合っている。対照的に、流動的な状況（上段）では、被験者はそれぞれの勝負ごとに（協力するか裏切るかに加え）つながる相手を選ぶこともできる。この場合、協力のレベルは高くなる（ゲームの終了時により多くの白い節点がある）。そのうえ、協力者は最終的に裏切り者より多くのつながりを持つようになる。彼らは引く手あまたのパートナーだからだ。社会的つながりを支配するルールを規定することで、私たちは集団のメンバーをお互いに意地悪にしたり親切にしたりできる。

隣人が得る利益はもっと大きくなる。

　このゲームが何度も行なわれてから、一つの互恵的な規範ができあがった。つまり、目下の勝負で隣人に気前よくふるまえば、次回は隣人が気前よくふるまってくれるはずだというものだ。こうすれば再び返礼できるから、時が経つにつれて二人とも繰り返し利益を得ることになる。

　もちろん、利己的な観点からの最善の結果は、「自分は隣人に寄付をしないが、隣人は寄付をしてくれる」というものだろう。自分が手を貸さなくても利益を得られるなら、ほかの全員にその灯台を建てさせればいいのでは？　しかし、誰もがそうしたら、集団はとげとげしい雰囲気のなかで崩壊するだろう。全員が協力をやめ、公共財の創造と維持を支える者はいなくなるはずだ。

　これこそ、私たちの実験が証明したことだ。人びとは当初の社会的つながりを割り当てられると、まずは他人に対して気前よく協力的にふるまうのが普通だった。ところが、ときには新たに割り当てられた「友人」が寄付してくれないこともあった（そういう人を「裏切り者」と呼ぶ）。参加者は裏切り者に食い物にされることを望まなかった。参加者は当初のつながりの変更を許されていなかったため、隣人に問題がある場合、利用されるだけの状況を避けるには、自分も裏切る（つまり、気前よくふるまうのをやめる）しかなかった。実験のこのケースでは、私たちがつくりだした社会は裏切り者に乗っ取られてしまうことがわかった。被験者が交流する相手をいっさいコントロールできない（したがって、私たちが割り当てた友人の集団に閉じ込められている）硬直した（リーダーのいない）社会では、人びとは協力をやめてしまうのである。[6]

　だが、異なる被験者集団を使った別のケースでは、人びとが誰と交流するかをある程度コントロールできるようにした。参加者はそれぞれの勝負ごとに、協力するか裏切るかに加え、誰と絆を結ぶか、誰と縁を切るかを選ぶことができた。当然ながら、被験者は親切で協力的な人と絆を結ぶことを選び、卑劣で裏切る人とは縁を切ることを選んだ。

社会的絆のある程度の「流動性」と友人の選択にかんする一定の支配力が認められると、状況は一変した。こうした社会では協力関係が持続し、人びとはお互いに親切にふるまう。また協力的な参加者は、譲歩せずにもっぱら奪うだけの隣人を避けるために寄り集まり、最終的には派閥を形成することもわかった。ようするに、社会的つながりを変えられる可能性があるだけでも、よりよいコミュニティを形づくれるようになるのだ。

「つながり」がすべてを変える

親切さのような人格特性は固定的なものだと思われがちだ。しかし、いくつかの集団についての私たちの研究から、まったく異なる事態が浮かび上がってくる。つまり、利他的であったり、奪っていくばかりだったりという性向は、社会がどう組織されるかに大きく依存しているのだ。したがって、ある集団の人びとを取り上げてある社会に割りふれば、彼らをお互いに実際に気前よくふるまうようにできるし、同じ集団を別の社会に送り込めば、お互いに卑劣にふるまったり無関心だったりするようにもできる。

重要なのは、これが次のことを示している点だ。すなわち、協力し合うという性向は個人の特性であるだけでなく、集団の特性でもあるのだ。協力は友情の絆の形成を律するルールに依存している。善良な人びとも悪事を働くことがある（その逆もしかり）のは、個人や集団が抱いている信念がどんなものであれ、彼らが埋め込まれているネットワーク構造の帰結にすぎない。それは単に「悪い」人たちとつながっているという問題ではない。社会的つながりの数とパターンもきわめて重要である。[7] 協力や社会的ネットワークといった社会性一式の諸要素は、一体となって機能するのだ。

理解しやすくするために、こんなアナロジーを考えてみよう。炭素原子の集団を取り上げてある方法でつなげれば、黒鉛ができる。それは柔らかくて黒く、鉛筆の材料には申し分ない。だが、同じ炭素原子を取り上げて別の方法でつなげるとダイヤモンドになる。ダイヤは固く透明で、宝飾品に最適だ。ここでは大切な考え方が二つある。第一に、柔らかい、黒い、固い、透明といったこれらの特性は、炭素原子の特性ではなく、炭素原子の集まりの特性だということ。第二に、その特性は炭素原子のつながり方で決まるということだ。社会集団にも同じことが言える。全体が個々の要素にはない特性を備えているというこの現象は「創発」として知られており、その特性は「創発特性」と言われる。人びとをある方法で結びつければお互いに役立つが、別の方法で結びつければそうはならないのだ。

また別の実験――このときは一五二九人を九〇の集団にふり分けた――において私たちは、人びとが新たな友人と絆を結び直せるペースを変えることによって、正確にはどの程度の社会的流動性が協力にとって最適かを評価した。興味深いことに、社会的流動性と協力性のあいだには放物線状の関係があることがわかった[8](図4・3を参照)。硬直性が高すぎても流動性が高すぎても、集団の協力にとって最適ではない。すでに述べたように、一方に偏りすぎて、人びとのつながりがあまりに硬直していると、協力するインセンティブが失われる場合がある。奪っていくばかりの隣人から逃げられないとすれば、利他的行為をやめることで対応するしかない。協力的な隣人がいて、自分がどんなにひどいことをしても逃げられないとすれば、あなたも非協力的な人間になろうという誘惑にかられるかもしれない。他方、人びとのつながりがあまりにも頻繁に変わってしまうなら、あなた(また彼ら)はまたしても協力するインセンティブを

図 4.3　相互交流のペースの操作が集団の協力レベルを左右する

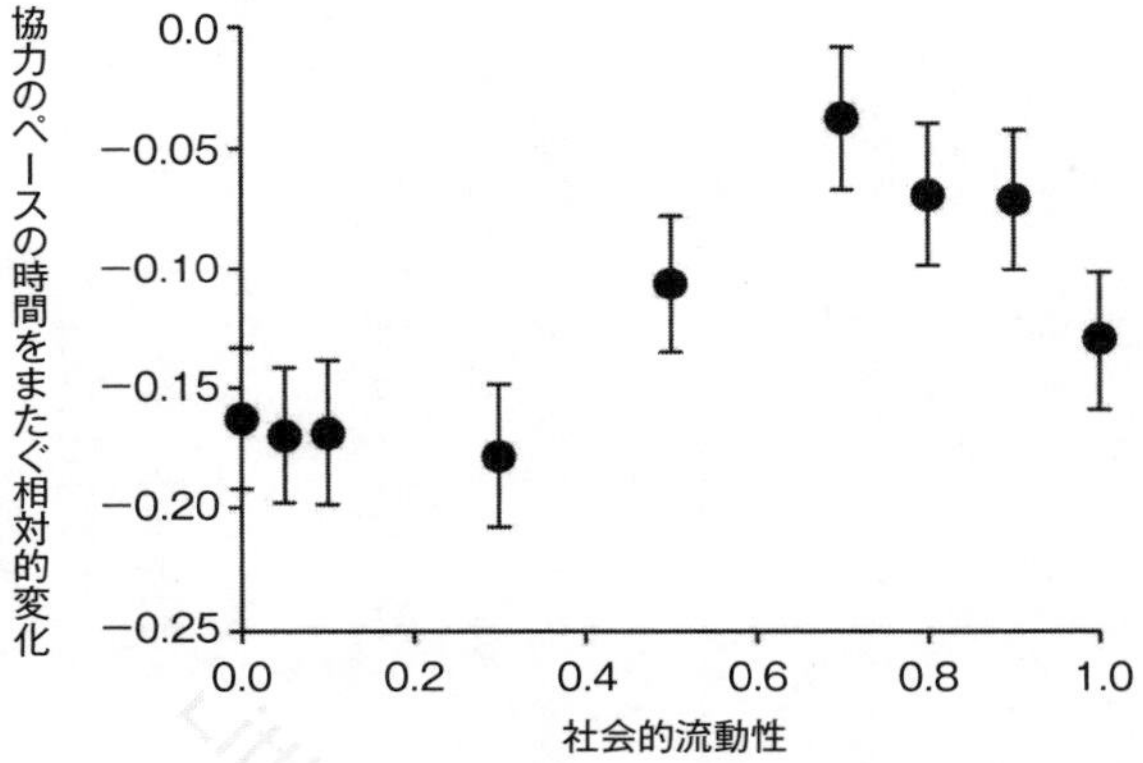

このグラフは社会の流動性（すなわち絆が結び直されるペース。まったく結び直されない場合を 0、絶えず結び直される場合を 1 とし、横軸に表示）と、実験的につくられた社会的ネットワーク集団の被験者に見られる協力の量（縦軸に表示）との関係を示している。社会の流動性がまったく、あるいはほんのわずかしかない（つまり、隣人から逃れられない）場合、協力度は低い。同じように、社会の流動性がきわめて高い（つまり、隣人が頻繁に変わる）場合にも協力度は低い。集団の協力度が最適になるのは、流動性が中間にある場合だ。

失うかもしれない。隣人が次の瞬間にはいなくなってもおかしくないとすれば、その人に投資したり親切にしたりする理由はない。

すでに見たとおり、メンバーの入れ替わりの多さに頭を痛めていたツイン・オークスのコミュニティでは、こうした懸念が現実のものとなった。これに対し、ロス・オルコネスははるかに安定したコミュニティだった。

もう一つの実験では、私たちは（総計一一六三人を擁する）四八のミニ社会をつくり、人びとが進んで協力する前に、協力の便益はそのコストをどの程度超えなければならないかを調べた。特に知りたかったのは、コストと便益の比率が社会的つながりの数とどんな関係にあるかということだった。

判明したのは、つながりが多くなれば

なるほど、協力するためのインセンティブは大きくなければならないということだった。[9] 私たちはそれを定量化することさえできた。協力の費用便益比は、概して、交流する友人の数を超えなければならないことを示したのだ。社会集団において協力が生じるためには、パートナーが二人なら便益はコストの二倍なければならないし、パートナーが四人なら四倍、さらに……といった具合だ。これは道理にかなっている。集団が大きければ大きいほど協力するのも大変なので、見返りもそれに見合うものでなければならないわけだ。

私たちはまた、集団内の富の分配が集団にどう影響するかも調べてみた。一四六二人の被験者を集め、八〇の集団に無作為に割りふり、またしてもゲームで使う少額の現金を渡した。[10] 各集団は、私たちが設計した異なる環境に身を置いた。最初に富が完全に平等に分配された集団もあれば、やや不平等な状況にある集団、さらには、大変な不平等を味わわされた集団もあった。不平等な状況設定では、被験者は裕福か貧しいかのどちらかに無作為に割りふられた（渡されるゲーム資金が相対的に多かったり少なかったりした）。

この実験では、集団としてどれだけの富を生み出せたか、集団のメンバーはお互いにどこまで協力しあい、友情を結べたかを観察した。原理的に考えると、不平等そのものは集団の成績に害となりかねなかったが、実際にはそうでもないことがわかった。真の脅威は富の可視性にあるようだった。他人がいくら持っているかが実際に見えると、集団の結束はむしばまれ、人びとの協調性や友情は衰え、最終的には、全体としての福利を高めるために力を合わせることが難しくなる。たとえば、いくら持っているかが表示されるミニ社会では、被験者はそうでないケースの半分程度しか協力しない。

この実験から次のことがわかる。多くのコミューン的ユートピアにとって、簡素で画一的な服装やコミュニティによる財産保有が必要な一つの理由は、身分の格差の平等化と隠蔽《いんぺい》を同時に行ない、それによって協調性と友情の絆を育むことなのである。

私の研究室で（また世界中のほかの実験室で）現実の人間を使って行なわれたこれらの実験は、以前の章で検討した意図せざるコミュニティや意図されたコミュニティによる自然実験を補完するものだ。研究室という環境では、私たちは因果関係についてはるかに大きな確信を持てる（たとえば友情の絆のパターンは協力率の原因であり、その逆ではない）。また社会性一式の特定の要素について、ほかの要素は一定に保ったままで考察できる。

もちろん、どんな研究手法も完全ではない。人びとは、実生活では研究室という環境とは異なる反応を示すかもしれない。それでも、これらの人工的な状況において人びとはとても人間的にふるまい、社会性一式のルールに適合するような社会秩序を生み出すのである。

オンラインゲームは現実社会を反映する

新たな社会と社会性一式の特徴にかんするオンライン・データのもう一つの宝庫は、数十万人が参加する多人数参加型ゲームだ。これらのゲームでは、プレーヤーは通常、カスタマイズ可能で生きているような三次元の外観を持つアバター（化身）を使う。

アバターの外観には膨大な選択肢がある。たとえば「セカンドライフ」という仮想世界では、プレーヤーは一五〇にもおよぶパラメーターを操作し、目の色から、足のサイズ、さらには性別にいたるまで、あらゆるものを自分好みに変えられる。[11] ゲームは何カ月も続くことが多く、プレーヤーは財産、権力、お金、さらにはペットまで入手できる。「ワールド・オブ・ウォークラフト」「シティ・オブ・ヒーローズ」「エバー・クエスト」「セカンドライフ」といったゲームは、社会的交流が可能、さらには必要であることを前提につくられており、プレーヤーは集団になってタスクを遂行し、グッズを取引し、交友関係を結び、敵として競い合い、戦争を繰り広げる。

たとえば、二〇一六年には世界中で毎月少なくとも五〇〇〇万人が「ワールド・オブ・ウォークラフト」に参加した。[12] このゲームのプレーヤーはとても多いので、一つの国だとすれば、ノルウェーやニュージーランドより多くの国民がいることになる。プレーヤーは通常、「ギルド」という集団にまとまり、モンスターをはじめとする敵を倒したり資源を獲得したりする。

三〇万人のプレーヤーを対象としたある研究で、ギルドの規模は三人から二五七人にまでわたるが、平均はおよそ一七人であることがわかった（ギルドの九〇パーセントが三五人以下のメンバーで成っていた）。[13] これは、難破者集団や都市コミューンとほぼ同じ規模だった。観察されたギルドは三〇〇〇を超えていた。それらのギルドは短命だったものの（ほぼ二五パーセントが一カ月以内に消えた）、大きな集団ほど長続きした（ちょうど都市コミューンと同じように）。穏当な階級制もまた集団を維持する助けとなった。最後に、社会的ネットワークの構造が一定の役割を果たした。絆の密度が高く、つながりの強いギルドほど長続きしたのだ。これらはすべて社会性一式の重要な特徴である。

意外なことではないかもしれないが、四五カ国の一〇〇〇人近いゲーム参加者にかんする研究では、プレーヤーたちはゲームのなかで実際に（平均七人の）「親友」を得たと回答した。プレーヤーのほぼ半数が、こうしたオンラインでの友人は実生活の友人と同等だと思っており、半数近くが、家族、仕事、性といったデリケートな問題について語り合っていた。[14]

オンラインの交流であっても、私たちはきわめて人間的に行動する。デジタルの世界へ足を踏み入れても、協力、交友、内集団バイアスを置き去りにしてしまうわけではないのだ。

たとえば、プレーヤーたちは人種的固定観念に従っているように見える。ある研究で、バーチャル世界において自分と違う人種の相手に簡単な頼み事をされた際、その人を助けようという意思がアバターにどれくらいあるかが調査された。気がかりなことに、肌の黒いアバターの要望が受け入れられる可能性はかなり低かった。[15]

アバターはまた、現実世界と一致するジェンダー規範に従う。たとえば、女性のアバターとくらべて男性のアバターのペアは（それをコントロールしている実際の人間の性別にかかわらず）、バーチャル世界において維持する対人距離が大きい。[16]

これらのオンラインの交流はきわめて現実的なものとなりうるため、こうしたゲームは社会不安障害など一部の精神疾患の治療で活用されている。[17] フィラデルフィアのドレクセル大学を本拠とするセラピストたちは、「セカンドライフ」のバーチャル世界に個室をつくり、そこで患者とやりとりした。最終的には患者をもっと広いバーチャル世界へ連れ出し、社会的交流（たとえばバーチャルなバーで見知らぬ人と会話を始めたり、バーチャルな会議室でプレゼンテーションをしたりといったこと）を練習させた。

「パルダス」というオンラインゲームのプレーヤー三〇万人を対象とする研究では、プレーヤーのオンラインでの社会的交流と現実世界でのそれに、強い類似性があることがわかった。原理的には、ゲームのなかでは新たなやり方で交流できるという事実にもかかわらず、人びとはそうしようとはしなかったのだ。[18]

「パルダス」における社会的ネットワークは、いくつかの標準的特性の基本線を守っている。ゲーム内の友人数は平均で九・八人だった。これは実生活での友人数よりも多いが、その理由は、ゲーム内のつながりは顔見知り程度のものだった点にある。移行性は〇・二五だった。これが意味するのは、ある人の友人がお互いに友人である可能性が二五パーセントということであり、この数字は実生活でも同じである。

さらに「友人の敵は私の敵」という現象さえ観察された。社会的ネットワークのこうした特性については第8章で再度考察するが、ここでは、オンライン世界は自由であるにもかかわらず、プレーヤーはおおむね基本的な社会行動を再現するという点に注目する必要がある。

構築された集団

意図せざるコミュニティ、意図されたコミュニティ、人工的なコミュニティから、私たちは何を学べるだろう?。

あらゆる事例を通じて、社会性一式の基本的な側面が浮き彫りになり、機能的な社会に必要な特性が示されている。とはいえ、さまざまな事例にはそれぞれの限界がある。たとえば、南極の科学者は健康であり、みずからの意思でぶじに前哨基地へ到着する。一方、難破船の生存者はそうではない。科学者と難破した船乗りはともにはっきりと孤立しており、社会的交流は外部の世界にほとんどかき乱されずに進展する。だが、都市コミューンやブルック・ファームのようなコミューンでは事情が違う。それらのコミュニティの孤立度ははるかに低く、「現実世界」のすぐ近くに存在していたからだ。

一九世紀から二〇世紀にかけてのコミューンが、たいていは永続するよう意図されていたのと異なり、南極基地やオンライン・ゲームの世界の集団にはタイムリミットがある。対照的に、シャクルトン探検隊や難破者集団などの意図せざる集団は、いつ終わるのかがわからなくても（程度の差はあれ）うまく機能した。

最後に、南極、都市コミューン、オンライン実験における社会的交流の研究には現代の科学的手法を利用できるが、私たちが検討してきたその他の状況ではそう簡単にはいかない場合もある。

誤解のないように言うと、私たちの実験にも限界がある。実験は不自然だったり過度に単純化されていたりする場合がある。だが、それこそが「実験」というものの核心なのだ。科学者が、実験室で高度に管理されたエサを食べている近交系ラットの膵臓《すいぞう》を研究するのは、人間の糖尿病にかんする知見を集めるためだ。実験は現実を単純化してしまう。だがそのおかげで、研究者は興味のある変数を選んで操作し、自然界の限定的で具体的な特性に焦点を合わせ、研究のパラメーターを調整することによって、ロバスト推定をし、ある事象が実際に別の事象の原因であることを証明できるのである。

こうしたあらゆる事例を研究することによって、人びとが孤立したときに独力でつくる社会について、また社会的集団の機能について、多くのことを学べる。これらの研究は相互に補い合い、私たちはさまざまな社会的特性を探究できる。

だが、これらすべての事例を統一的に理解するにはどうすればいいのだろう？　すべての三角形がお互いに似ているように、おおむね類似した何か、つまりあらゆる社会に当てはまる一般的な形はあるのだろうか？　これらの社会的集団にかんする観察結果を総合する方法はあるのだろうか？

理論上ありうるすべての貝殻の世界

このテーマに取り組むために、貝殻の形の研究を利用しよう。このアプローチによって、人間の社会がひょっとしたらとっていたかもしれない無数の形が想像できるようになるし、それらの形のうち実際に現れたものがこれほど少ないのはなぜか、そのすべてで社会のルールがこれほど一貫しているのはなぜか、社会性一式が普遍的なものに思えるのはなぜかが理解しやすくなるはずだ。

一九六六年、古生物学者のデイヴィッド・ラウプはまるで人目を引かないテーマ、つまり貝殻の巻き方の幾何学的研究にかんする論文を発表した。それは、貝殻の形状の一般理論を打ち立てようとするものだった。[19]こうした主題は門外漢には理解しがたい特殊なものだったが、そこで取り組まれている課題は多くの科学的問題――そこには私たちの問題も含まれる――に応用できる。

ラウプは相互に関係する一連の問題を探究した。まず、自然界に見いだされる貝殻の多様性を研究した。次に、自然界に存在しなかったものも含めて理論的にありうるすべての貝殻の形状を数学的に要約できるように、貝殻の形状を定式化して記述する一般的方法があるかどうかを調べた。最後に、これらの可能な形状のうち、かつて実在したのはごく少数にすぎないという事実を説明するものは何だろうかと考えた。ありえたはずの多様な貝殻の形状に対して何らかの制約があったのだろうか？

ラウプの研究は理論形態学と称されるより広範な取り組みの一部をなすものだった（形態学とは生物の形状と構造についての研究）。[20]貝殻の形状は無限にありうると思う人もいるかもしれないが、これまでに出現したのは一定の種類のものに限られることがわかっている。すると、観察できる貝殻の形状には制限があるのかという疑問が生じる。私たちは、貝殻の一連のありうる形状と実際の形状の両方を数学的に並べることができる。これらの形状のスペクトラム（分布）は「モルフォスペース」（形態空間）として知られている。

貝殻の形状の数学的モデリングは、実のところラウプの研究よりかなり古い歴史を持ち、少なくともあるイギリスの聖職者による一八三八年の分析にまでさかのぼる。ラウプはこの伝統の上に立ち、わずか三つのパラメーターを定義することによって、「理論上ありうるすべての貝殻」の一般的範囲を描くことができた。その三つのパラメーターとは、「サイズ」「巻き方」「伸び」だった。

「サイズ」とは、貝殻のらせん状の管の内部を通り抜ける（貝殻の内部がらせんを描く）際に、その管（貝の身体が占めている空洞）の断面の直径が拡大する比率を指す。トンネルの入り口を入るものと想像してみよう。トンネルが円筒形なら通過している途中でサイズが変わることはないが、トンネルが円錐《えんすい》形なら進むにつれて内部はせばまっていくはずだ。

「巻き方」は貝殻のらせんが渦《うず》を巻きながら中心軸から離れてゆく比率を指す。コイル切手がきっちり巻かれている場合と緩く巻かれている場合を考えてみるといい。

「伸び」は、らせんそのものが中心軸に沿って、つまり上方へ動く（移動する）比率を指す——言い換えれば、背が高い貝殻か、ずんぐりした貝殻かということだ。伸び縮みするバネのおもちゃが、テーブルの上でたたまれた状態と伸びきった状態を想像してほしい。[21] これらのパラメーターのわずかな変化によって、ホタテ貝がオウムガイに変わることになり、あらゆる貝殻が単一方程式で統合されるのだ。[22]

次の重要ポイントは、この三つのパラメーター（サイズ、巻き方、伸び）によって定義される三次元空間——モルフォスペース——に、ありうるすべての貝殻を位置づけられることだ（ラウプの論文からとっ

図 4.4　ラウプの貝殻形状のモルフォスペース

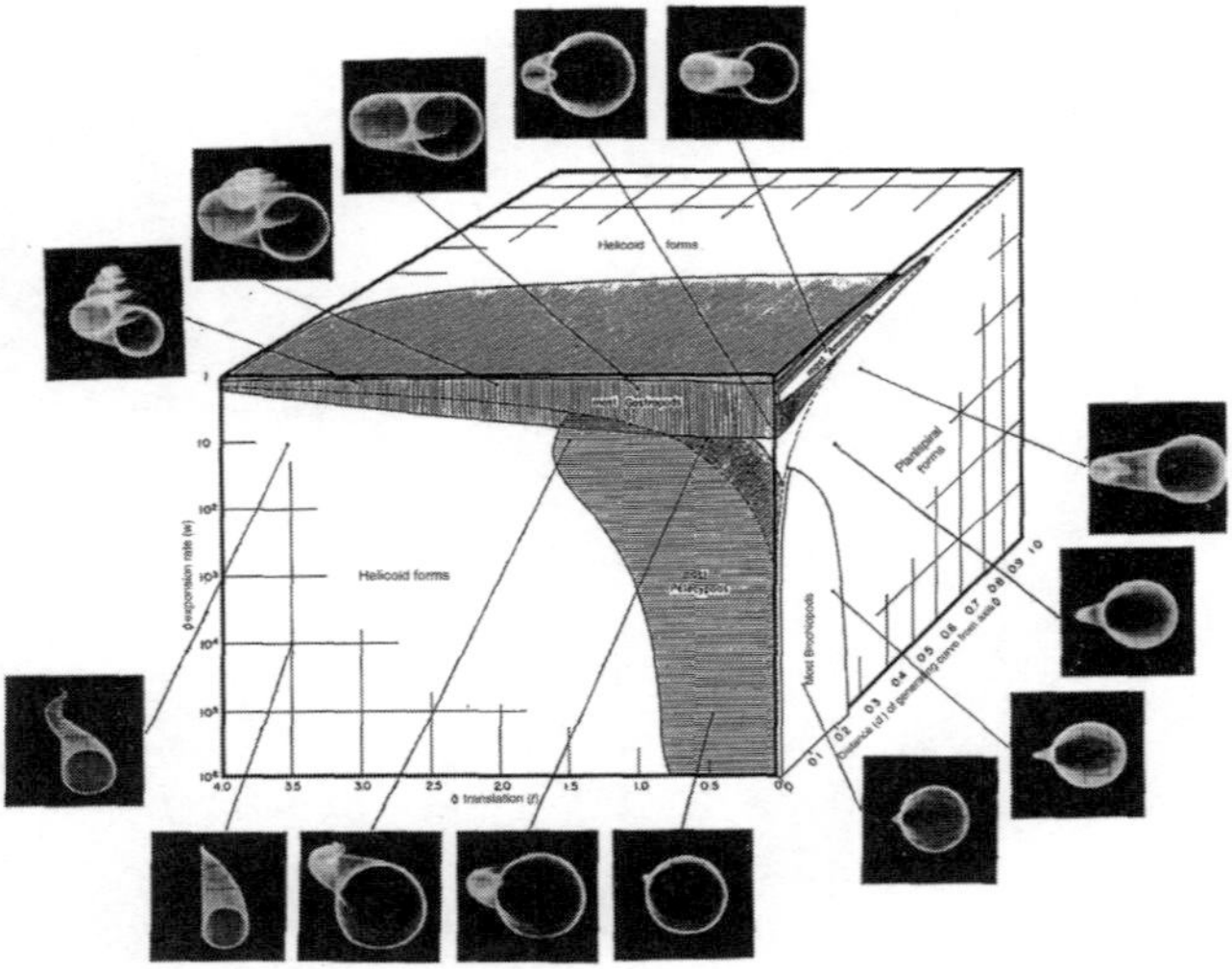

立方体の三つの軸は、貝殻のあいだで異なる三つのパラメーターを定義し、ありうる貝殻の種類のモルフォスペースをつくりだす。「サイズ」は、貝殻の内部を進むにつれて貝殻の管（貝の身体が占めている空洞）の断面が拡大する比率だ。「巻き方」は、貝殻のらせんそのものが渦を巻きながら中心軸から離れていく比率を指す。「伸び」はらせんそのものが中心軸に沿って、つまり上方へ動く（移動する）比率を指す――背の高い貝殻かずんぐりした貝殻かということだ。貝殻の例は黒い背景の写真で示してある。ともかく何らかの貝殻によって占められているのは、モルフォスペースの一部（グレーの部分）にすぎない。立方体の残りの部分にはこれまで一例たりとも貝殻が存在したことはない。

た図4・4に示されているとおり）。

進化生物学者のリチャード・ドーキンスは、モルフォスペースの概念を説明するなかで、ありうるすべての動物の博物館（そこには生物の形態を展示する陳列棚が並んでいる）というメタファーを使った[23]。この博物館では、それぞれの動物が最もよく似ている動物の隣に置かれている。展示室は前後、左右、上下とあらゆる方向に広がっている。どの方向も一つの特徴を捉えていて、動物たちはその特徴にかんしてわずかに変化している。たとえば草食動物の通路を進んでいくと、動物の首は少しずつ長くなり、やがてキリンの首と同じ長さになる。通路を横切るように進むと首の長さは同じままだが、ほかの何らかの特徴、たとえば毛の模様は変わっているかもしれない。上下に移動すると、動物の大きさが変化する。誤解のないように言うと、モルフォスペースは三次元に限られる必要はない。

モルフォスペースを定義することは、より深い第二の知見をもたらす。ラウプの図表を通じて、ありうる貝殻のうち、これまでに出現したものがいかに少ないかが明らかになった。実世界に存在してきた貝殻が立方体に占める部分は、ありうるすべての貝殻を表している体積と比較してきわめて小さいことがわかる。この何も存在しない領域は生命の欠けた砂漠地帯、つまり生物学的な空虚の地だ。立方体における特定の小部分だけが、貝をはじめとするあらゆる種類の動物によって占められているのはなぜだろう？　それを解明することは、進化生物学の重要な課題の一つになっている。

同じ難問はほかの分野にも姿を現す。科学者たちは動物界における骨格についての知見を利用して、ありうるすべての骨格のマトリックスをつくろうと試みてきた。[24] 物理学者のスティーヴン・ウルフラムは「ありうるすべての木の葉の世界」をつくりあげた。[25] 別の科学者たちはありうるすべての花の世界を定量化する方法を考案し、想像可能な花の種類のうちこれまで進化してきたのはわずか三分の一にすぎず、残りの三分の二は構造的にありえないか、環境に適応できないことが明らかであることを示した。[26]

こうした考え方を理解するために（図４・５に示されたような）砂時計を考えてみよう。

一つのパラメーターが胴の部分がどれだけ絞られているかを定義するものと想像してほしい。砂時計の上側と下側のあいだの領域がわずかに絞られているだけなら、砂は流れ落ち、砂時計は時間を知らせるという役割を果たす。どのくらい絞られているかによって、砂時計が空になる速度が変わる。だが、二つの

図 4.5　実際の砂時計、役に立たない砂時計、ありえない砂時計

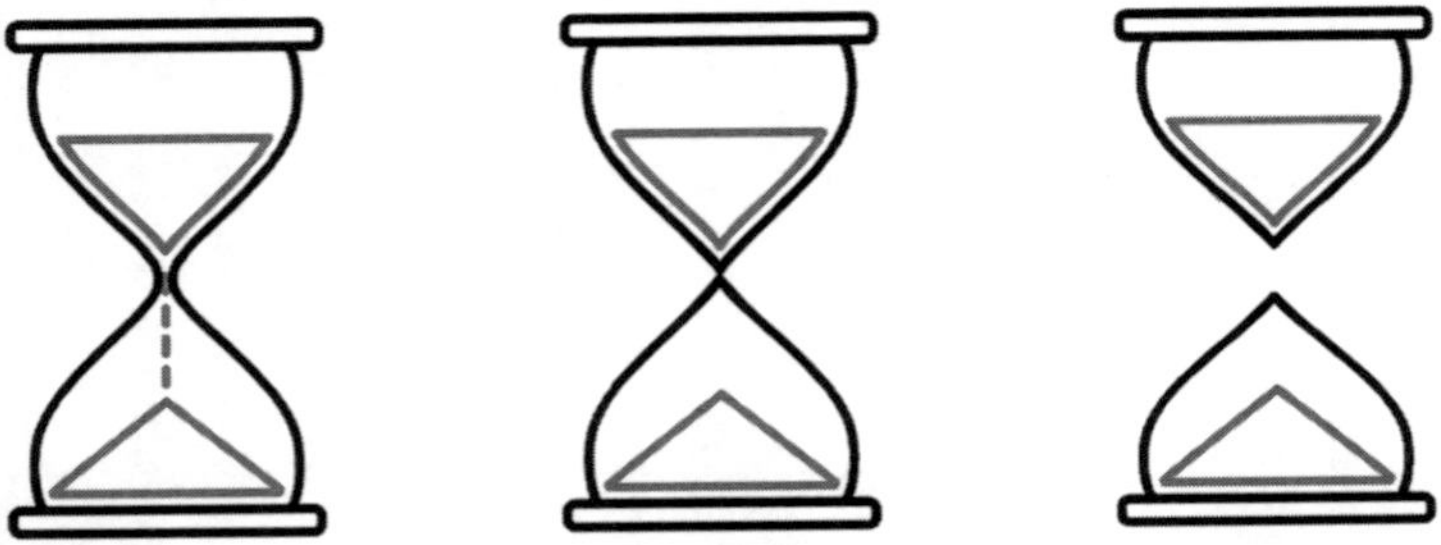

これら三つの砂時計は理論上は可能だが、砂時計の首が絞られすぎると（首の直径はそれを表すパラメーターによって定義される）、砂時計はもはや機能しない（中央の図）。最終的に、首がさらに絞られると、砂時計はありえない形になる（右端の図）。

球状部をつなぐ穴がなくなるまで絞ってしまうと、砂は流れなくなる。こんな砂時計もありうるが、役に立たないため、つくられることはないだろう。最後に、さらに絞ってしまうと、二つの球状部のつながりを断つことになる。こうした砂時計があったとしたら、とても不安定なものだろう。上側の球状部を支えるものがないため、こうした形状は構造的に不可能である。こんな砂時計はつくれない。絞りすぎは、結果として存在しえない形を生むことになる。それはもはや砂時計ですらないのだ。

貝殻に戻ろう。ラウプのモルフォスペースの多くの領域が空白なのはなぜだろう？　少なくとも三つの異なる説明が存在する。

第一に、ある形の貝が進化してこなかったのは、それらの出現を可能にする適切な突然変異が起こらなかったせいかもしれない。つまり、そうした形の貝は遺伝子的にありえなかった（あるいは、きわめて可能性が低かった）のである。砂時計のメタファーに戻れば、透明なガラスが手に入らず、曇りガラスしかないようなものだ。これでは、砂時計の本質的役割（時間を知らせること）が果たせない。

第二に、ある形の貝が進化してこなかったのは、かつてこの地球上に現れたいかなる環境にも適応していなかったせいかもしれない。つまり、あまりにもひ弱なために生存できず、ましてや生き延びることは不可能だったのだ。これは、中央部が完全に閉じている砂時計に似ている――時計としては役に立たないから、それをつくる理由はないのである。

第三に、ある形の貝が進化しなかったのは、物理や化学の法則に反していたせいかもしれない。これは、二つの球状部が完全に切り離されているため、そのあいだを砂が通れないどころか、まっすぐ立っていることもできない砂時計にたとえられる。

この最後の説明が意味するのは、物理的制約がある種の貝殻の出現を妨げてきた可能性があるということだ。たとえば、二枚貝の貝殻にはスムーズに動くちょうつがいが必要だとすれば、その貝殻は特定の形状を持ち、特定の数学的特性（たとえば「重複のない渦巻き」があること）を備えていなければならないため、この制約を満たしていない貝殻は決して存在できない。[27]

例として、理論上ありうるすべての雪の結晶の世界について考えてみよう。雪の結晶は物理学の対象であり生物学の対象ではないが、議論のためにその点は脇に置いておく。私たちが、一つの雪の結晶が持てる面の数は――三、四、五、六、七、など――さまざまだと考えているとしよう。数学モデルを使えばこれを明確に規定できるかもしれない。ところが、水分子の特性にかんする基本的な物理学的制約によって、雪の結晶は六面でしかありえないと決まっているのだ。したがって、モルフォスペースのほかの領域で四面や五面の雪の結晶が見つからないからといって、そうしたタイプの結晶はうまく機能しないために出現しなかったというわけではない。そうではなく、物理的に決してありえないということなのだ。[28]

モルフォスペースに大きな空白がある理由をめぐる最初の二つの説明は、自然選択と多様性にかんする生物学的概念の二つの流れをきっちり区分するものだ。一つ目の説明は、ある形の貝殻が存在しないのは、その貝殻の出現を可能とするだけの基本的な遺伝的多様性が一度も存在したことがないというものだ（遺伝的可能性の議論として知られている）[29]。これは不透明なガラスの砂時計の考え方だ。

二つ目は、モルフォスペースのこうした領域は貝にとって探究の必要がなかったという説明だ。つまり、そうしたタイプの貝殻に有利に働く環境圧がなかったということである（これは自然選択あるいは適応論者の議論だ）。ありうるすべての環境を前提にすると、こうしたタイプの貝は不運な貝にすぎない。これは穴が閉じるまで首を絞った砂時計の考え方だ。

こうした考え方を貝殻を越えて応用し、動物にとってのモルフォスペースにおいて空白ではない領域は実のところいかにちっぽけなものかを検討しよう。

いかなる動物も、車輪などの移動手段も、気球のような物の中の空気を熱するといった飛行手段も進化させることはなかったのだと考えてみてほしい[30]。こうした考えは馬鹿げたものと感じられる。しかし、代わりとなる体制《ボディプラン》〔訳注：動物の身体の基本構造〕——足の代わりに車輪を持つ動物や翼の代わりに空気袋をもつ鳥類——はありえないのだろうか？

自然選択が生み出すことのできるとほうもなく多様な諸現象（そこには生物電池、酸噴射機能、光を曲げるレンズ、水中を浮遊するための浮き袋、巨大な建物ほどもある動物といった奇妙な構造物が含まれる）を考えれば、車輪が存在しないのは何らかの本質的限界の反映なのだろうかといぶからざるをえない。あるいは、もしかすると第二の説明が当てはまる可能性もある——車輪による移動がそれ以外の利用可能な選択肢よりも有利になるような環境が一度も存在しなかったのかもしれない。道もなく整備もされていない未開の土地を通り抜けるには、車輪よりも足を使ったほうがはるかに簡単だ。足のほうが滑りにくいし、障害物を避けて進むのもずっと容易だからである。これは、車輪がこれまでに何らかの機能的有用性を持ったことはないとする適応論者の議論だ。実際、ギリシャやトルコの高地にある多くの村では、いまだに車輪のついた荷車よりもロバのほうが動き回りやすい。アメリカ軍が歩行ロボットを開発しているのも同じ理由からだ。[31]

遺伝的可能性の議論を支持しているのは、生物学者のなかでも少数派だ。リチャード・ドーキンスが言うように、彼らは「博物館の大部分は自然選択にとって永久に立ち入り禁止になっていると感じている。自然選択は特定の通路のドアをしきりに叩くが、決して入れてもらえない。必要な突然変異は絶対に生じないからだ[32]」。

対照的に、後者の議論、つまり先に述べた適応論者の見解では、生物がある特定の形をとるのは、特定の形だけが物理的に可能であり、より重要なことに「適応上有益」だからだとされる。生物学者の大部分はこの見解を支持している。私たちの研究領域について考えると、人類をはじめとする哺乳類のある種の社会組織だけが、物理的、生物学的、社会的環境に対処するうえで助けになるのかもしれない。ある種の社会組織だけが道理にかなっており、それこそが社会性一式なのである。

ありうるすべての社会からなる世界

モルフォスペースの考え方と、その大部分が空白であることの考えられる理由は、社会秩序の重要な特徴が再現されやすいという私たちの観察を理解するうえで大いに役立つ。

ラウプが貝殻について行なったように、さまざまな動物種が構築する社会システムを、理論的に存在しうるあらゆる社会的仕組みを表した大規模な多次元グリッド——ありうるすべての社会からなる世界——の上に配置できるものと想像してみよう。あるいは、人間社会という領域でラウプと同じことを行なったものと想像してみよう。それから、さまざまな種の社会を、あるいは（もっと範囲を絞って）私たち人類の社会を統合し、吟味してみるといい。人類の社会の例としては、難破船、コミューン、科学者のコミュニティ、オンライン実験などに加え、その他の多くのコミュニティ、たとえば、辺境の植民地、男子修道会、刑務所、寄宿制学校、原子力潜水艦、坑道に閉じ込められた鉱夫、宇宙居住実験などが挙げられる。人類が一万年前の農業革命に先立って形成した社会に似た現代の狩猟採集社会を含めてもいい。こうした試みによって、あらゆる状況を通じて人間の社会組織がどれほど似通っているかが浮き彫りになることだろう。

これを実行するには、ラウプの三つのパラメーターのように、カギとなる軸を定義しなければならない。一つの重要な軸は社会の仮想的な規模だろう。それは、集団内の他人を——親友ではないにしても——よく知っている範囲と定義される。この範囲は、たとえばゼロ（想定された社会の中で誰もが一人の知り合いも持っていない）から二〇〇〇人（各人が二〇〇〇人の他人をよく知っている）にまでわたる可能性がある。現実には、ほとんどの人は四つか五つの緊密な社会的接点を持っており、約一五〇人をよく知っている——よくとは、いったん席を外したあとで、会話を打ち切ったところからまた話しはじめられるほど親しいと定義される。この後者の数は「ダンバー数」として知られている。[33]

私たちが注目するかもしれないもう一つの軸は、社会の協調性、あるいは集団内暴力への傾向だ。それは、二人の人物が「公共財ゲーム」を行なっているときにお互いに協力し合う可能性として定量化される（〇から一〇〇までのパーセンテージを用い、一〇〇パーセントを最も協調的だとする）。現実の人間社会において、その可能性は通常六五パーセントほどであり、だいたい三分の二の人が、見込まれる報酬を分け合う状況で見知らぬ相手と協調する傾向にあることになる。だが、協調的行為の程度は社会によってい くぶん変動することがある（これについては第9章で考察しよう）[34]。

第三の軸は社会的絆の構造に関係する——たとえば人びとが持っているつながりの数、あるいは人びとの友人どうしがお互いに友人である可能性などだ（これはネットワークの移行性として知られており、〇パーセントから一〇〇パーセントまでのレベルがある）。何らかの重要な資源の配分における序列や平等性の尺度は、第三の軸の代替的パラメーターとなるかもしれない。さまざまな軸をいったん選んで定義してしまえば、私たちが扱うすべての事例——実際にはすべての既知の社会——を三次元（あるいはより高次の）グリッドの中に配置できるだろう。そうすれば、かつて現実の社会に現れたのは、基本的にごく少数の社会的仕組みにすぎないことがわかるはずだ。

一九九九年、人類学者のリー・クロンクは「民族学的超空間」なる概念を考え出した。これは、彼が人間社会を表現しているとみなす多くの変数のありうるすべての組み合わせを包含するもので、結果的に、私たちの社会的モルフォスペースの一バージョンになっている。

クロンクはあらゆる社会の基本的特徴となる属性（たとえば社会性一式）だけでなく、より文化的性質を持つ多くの属性（たとえば身につける装飾品の種類や道具の多様性など）もその中に含めた。彼が利用したのは有名な「地域別人間関係資料」だった。これは八〇〇を超える文化の特徴を包括的に記録したもので、それらの社会の社会的、政治的、経済的、宗教的、生殖的、さらにはその他の数十におよぶ慣行について一定の記述語を用いてコード化してある。クロンクは独自の計算を基に、ありうる組み合わせは想像を絶するほど多い（おそらく一・二×一〇の五三乗）と推定し、これまで人類学者が観察してきたのはそのごく一部にすぎないと考えた。[35]

人類学者のジャック・ソーヤーとロバート・レヴィーンは、それ以前の一九六六年に似たような分析を行なっていた。ラウプが貝殻をめぐる問題について考えた翌年のことである。二人は、五〇〇におよぶ人間の文化の多様なサンプルは九つの変項、たとえば社会政治的階層（厳格なカースト制から完全な平等主義まで）、食料調達法（農業、畜産、狩猟採集）、複婚制の許容といったものを用いて要約できると結論した。彼らはまた、これらの変項の可能な組み合わせは一億を超えるが、人間がこれまでの歴史を通じて研究してきたのは、そのうちのほんのわずかな部分にすぎないと推定した。[36]

第1章で述べたように、ドナルド・ブラウンという文化人類学者が、「普遍的人間」と称する仮想的な種族について描写を試みている。そこに属する人間は、あらゆる人間社会に共通する特徴、つまり一種の基本的な社会秩序を有していた。こうした秩序は、社会性一式を土台としてあらかじめ配線された社会という私たちの考えと似ている。ブラウンの描く社会には、うわさ話、音楽、タブー、魔術信仰、通過儀礼、男性の攻撃的衝動への配慮、特別な機会における巧みな演説をはじめ、さまざまな特徴があるという。[37]

彼は、人間のいろいろな文化は異なるというよりもむしろ似ていると結論した。実のところ、こうした試みが必要なのは、評価の客観的な尺度がなければ、私たちは自分たちの違いを実際よりも大きいと信じ込んでしまいかねないからだ。人間文化のモルフォスペースを定義し、最適な軸を規定しないとしたら、人間の集団がどれほど似ていてどれほど異なっているかを知るには、どうすればいいのだろう？　だが、私たちの社会をモルフォスペースのなかに配置すれば、社会的であるための範囲がいかに狭いかがわかる。このことが私たちの類似性を裏づけ、私たちに共通する人間性を際立たせるのである。

架空の社会

SF作家は、まったく異なる――「地球上のものではない」と言いたくなるような――社会の仕組みを思い描くという仕事にかけては、人類学者よりもすぐれていた。想像はできても実際に目にすることはない社会の形を探究してきたのだ。

こうした架空の社会システムはモルフォスペースに位置を占めることができるし、それは現実の社会が占める位置に近いこともあれば遠いこともある。正常な範囲からかけ離れている社会は、立方体の貝殻や車輪つきの動物と同じように、信じがたい奇妙なものに思えるかもしれない。[38]

SF作家は人間の集団を意図的に極端な条件下に置いたうえで、彼らがどう対応するかに思いを巡らすことが多い。数百世代にわたって宇宙船に閉じ込められた人間社会には何が起こるだろう？　女性が男性を必要とせずに子供を産めるとしたら、社会組織はどう変化するだろう？　愛や友情のない世界はどう見えるだろう？　社会の不平等や社会階級が世襲になったり極端になったりしたら、何が起こるだろう？

だが、人間の想像の翼をせいいっぱい広げたとしても、代わりとなる社会秩序は驚くほどありふれたものだ。ディストピアを描くための一般的な設定と言えば、国家による生殖のコントロール、思想や感情の抑圧、厳格なカースト制のあるアリのような社会などである。実際、SF作家がまったく非現実的なディストピア社会を描こうとすれば、彼らは社会性昆虫をメタファーに選び、人間をアリ、狩りバチ、シロアリにいっそう似せようとすることが多い。言うまでもなく、人間からすればこれは――悪夢ではないとしても――とんでもない逸脱である。

対照的に、ユートピアが描かれる場合、人間は、公正、安全、健康な世界で束縛されずに自由に生きているものと想像される。だが、こうしたストーリーには、現実の世界には欠けているが、作家が自分の描くユートピアにはあってほしいと切望するある要素が含まれていることが多い。それは、人びとのあいだの独特の親密な関係だ。[39] 虚構のユートピア社会は社会性一式を特徴とするのが普通だが、一種の共感や信頼の感情が付け加えられている——ときには、人びとがテレパシーでつながっているという極端な空想が繰り広げられることもある。

こうしたわけで、『アンナ・カレーニナ』の法則（幸せな家庭はどこも似たようなものだが、不幸な家庭はそれぞれに不幸だ）を実証するかのように、ユートピアの世界は驚くほどよく似ているが、ディストピアの社会はそれぞれに悲惨なようだ。これはエントロピーの古典的理解に一致している。つまり、何かがうまく機能する方法よりもそれが破壊される方法のほうが多く、自然は秩序ある状態よりも無秩序な状態のほうが多く、社会組織の形は機能的であるより機能不全であることのほうが多い。それでも、ＳＦの世界は依然として驚くほどよく理解できる。

一八九五年にＨ・Ｇ・ウェルズが発表した中編小説『タイムマシン』はＳＦと大衆文化の土台である。[40] この古典には、タイムトラベルだけでなく奇抜な社会的仕組みも描かれている。物語のなかで、見せかけの平穏さにもかかわらず、ある集団はほかの人びとを支配し、彼らを食料源に利用していたりするのだ。こうした衝撃的な階層社会のアイデアは、オルダス・ハクスリーのディストピア小説『すばらしい新世界』（一九三二年）、ジョージ・オーウェルの古典にして同じくディストピア的な『一九八四年』（一九四九年）、ロバート・ハインラインの『宇宙の孤児』（一九四一年）などによっても利用されている。[41]

一九一五年にシャーロット・ギルマンが発表した『フェミニジア』（現代書館刊）という物語は、男性のいない社会を思い描くものだ。[42] 彼女のフェミニスト的な前提はあまり重要ではない。肝心なのは、ギルマンが対立や競争がいっさいなく、きわめて高度な協力と社会的平等が実現している世界を築き、それによって、社会性一式に含まれる協力と階級制の要素をたくみに表現している点だ。フェミニジアの住民は「戦争をしたことがなかった」。王も、聖職者も、貴族もいなかった。住民たちは姉妹であり、成長するにつれてますます親密になった――競争によってでなく、一緒に行動することによって。[43] だが、ここでもまた、ギルマンが創造したユートピアはその他の面で実生活に似ている。たとえば、彼女の物語に登場する人びとは、独自の特徴とアイデンティティを備えた個人へと分化していく。[44]

個人のアイデンティティというテーマは、ロイス・ローリーの一九九三年の小説『ギヴァー――記憶を注ぐ者』(新評論)でも探究されている。アメリカの多くの中学生とその親にはよく知られた小説だ。その物語は(第3章で述べたコミューン社会を思い起こさせる)「コミュニティ」と呼ばれる未来社会で暮らす一一歳のジョナスの生活を追っている。[45]「コミュニティ」の何よりの特徴は「同一性」、つまり一種の個人性の破棄であり、それを実現するための一つの手段が個人の記憶の消去である。社会は同一性を促進すべく慎重に設計・管理されている。誰もが同一に見えるように遺伝子を操作され、同じように行動するよう教え込まれている。社会性一式の要素である個人のアイデンティティは、極限まで(否定的に)追いやられている。家族という単位は、生活の機械的ニーズを満たしながらも、親しみの感情が育まれることのないよう厳格に規制されている。社会的なかかわり合いは存在するが、あらゆる気まずい記憶は消し去られているため、おだやかなものになっている。

その対極にあるのが、ラドヤード・キプリングの古典的短編『簡単至極』(一九一二年)だ。物語の舞台は、「空中管理委員会(ABC)」によって支配されている二〇六五年の世界だ。[46] キプリングはありうる別の社会を想像するなかで、人間社会が拠《よ》って立つ基礎構造そのものを否定することを選んだ。この物語では、集団をなすことは「徒党形成」という罪になるし、個人は何よりも独立とプライバシーを重んじる。以前の時代――民衆と民主的統治（民衆統治）の時代――にそれとなく言及される際は陰うつな調子になり、社会とのかかわりによって助長された過去の災いが暗示される。物質的ニーズはＡＢＣによって満たされているので、市民は集団をつくらなくても生活を送れる。

これらは膨大な娯楽文学のなかから有名なＳＦ作品のごく一部を選んだものにすぎないが、それでも、いくつかの重要な論点を明らかにしてくれる。第一に、社会性一式を侵害する――社会性一式のひとつの要素をどちらかの極限まで押し進める――ことは、ディストピア的、あるいは少なくとも不穏なこととみなされるのが普通だ。超協調的なフェミニジアで暮らしたいかどうか、私にはよくわからない。自分が男だからというだけでなく、自分自身の願望をある集団の願望にそこまで従属させたくないからだ。

第二に、こうしたフィクション作品においてさえ、社会は見覚えのある特徴を有している（私たち、つまり読者が、楽しむことになっている部分に共感できなければならないからだ）。

第三に、これらの事例――特に、モルフォスペースにおいて人間社会が実際に占めている領域のはるか外側に位置するもの――は、私たちの社会がどれほど似ているか、人類が実際に占めている領域がいかに小さいかを際立たせる。アリの巣をありうる選択肢と考えれば、あらゆる人間社会が実に親しみ深いものに思えるはずだ。

「進化」が私たちに許す社会の姿

ここで私たちが関心を寄せる普遍的文化——つまり社会性一式——の焦点は、社会組織にかかわる特質のうち、自然選択によって形成され、一部は遺伝子にコード化されている特質だ。厳密には文化の表現であり、遺伝的にコード化されていない特質は、それが普遍的なものであろうとなかろうと研究しようとは思わない（たとえば、特定のタイプの装身具や特定の神への崇拝をうながす遺伝子は存在しない）。だが、このように焦点を絞ったとしても、社会性一式のそれぞれの特徴が、多様な環境や社会のうちでも比較的かぎられた範囲で見られることから、そうした範囲から外れた社会が現実にはうまくいきそうにないことがわかる。社会性一式の八つの要素をもとに八次元のモルフォスペースをつくるとすれば、地球上のすべての社会はこんにちそのなかのごく一部を占めるだけだろう。たとえば私たちが、愛、友情、協力、個人的アイデンティティの存在しない機能的社会を見いだすことはないのである。

こんなことになっているのはなぜだろう？　貝殻と同じように、人類もこの理論上の空間の一部しか探究できないように制約されているのだろうか？　私たちが生来つくることを強いられている——より楽観的に言えば、許されている——社会とはどんなものだろうか？　人間社会にとっての青写真、つまり進化の基線とは何だろう？　人間が個別の自我を自然に乗り越えるには、どんな方法があるのだろう？

こうした疑問に答えるにあたり、私たちは用心深くありたい。人間的事象について普遍的であることのすべてが遺伝子にかかわっているわけではないし、あらゆる多様性が文化に由来するわけでもないのだ。それではあまりにも単純すぎる。

コカコーラの世界的な人気について考えてみよう。このソフトドリンクの世界的な人気は、一つには人類が進化の過程で甘党になったせいだ。とはいえ、それは遺伝子や生物学の所産ではなく、むしろ、第二次大戦中のアメリカ兵の嗜好に根ざす一連の特定のできごとや、現代の資本主義、グローバリゼーション、ブランド戦略に関係しているのである。[47]

反対に、文化や行動の多様性が、環境に柔軟に対応し、社会的学習に取り組み、文化をつくる人間の生来の能力（それ自体が社会性一式の一部をなしている能力）の帰結である場合もある。多様性によって、逆説的ながら文化的要件よりも遺伝子に深くかかわる内在的普遍性が隠されているかもしれない。

進化心理学者のジョン・トゥービーとレダ・コスミデスは、想像力を駆使してこの考え方を説明している。二人はこんな思考実験を提示する。エイリアンが人間をジュークボックスに置き換えてしまう。それぞれのジュークボックスは数千曲のレパートリーを持ち、その位置と時間に応じて特定の曲をかける能力がある。すると、世界中のさまざまな場所にあるジュークボックスが、さまざまなタイミングでさまざまな曲をかけるのが見られるはずだ。それらの曲は、近くにあるジュークボックスがかける曲と似たものになる。だが、こうした集団間の差異も集団内の共通性も、文化の働きとは関係ない。[48]これは、人間が環境に対して柔軟に——だが予想どおりに——対応する先天的な能力を持つことを説明する一つの方法だ。

実際、場所の違いによる人間の生き方の多様性は、私たちが思うより少ないかもしれない。というのも、これはきわめて重要な点だが、すべての人間は同じ「環境」を経験しているからだ。それは、エイリアンがどういうわけかすべてのジュークボックスを似たような環境でお互いの近くに設置し、すべてのジュークボックスがまったく同じではないにしてもよく似た曲をかけているようなものだ。動物種は実にさまざまな脅威に直面するものだが、人間にとっての最大の脅威は捕食動物でもなければ環境の急変でもなく、ほかの人間である。人間の環境の最も重要な特徴がほかの人間だとすれば、この特徴は、極点から赤道にいたるあらゆる物理的・生物学的環境を通じて変わることがない。そして、私たち人類はそれに適応してきたのだ。したがって、人類がこうして適応できるとすれば、社会組織はきわめて似通った社会構造に収斂《しゅうれん》するかもしれない。[49]

これが、社会性一式に対する適応論者の説明だ。私たちが共通する人間性を持つ理由は、私たちがつねに自分と同じ種の中で生きてきて、まさにその難局に対処すべく進化してきたことなのである。

こうした観点から言えば、遺伝子は私たちの「体外」で働くようになってきており、その源《みなもと》からやや離れた場所で影響を及ぼしているのかもしれない。打ち上げ花火が着火点のはるか上空で破裂するように、遺伝子そのものをはるかに超えた場所で社会の形成を助けているのだ。遺伝子はそれを実行するため、次のような人間の性向に影響を与えているのかもしれない。すなわち、他人と協力したり親しくなったりする、他人の子供の面倒を見る、他人の個性を尊重する、パートナーを愛するといった性向だ。このため、一見まるで異なる世界各地のあらゆる人間文化において、新たな社会をつくるためのたび重なる機会において、私たちは同一の基本パターンを繰り返し目にするのである。

部族的な政治組織や現代の国民国家といった政治単位の社会的な組織や機能でさえ、この古代の遺産の上に接《つ》ぎ木されており、より小さな集団の組織を導く原則を尊重しなければならない。急ごしらえだったり、意図をもって設計されたり、社会性一式の無効化を目指してゼロから新たにつくられたりした社会システムが、有機的に進化してきた社会システムほど機能的であるはずはないのだ。

第5章　始まりは愛

いまにしてみればおめでたい話だが、私はほんの数年前まで、愛情のキスや性的なキスは、全人類が自然に楽しんでいるものだとばかり思っていた。ところが実は、アフリカ南部に住むツォンガ族は違うようだ。民族誌学者のアンリ・ジュノーはこう述べている。

ヨーロッパ人のその習慣を見ると、彼らは笑ってこう言った。「この人たちときたら！　お互いに口を吸い合っている！　お互いのつばと汚れを食べているよ！」。ツォンガ族は、夫が妻にキスすることさえ決してなかった。[1]

これはうっかりしていた。私は、人類学者のあいだで「自民族中心主義」として知られている昔ながらの罠にはまり、自分の文化で当然ならば他者の文化でも当然だと思い込んでいた。キスは私の文化ではしごく当たり前なので、ほかの人の文化でそうではないなどとは、よもや思いもよらなかった。実際、これまでキスを異常だとみなす人と話したこともないと思う。だから、愛情のキスや性的なキスは万国共通ではないと知って驚いた。[2]

私が慣れ親しんでいるヨーロッパ、中東、インドの文化には、たまたまキスの習慣がある。キスを神秘的とみなす集団さえある。三〇〇〇年以上も前に記されたヒンドゥー語の文章には、キスは人間の魂を「吸い込む」行為とある。[3]

しかし、世界全体を対象にした文化横断型のある調査によると、キスの習慣が見られたのは一六八カ国のうち四六パーセントにすぎなかった。[4] 最も一般的なのが中東とアジアで、反対に最も一般的でないのがアフリカ、南アメリカ、中央アメリカだった。サハラ以南のアフリカ、アマゾン川流域、ニューギニア島の狩猟採集民や農耕民に詳しい民族誌学者からは、愛情のキスや性的なキスを目撃したという報告は一度もない。[5]

地域や異文化間のこうした違いが理解しがたいのは、キスに似た行為はチンパンジーやボノボでも観察されているからだ。キスを通じて、パートナーの健康状態、遺伝的適合性、興奮状態といった貴重な生物学的情報が伝わるという証拠もある。この三つはどれも、キスという習慣の進化的な起源や機能をほのめかしている。[6] よって、キスは生得的なものであるにもかかわらず、状況に応じて文化的に抑圧されてきた可能性を考えてみる必要がある。

だが、キスが繰り返し、広い範囲で、個別に抑圧されてきたとは到底信じがたい。もしかしたら、結局のところ、キスはよくある文化的行為にすぎず、ある地域では見られるが別の地域では見られない慣習というだけなのだろうか？

愛情のキスや性的なキスに対する不信、笑い、嫌悪といった感情は、キスをしない社会のメンバーのあいだで驚くほどよく見られる。[7] 人類学者のチャールズ・ワグリーは、一九四〇年代にブラジル中央部に住むタピラペ族と共に過ごし、こう述べている。

タピラペ族の夫婦は、愛情は示すものの、キスは知らないようだ。私が説明しても、彼らには、肉体的に惹かれていることを示すのに奇妙な方法だと映った……ある意味では気味が悪いとも……夫婦は、会話の最中にお互いのそばに立って、男は妻の肩を抱き、妻は夫の腰に手を回す。[8]

とはいえ、証拠の欠如を欠如の証拠と思い込んではならない。ワグリーはまた、女性にオーガズムがあるという証拠も見つけられなかった。彼の(男性の)情報提供者は、自分たちの言語にはそれを表す言葉すらないと言った。[9] 描写された性行動のあらましに、ワグリーと情報提供者の性別が一定の役割を果たしたことは疑いない。女性のオーガズムがこの社会に存在しないなど、とてもありそうにはない話だ(被験者が私生活のあらゆる側面を、たとえ相手が立派な人類学者とはいえ明かしたくないと考えたとしても無理はない)。それが見て見ぬふりをされていたのだとすれば、キスもまたこっそり行われていたのでは? おそらくそうだろう。

愛情をともなう触れ合いのもろもろが、それに縁遠い人びとにとっては不可解な場合もあるのは明らかだし、個人間、集団間でも大きく異なるものだ。だが、こうした違いにもかかわらず、恋愛・性愛には人類に共通する何かがあるのではないだろうか?

なぜ人間はパートナーに愛情を感じるのか

人間の条件の大きな謎の一つ、すなわち、単なる「性的な関係」ではなく「愛情のある関係」を他人と築こうとする衝動の根底にあるものは何だろう。進化の観点からすると、人間がパートナーを欲しがる理由を説明するのは簡単だ。しかし、どうして人間はパートナーに特別な愛着を抱くのだろう？　どうしてパートナーに愛情を感じるのだろう？

愛したい、所有したい、交わりたいという人間のせめぎ合う欲望を理解するには、人間の恋愛・性愛の多様性と、それらに通底する核心にあるもの――何かがあるとすればだが――の両方について考える必要がある。

キスだけにとどまらず、セックスや結婚にまつわる多くの規範や慣習は世界中で異なっている。だが、異なってはいない別の特徴もある。オーガズムの生理といった不変の特徴は、地域にかかわらず同じはずであり、人類の進化した生態や心理から生じるものだ。こうした普遍的特徴のなかでもカギとなるのが「夫婦の絆」を結ぼうとする傾向だ。これは、パートナーと強固な社会的愛着関係を築きたいという生物学的な衝動であり、ますます理解が進んでいる分子と神経のメカニズムによって促進される。進化は文化に対して連携して機能すべき「原料」を提供し、その基盤のうえに配偶システムが築かれる。第11章で考察するように、それに次いで今度は配偶システムが進化を形成することもある（たとえば、いとこ結婚を禁じる一部の文化的規則は子孫の生存に影響を与える）。

結婚の規範は、夫婦の絆の構築がとりわけ好まれるということ以外でも、進化した生態を別の面で土台としている。人間は集団の規範に従うよう進化してきたため、進化の異なる一面、つまり社会的学習や協力に結びつく側面もまた、結婚を支える役割を担っている。そのおかげで人間は一般に、どんな規則であれ自分が属す内集団の文化的規則に従うことを心地よく感じるものなのだ。

恋愛・性愛にかんして、人間のあいだに見られる差異と普遍性をともに検討していこう。恋愛・性愛は専門的には「交尾」として知られている。人間とほかの生物種に共通する特徴を探るという私の意図に照らし、この表現を使うことを許していただきたい。

あらゆる結婚形態の根っこにあるもの

結婚による結びつきの形は社会によって異なっており、現在最も多く見られる異性愛の一夫一妻制だけでなく、一夫多妻制や一妻多夫制もある。多くの社会では、もちろん同性婚もあれば、ほかの結合形態もある。

有名な人類学者のE・E・エヴァンス＝プリチャードは、スーダンのヌアー族のしきたりについて述べている。それによると、ヌアー族の子供を産めない女性は、別の女性と結婚して（男性がこの女性に受精させるという手段によって）子供を持つだけでなく、男性の役割をさらに担うことが認められている。たとえば、子供たちから「お父さん」と呼ばれたり、財産の相続や譲渡を認められたりといったことだ。[10]

だが、こうしたあらゆる差異の根底には真に普遍的な何かが存在する。つまり、性的関係にある人間どうしの特別な連帯感だ。人間の恋愛の能力は、人類の進化の歴史に根ざしており、一対一の絆を結ぶというほかの種とも共有する古来の傾向から生じたものだ。誤解のないように言うと、私がここでおもに焦点を当てているのは、単なる性の慣習でもなければ、人間が数千年にわたって明らかにしてきた結婚制度ですらなく、人類が採用してきた交尾戦略全体である。この戦略が、多くの文化的慣行や個々の特異性の土台をなしているのだ。

ほとんどの人は、自分がパートナーに感じる愛着を当然のものと受け止めている。だとすれば、人間の一夫一妻制に反する多くの事例――次々に何人ものパートナーをつくる、一人しかいないはずのパートナーに対して不貞を働く、さらには一夫多妻制を実践している社会が存在するといった事実――に着目したくもなる。しかし、こうした違いに目を向けるのは、標高一万フィート（約三〇四〇メートル）の高原に立ち、高さ一万九〇〇フィート（約三三二〇メートル）と一万三〇〇フィート（約三一四〇メートル）の山の違いに注目して共通点を無視するようなものだ。実際には、人間はパートナーを愛し、つなぎとめておく際立った能力を有しているのである。

結婚という慣習の理解がやっかいなのは、文化的規範（キスは文化によって滑稽《こっけい》なものとみなされているか）と進化的基盤（キスの生態学は存在するか）を区別しなければならないからだ。この区別をつけるのは、不可能ではないにしても、ときとして難しいことがある。

もう一つ難しいのが、結婚の慣習が地域や時代によって著しく異なっており、それらが複数の尺度で評価されることだ。たとえば、一夫多妻制には先史時代と歴史時代を通じて漸進的な流行り廃りが見られる。アウストラロピテクスをはじめ四〇〇万年前に生息していたヒト科の祖先は、一夫多妻制をとっていたと思われる（それがわかるのも、一つには男性のほうが女性より大きいからだ。これは、複数のパートナーを獲得したり守ったりするために男性どうしが競ったこと、あるいは女性がより大きなパートナーを好むようになったことを示している）。しかし、それから長い歳月を経て人類はホモ・サピエンスへと進化し（おそらく三〇万年前）、狩猟採集の生活様式を採り入れた。移動しながら狩猟採集を営む集団は比較的平等主義で、目立った身分差別もなかった。これら初期人類は一夫一妻制をとるのが普通だった。

一夫一妻制へのこうした移行の理由は錯綜しているが、さまざまな環境圧力への適応に起因すると考えられている。その一つが食料源の変化だが、これについてはあとで詳しく論じることにしたい。これらの行動の変化には生理学的な変化もともなっていた。たとえば、排卵の兆候が外からわからないこと、幼児期の延長、更年期といったことだ。

それから、さらなる変化が起こった。その変化はほぼまちがいなく約一万年前の農業革命とともに始まり、約五〇〇〇年前の民族国家の興隆（また、こうした国家の出現とともに生じた大規模な社会経済的不平等）まで続いた。その結果、一夫多妻制がまたしても当たり前のものとなった。[11] この変化の原因は歴史的・文化的な圧力であり、進化による圧力ではない。

その後ようやく、最近になって一夫一妻制が再び規範となった。その理由もまた文化的なものだった。変化はまず西側諸国で（二〇〇〇年前から）始まり、次いで過去数百年のあいだに全世界に広まった（ただし、一夫一妻制はそれ以前から一部の地域に残っていた）。

これら一つひとつの過程が、現在の私たちの生活様式と文化的慣習を形づくっているため、それらのもつれを解きほぐすことは容易ではない。

人間の交尾にかんして学者のあいだに見られる論争や混乱がどれほどのものかは、彼らの論文のタイトル――たとえば「一夫一妻制の謎」や「一夫一妻婚の不思議」など――に表れている。[12] さまざまな生物学的観点からすると、人類が採用した交尾戦略は説明が難しい。おまけに、人間はほかの霊長類よりも鳥とのほうに共通点が多いようにさえ思える。鳥はたいてい一雄一雌だ（これについては第6章で論じる）。

多くの種の進化の過程で、親はまず自分の子供に特別な絆を感じるようになる。人類の場合、そこに愛情も含まれている。子供に対するこの感情が乗っ取られて、パートナーとの夫婦の絆へと転用されたのではないだろうか？　これは特別な感情であり、単なる肉欲を超えて人間がパートナーに感じるものだ。別の目的へのこうした転用の過程は、ときに「外適応」と呼ばれる。外適応とは進化における前適応であり、ある特質が当初はある目的のために進化するが、途中で別の目的に資するようになるケースを指す。古典的な例が鳥の羽毛だ。羽毛は最初はおそらく一種の断熱材として進化したのだろうが、のちに空を飛ぶために利用されるようになったのである。[13]

夫婦の絆を結ぶという、人間をはじめヒト科の動物に見られる行動の究極にして直近の起源は、膨大な研究努力の焦点となっている。この問題をめぐる科学者の理解は、いまだ発展の途上にある。キスを含む交尾行動は、たとえばパートナーになりそうな相手のにおいを探知したいという欲望のような、多くの直接的な生物学的圧力に突き動かされているのかもしれない。だが、これらの現象の最大の原因は、進化論的に言って人間がある相手をほかの相手より好むのはなぜか、人びとを区別したり特定の相手に愛着を感じたりする能力を進化させてきたのはなぜかという点に関係している。

進化の過程で、人間はまず自分の子供、次に配偶者を愛するようになり、続いて血のつながった親戚、さらに婚姻によってできた親戚（姻族）、最後に友人や集団に愛着を感じるようになったらしい。私たちは、ますます多くの人びとに愛着を感じる種になるための長期的な移行のまっただなかにいるのではないかと、ときどき思うことがある。だが性的関係以外の人間関係を理解するには、まず性や恋愛による結びつきを理解しなければならない。こうした結びつきは、進化の過程においてそれ以外の絆に先行していた。配偶者への愛情は、青写真のカギとなる要素なのだ。

要約のため大まかな時系列にまとめると、私たちの祖先は約三〇〇万年前までは一夫多妻制をとっていた。それから約一万年前まではおもに一夫一妻制で、その後約二〇〇〇年前まで再び一夫多妻制に戻り、それ以降はだいたい一夫一妻制となっている。例外は多数あるし、これらのデータはどうしても大雑把なものだが、大まかに見るとこうなるということだ。

では、人間の交尾行動について時間をさかのぼって検討していこう。

なぜ一夫一妻制が現在「主流」になったのか

結婚制度は社会規範であり、信念であり、制度であって、パートナーの選択、生殖行動、婚姻における義務、配偶者への愛情を規定する。これらの文化的慣習が、許容される配偶者の人数やタイプ、新しい家庭を築く方法、それぞれの配偶者が相手に期待できること、死亡や離婚にともなう財産分与、さらには結婚式の費用を誰が払うかといったことまでを決める。あらゆる社会で、結婚には社会的、経済的、性的、規範的な期待がついて回るし、たいていの社会で、ある程度の家父長制がともなっている。[14]

世界的、文化横断的、かつ歴史的な(もしくは有史以前の)観点からすると、一夫一妻制は決して絶対的なものではない。現在優勢になっているヨーロッパ流の一夫一妻制は、結婚の一形態にすぎない。こうしたことは、ときに見えにくい。歴史をふり返ると、多くのバイアスが社会科学の下支えとなってきた。このバイアスが家庭生活のおもな特徴の無視につながってきたし、たとえば、アメリカの大学生(実験における典型的な被験者)の心理はどんな場所にも当てはまるという思い込みを招いてきた。

このことを認識するため、現代の社会科学者はＷＥＩＲＤ(欧米の、教育があり、工業化が進み、裕福で、民主主義を享受している社会)という頭字語を用い、実際には少数派の文化の代表でしかなく、仮定上の「平均的」人間からはかけ離れた人びとで構成される社会を表してきた。[15]

実際には、人間社会のおよそ八五パーセントがいずれかの時点で一夫多妻制を認めていたことがあり、アフリカとアジアを中心とする世界中の四一カ国の少なくとも一部の人びとにとって、一夫多妻制は依然として合法、もしくは広く受け入れられている。[16] 二〇〇〇年から二〇一〇年にかけて実施された調査によれば、一夫多妻制にかんするデータが入手可能だった三五カ国のうち二六カ国で、一五歳から四九歳までの女性の一〇パーセントから五三パーセントが一夫多妻の関係を持っていた。[17]

人類学的・歴史的記録のなかで一夫一妻制をとっていた少数派の社会は、両極端の二つの大きなカテゴリーに分けられる。かたや、男性間の身分格差がほとんどなく、生態的に厳しい環境にある小規模な社会、かたや、ギリシャやローマのように繁栄をきわめた大規模な古代社会。「生態的に押しつけられた」一夫一妻制が採用されるのは、環境のせいでほかの選択肢を選ぶのが難しい場合だ。これは、食べ物が手に入らないせいで痩《や》せてしまう人に似ている。ギリシャ・ローマのような「文化的に押しつけられた」一夫一妻制は、一つの規範として採用される。これは、容貌や健康上の理由で痩せているほうが好ましいため、体重を落とすことを選ぶ人に似ている。文化的に押しつけられた一夫一妻制は、現在主流となっている形だ。

世界的な一夫一妻制の優位は、振り子の揺れをなぞっている。更新世の祖先は比較的平等主義的な社会で暮らしていた。ほとんど所有物を持たない狩猟採集民の生活様式がその一因だ（集団の全員が所有物を持っていなければ、嫌でも平等になる）。だが、約一万年前の農業の成立とそれに続く都市の興隆が、不平等と地位の格差をもたらした。不平等がかなりのレベルに達するのはあっというまで、数千年足らずのことだった。王国が誕生し、支配者は巨万の富を蓄え、ハーレムの女たちをはべらせることができた。一部の男性は富と地位を手にし、それぞれ二人以上の妻をめとった一方で、パートナーを一人も得られない男性もいた。

旧約聖書には一夫多妻制を示す記述がたびたび登場し、ソロモン王には七〇〇人の王妃と三〇〇人の側室がいたとされている。[18] ヒンドゥー教の神クリシュナには一万六一〇八人の妻がいたと言われている。[19] 一夫多妻制の慣行は世界中のほぼあらゆる地域に見られ、ヨーロッパと接触する前のアメリカ大陸にも存在した。東アジアの大部分の地域では、ごく最近まで何千年にもわたって一般的なものだった。

より平等で民主的な社会を築くための新機軸の一つとして、紀元前一〇〇〇年ごろから紀元前六〇〇年ごろにかけて、ギリシャの都市国家は一夫一妻制にかんする法律を導入した。逆説的だが、人間を狩猟採集民のルーツへと連れ戻したわけだ。[20] ローマもこの慣行を取り入れて拡大し、一夫多妻制を禁じるさまざまな法律を定めた。[21] 道徳の退廃と帝国の勢力の衰退を懸念したアウグストゥス帝は、紀元前一八年から紀元九年にかけて、男性に結婚をうながすための法改正を実施した。これらの改正で定められたのは、既婚男性が婚外交渉を持つ場合は相手を登録された娼婦に限ること、未婚男性が相続できる遺産を制限すること、離婚のプロセスを法的に正式なものとすること（度重なる再婚を抑制するため）、既婚男性が妾《めかけ》を囲うことを禁じ、そうした関係から生まれた子供には財産を継がせないことなどだ。

アウグストゥス帝以降のローマ皇帝は、これらの法律をさらに強化した。ようするに、一夫多妻制は野蛮であるというギリシャ・ローマ的な見解が、法的規範としての一夫一妻制を徐々に確立したのである。もちろん、男性も女性もあらゆる手を使ってこの規範を破ったことは言うまでもない。

ローマ帝国の拡大とともに、一夫一妻制はヨーロッパ全体に広まり、ローマ帝国崩壊後はキリスト教会によってその規範が受け継がれた。あらためて強調しておきたいのは、法的規範と実際の習慣はしばしば

表 5.1　一夫多妻制がパートナーのいない男性の割合に及ぼす影響

男性の数	妻の数	女性の数
40	0	0
35	1	35
15	2	30
5	3	15
5	4	20
合計：男性 100 人		合計：女性 100 人

食い違うものであるし、性的な一夫多妻制はある程度まで制約されていたものの、完全になくなったわけではないということだ。その後ずいぶん経ってから、ヨーロッパの産業革命がさらなる進展をうながし、法的な一夫一妻制は文化的な一夫一妻制へと移行した。つまり、男性はもっぱら一人の女性を相手に生殖行為をしたのであり、女性も同様だった。ほとんどのヨーロッパ人がこの規範を身につけた。[22] さらにしばらくして、一夫多妻制を禁じる法律が日本（一八八〇年）、中国（一九五三年）、インド（一九五五年）で成立した。

有史以前から続く一夫多妻制の長い歴史とそれほど相性が悪いのであれば、一夫一妻制の法と規範がこれほど広まったのはなぜだろう？

まず、かなり控えめな一夫多妻制であっても、多くの男性からパートナーを奪うことになり、男性はそれが面白くない。表5・1で示すように、地位が大きく異なる男性と女性がそれぞれ一〇〇人いる社会を考えてみよう。[23] 地位の高さで上位六〇人の男性が六〇人の女性と結婚したとする。その六〇人のうち、たとえば上位二五人がそれぞれ二人目の妻をめとり、上位一〇人が三人目の妻を、さらに上位五人が四番目の妻をめとったとする。この程度の一夫多妻はそれを習慣とする社会では珍しくない。こうした結婚の結果、六〇人の男性のうち三五人（五八パーセント）は妻が一人である。地位の高さで上位一〇パーセントの男性だけが三人以上の妻をめとることができ、一人の男性がめとれる妻の最大人数は四人だ。

だが、これでは男性の四〇パーセントが配偶者を得られない。逆に言えば、六五パーセントの女性が夫（とその家族全員）を一人以上のほかの女性と共有しなければならないため、未婚の男性が自分たちの境遇に満足できないのと同様、多くの女性もこの状態には満足できない。

自然人類学者のジョゼフ・ヘンリックらによれば、文化的な一夫一妻制が広がった一因は、一夫一妻制が集団どうしの競争で有利だという点にあるという。[24] 配偶者がいない男性は、自分が属する集団内で暴力に訴えるか、ほかの集団を襲撃するかして、紛争を引き起こす。[25] 一夫一妻制を採用した政治体、国家、宗教では、このような暴力の発生率が下がり、内部にも外部にも資源をより生産的にふり分けることができる。こうした観点からすれば、一夫一妻婚にかんする現代の規範と制度は、集団間の競争と集団内の利益という圧力に呼応した一種の進化のプロセスによってつくられてきたのである。

集団内の利益にかんして、ヘンリックは「未婚で地位の低い男性は将来をまるで考慮せず、地位を高めたりセックスを求めたりといったリスクの高い行動に容易に手を染める。そのため殺人、窃盗、強姦、社会の混乱、（特に女性の）誘拐、性奴隷、売春などの発生率が上昇する」と主張する。[26] 実際、現代のインドや中国といった国々では女児の中絶が多いため、似たような状況が観察されている。成人の男女比率がかたよるせいで男性が多くなり、結局は結婚できない男性が増え、それが暴力の増加と（そのような男性の）寿命の短縮を招いたのだ。[27] 私たちは、こうした事態の小規模な例をピトケアン島で目撃した。

すべての男性に妻をめとる機会を与えると、地位の低い男性はリスクを避け、未来を見据え、集団内で暴力をふるうことが減り、子供たちを養うことに注力するようになる。地位の高い男性は、さらに妻をめとる代わりに、富を得て子供たちの面倒を見るために長期投資をするようになる。

文化的な一夫一妻制の拡大が、一種の性の平等主義として、民主主義や政治的平等の成立に貢献さえしたかもしれない証拠がある。[28] ヨーロッパでは歴史的に、一夫一妻婚の一般化が民主主義制度の登場に先んじており、それがまた、両性間の平等という考え方が登場するお膳立てを整えたようだ。[29] 現代世界にかんする国際的なデータを分析しても、文化的な一夫一妻制の強さと、民主主義的権利および市民的自由の程度は関連していることがわかる。

一夫一妻婚の法的規定と文化的規範は、それ自体として必然的なものではない。それが有益なのは論をまたないとしても、この仕組みは特定の時代に特定の場所で発生してきたのだ。文化の大規模なサンプルを調査すれば、研究者はこうした規範がいかに脆弱《ぜいじゃく》かを定量化できる。歴史的文献や人類学的記録にもとづく一二三一の社会（および一七六の焦点となる集団）の包括的研究によると、一夫多妻制をとっていたのが全体の八四パーセントで、一妻多夫制をとっていたのは一パーセント、一夫一妻制をとっていたのは一五パーセントだった。[30]

一見すると、人間の結婚制度の多様性によって、人間の交尾の根底には普遍的な特徴があるという主張に疑問符が付けられているようにも思えることだろう。そこで、三つの大陸に暮らす四つの民族——ハッザ族、トゥルカナ族、タピラペ族、ナ族——を例に、まったく異なる結婚制度とそれに付随する文化的慣習をより詳しく見ていこう。人間を進化させたのは、生殖パートナーとの関係にかかわるどんな基本的特性なのだろうか、また、それは社会秩序のなかでどんな役割を果たしているのだろう？　交尾行動にかんして私たち全員が共有しているものとは何だろう？

狩猟採集民ハッザ族の一夫一妻制

「セクシー」「勤勉」「浮気しない」「理解があって優しい」「口が悪くない」「子供の面倒をよく見る」出会い系サイトのプロフィールのように思えるかもしれないが、これらの言葉は東アフリカのある狩猟採集民の集団、つまりタンザニアで古来の生活様式を守るハッザ族が、パートナーの好ましい条件として挙げたものだ（私の研究室は、人類学者のコーレン・アピセラ、フランク・マーロウと共同でこの集団を調査した）。ハッザ族はサバンナで暮らし、食料を調達している。約一万年前までは、すべての人間がそうしていた。昔ながらの生活を送るハッザ族は一〇〇〇人くらいしか残っていない。

もっとも、この少数の人びとでさえ、二〇〇〇年前とまったく変わらずに暮らしているとは言いがたい。彼らも既製の服や鉄製矢じりを入手し、現代的な暮らしをしている人びとと接触しているからだ。それでも人類学者は、ハッザ族が多くの点で人間が過去にどんな生活を送っていたかを示す生きた実例だと考えている。ハッザ族は、人類の先祖が置かれた環境における結婚行動がどんなものだったのかについて、明確な手がかりを与えてくれる。

ハッザ族は、およそ三〇人からなる小規模で流動的なキャンプで暮らしている。周辺地域の食料源が尽きるたび、六週間から八週間ごとに場所を移動する。こうした移動の習慣が一因で、彼らは固定した住まいを持たず、よく星空の下で寝ている。仲間内でいさかいが起こると、集団が分裂して別のキャンプに合流したり新たにキャンプをつくったりして対応する。ハッザ族は狩りや採集で食料を調達し、財産をほとんど持たず、独特さと古さにかけては地球上でも有数の言語を話す。[31] 大変な平等主義者であり、成人のあいだに（男女間も含めて）地位の格差がほとんどない。誰かがキャンプに持ち帰った食料は全員で分ける。

　こうした分かち合いは、一面においてすばらしい文化的価値を反映するものだが、ハッザ族は冷蔵庫も保存技術も持ち合わせていないため、消費しないと腐って無駄になるという事実の帰結でもある。分かち合いの習慣はまた、狩猟採集民の不運な一家が飢えるリスクを減らすので、一種の文化的保険証券の役割を果たしてもいる。

　ハッザ族の結婚はそのものずばりの事態であり、彼らの愛と結婚の形は現代のアメリカ人の目にもそれとわかるものだ。ハッザ族の若い女性が、たいてい一七歳か一八歳でパートナー（普通は二歳から四歳年上）を選ぶ時期になると、カップルは慎み深く短い求婚期間を経て、セックスにいたり、同じ場所で一緒に寝るようになる。結婚は見合いではなく、若い恋人たちは自由に相手を選べるが、二人とも親に承諾を求めるのが普通だ。結婚式は行なわれないが、二人は結婚したとみなされる——当人どうしによっても、他人によっても。人類学者のフランク・マーロウは控えめな表現でこう記している。

「女性の選択が結婚の決め手となる主要因らしい。若い独身男性は幅広い範囲の女性と結婚する意思があるように見えるからだ[32]」

　とはいえ、複数の男性が一人の女性をめぐって争いになると問題が生じる。

「こうなると、暴力沙汰、ひどい場合は殺人沙汰《ざた》になりかねない。危険なので、ときには他人が介入し、女性に求婚者を二人とも待たせておくのをやめ、どちらか一人選ぶよう助言することもある。しかし、若い女性は結婚する前に品定めをしたいようだ[33]」

　ようするに、ハッザ族は多くの点で、配偶者の価値としてＷＥＩＲＤ社会に暮らす現代人と同じものを重視しているようだ。マーロウは、八五人のハッザ族の成人に労を惜しまずインタビューし、「あなたが夫（妻）を探しているとしたら、どんな男性（女性）がいいですか。あなたにとって何が大事ですか」とたずねた。それからすべての回答を、性格、外見、狩猟採集能力、貞節、生殖能力、知性、若さの七つのカテゴリーに分類した（表5・2参照）。

ハッザ族の男女の好みはきわめて似通っていた。望ましい特性として最も頻繁に挙げられたのは性格で、そこには「パートナーを殴らないこと」が含まれていた（男性の約五八パーセント、女性の約五三パーセントが、これが大事だとした）。

別の詳細な研究で、アピセラは回答者に二者択一を求めた。一一二人のハッザ族の男女に、パートナーは魅力的なほうがいいか、それとも狩猟採集に長けているほうがいいかとたずねたところ、魅力的な相手のほうがいいと答えたのはわずか六・三パーセントだった。同じように、肉体的魅力と育児上手のどちらがいいか選ぶよう求めたところ、肉体的魅力を選んだのはわずか九・一パーセントだった。[34]

それでも、ハッザ族の男女にとって肉体的魅力は重要だ。あらゆる地域の人びとと同様、ハッザ族も魅力という尺度（均整美、声の高さ、ウェスト・ヒップ比など）で個人を区別する。男性の四二パーセントと女性の四一パーセントが、望ましい特性として魅力を挙げている。[35]さらに、ハッザ族の女性は、ハッザ族の男性とくらべ、相手の狩猟採集能力にはるかに関心が高く、知性を重視する傾向がはるかに強かった。男性は女性の生殖能力に関心が高かった。

ハッザ族のあいだでは一夫一妻制が普通のことであり、同時に二人の妻を持つ男性は約四パーセントしかいない。とはいえ、妻二人という体制は不安定で、ハッザ族の女性は、夫が二人目の妻をめとる、もしくは浮気しただけで夫のもとを去ることが多い。男性の六五パーセントが、男に妻が二人いても問題ない

表 5.2　ハッザ族が配偶者候補に重要だと思っている特徴

性格	外見	狩猟採集能力	貞節	生殖能力	知性	若さ
性格が立派	背が低い	狩りが上手	他の人に色目を使わない	子供がもてる	知性	若い
いい人	痩せている	食料を入手できる	家庭におさまる	子供を欲しがる	思考能力がある	
殴らない	体つきがいい	勤勉	評判がいい	子供をもつ	賢い	
相性がいい	大きい	水を汲んでくる	あなたのことが好きだ	子だくさん		
心根が優しい	胸が大きい	木を持ってくる	家のことを気にかける			
理解がある	見た目がいい	養える	浮気をしない			
おだやか	歯が健康	歩き回れる				
慎重	性器が良好	仕事を手伝える				
お互い言葉をかけあう	見た目がいい	料理ができる				
喧嘩をしない	セクシー					
善良な人間	顔がいい					
心根が善い						
子供の面倒を見る						
悪い言葉を使わない						
一緒に暮らせる						
浮気性ではない						
心から一緒にいたいと思う						

と答え、女性の三八パーセントも同じように答えているが、こうした状況はめったに実現しない。マーロウはこう述べている。

「多くの男性が、離婚の原因は妻が自分のもとを去ったことだと語った。奥さんが去ったのはなぜかとたずねると、多くの人が本当に困惑した顔で、何人かは悲しみをたたえながら、理由がわからないと答えた。ところが彼らに、いまの奥さんとの関係は前の奥さんが出ていく前から始まっていたのかと聞くと、答えはたいていイエスだった。それでも訳がわからないようで、彼らは『なぜ妻が去っていったのかわからない』と繰り返す。これらの男性は離婚するつもりはまったくなかった。ただ単に二人目の女性が欲しいだけだった」[36]

だが、彼らの妻は――自分で食料を採集したり、他人がキャンプに持ち込む食料の分け前にあずかったりできるせいもあって――二人目の妻がいるこうした状況が気に入らず、去っていった。夫がほかの女性としばらく一緒に暮らしたあとで（妻はうわさを通じてそれを知ったのかもしれない）戻ってくると、妻が二人の結婚に終止符を打って自分のもとを去ったばかりか、すでに別の男性と一緒にいることを知ることが多い。実際、ハッザ族の女性は二人の夫を持つことについてきわめて積極的に考えている（一九パーセントの女性がこれを問題ないと思っているが、男性でそう思っている者はいない）。それでも、一妻多夫制が観察されたことは一度もない。

結果として、ハッザ族の男女が一夫多妻制の結婚にかかわることはめったにない。全体として、ハッザ族の約二〇パーセントが一人の相手と添いとげるが、たいていのハッザ族は生涯に二、三人配偶者を変える。性的な嫉妬は、ハッザ族の男性でも女性でも実に顕著だ。不貞をめぐる状況では、三八パーセントの男性が相手の男を殺すと答え、二六パーセントの女性が相手の女と戦うと答えた。ハッザ族の離婚理由のトップは不倫で、子供をめぐる口論と「妻がセックスしたがらない」が最下位だった。

ハッザ族のあいだでは、狩りが上手な男性ほど若い女性と結婚できるため、結果的に多くの子供にも恵まれるようだ。[37]だからといって、こうした男性が同時に二人以上の妻を持ったり、生涯を通じてめとる妻が多かったりする傾向は見られない。

人類学者のあいだでは、食料が広く分かち合われる以上、女性が夫の食料供給能力から恩恵を受けることはないのだから、そもそも狩猟の腕前が女性にとってなぜ大事なのかという点をめぐる議論が盛んだ。[38]考えられる説明の一つが、狩りが上手いことは、健康や知性といった、女性が相手に対してそれ独自の価値を認める別の資質の目印であるというものだ。こうした観点からすると、狩りが上手いというのは、非常に値打ちのあるシグナリング（スキーやギターのように、簡単ではないしそれ自体は必ずしも役に立たないが、その人の資質を知らせてくれる行為）の一つの形なのである。

もう一つの説明は、女性は自分が最も弱い状態にある時期、つまり妊娠中や幼い子供がいるときに、実際に夫の食料供給能力の恩恵に浴するというものだ。

一般に、ハッザ族の男性は一日平均五・七時間、女性は四・二時間を狩猟採集に費やす。平均的に見ると、男性よりも女性のほうがキャンプに持ち帰る食料のカロリー総量が多い（女性が全体の五七パーセントであるのに対して男性は四三パーセント）。[39]しかし、女性が妊娠中だったり子育て中だったりすると、夫は張り切るようで、このバランスが変わる。そのため、妊娠や出産といった大変な時期には、女性は最終的に責任を肩代わりしてくれる男性から実際に恩恵を受けられる。

実のところ、妊婦や子育て中の母親が食料を必要とすることが、大半の動物と違って人間が夫婦の愛着を形成する理由の一つだと言われている――女性も男性もこうした食料供給行動から恩恵を被るため、このカップルの子供は生き延びる可能性が高まる。互いに愛着を感じている両親の子供のほうが生存確率が高いせいで、進化の過程でこうした愛着を身につけるほうが有利になり、それに応じて人類の進化した心理が形成されたのだろう。

ハッザ族のキャンプの食料にかんするマーロウの詳細な調査に戻ると、一歳未満の子供がいる夫婦では、一家で消費する食料のカロリーの六九パーセントを男性が供給している。さらに、徹底した研究によって次のことも明らかになった。つまり、男性は隠すことのできる小さな食べ物――たとえば、ハッザ族の好物のハチミツ――を見つけると、ときにはそれを自分の家族のためだけにとっておくことがあるのだ。こうした観察をするために、マーロウはキャンプの真ん中に陣取り、誰であれメンバーが持ち帰ったものはすべて計量させてほしいと要求した。ハッザ族は、よそ者である彼に嫌な顔ひとつせずにそれを許してくれた。だが、とマーロウは続ける。

「ほかの人が見ていないものは、分け合う必要はない。大きなキャンプでは、人によっては暗くなるまでキャンプの外で待っていて、それから私を手招きして食べ物を計量させてくれたが、ほかの人には黙っていてくれと頼まれることがあった。ハッザ族の男たちが自分の小屋に食べ物をこっそり運び込む際、そんなことをするのは家族を養いたいからだと教えてくれた」[40]

現存するいかなる社会も、太古の社会を正確に代理するものではない。だが、ハッザ族のパートナーとのつきあい方にかんするこうした観察は、人間が配偶者に感じる通常はきわめて強い絆の起源を浮き彫りにする。この絆は社会性一式の一部をなすものだ。こうした愛着を抑制しようとしていた一九世紀と二〇世紀のコミューンは、まずハッザ族を参考にしていたら、がっかりすることもなかったかもしれない。きわめて平等主義的な環境下にあっても、核家族は絶えず続く特徴であり、夫婦がお互いと自分の子供を何より優先させることは明らかだ。

ハッザ族に見られる持続的な愛着は理にかなっている。男性から見れば、女性が自分に愛着を感じている――自分を愛している――なら、彼は彼女をパートナーとしてつなぎとめておける。女性から見てもそれが理にかなっているのは、自分に愛着を感じている男性は、とりわけ彼女が弱い立場にあるときに子育てを手伝ってくれるからだ。ハッザ族の女性は、男性がいなくても子育てできる環境に暮らしているし、そのような暮らし方をしている。だがそれでも、夫が手を貸してくれたほうが、さらに効率的かつ安全に子育てができる。

ハッザ族のこうした意識や考え方が、私たちのこれまでの進化に光を当てる。彼らの食料供給行動は、おそらく夫婦の絆の意識とともに進化したのだろう。というのも、その行動は進化上の重要な難題に対処するものだからだ。つまり、男性はなぜ自分の子供ではないかもしれない者の養育を助けなければならないのか、という難題である。

女性は、男性に彼が父親だという確証を与えれば――男性と夫婦の絆を結べば――夫による子供への投資をいっそう確実にできる。ようするに、女性はこう言っているのだ。「私があなたを愛しているとわかれば、この子供たちはあなたの子だと確信できるでしょう」

相互の愛着が進化上の難問を解決する。ハッザ族の研究は次のことを示唆している。煎《せん》じ詰めれば、男女双方の進化した心理とは、支援を得るために愛情を交換するということなのだ。

牧畜民トゥルカナ族の一夫多妻制

動植物が飼育・栽培されるようになり、農業革命によって富の蓄積と経済的不平等が準備されたあと、私たちの祖先にとって事態はどう変化したのだろう?

ハッザ族の住む地域からわずか五〇〇マイル(約八〇〇キロメートル)北上したケニア北西部の大地溝帯で、人口およそ二五万人のトゥルカナ族が一夫多妻制を実践している。ハッザ族とは違い、トゥルカナ族は結婚を、個人どうしの私的な取り決めというより家族間の契約とみなしている。結婚相手の選択に際しては、かなり固定的な経済階層が尊重される。金持ちの女性は金持ちの男性と結婚するのだ。私たちの生きるWEIRD社会の二一世紀の視点からすると、彼らの結婚の慣習はハッザ族のものとくらべて非常に功利的で、一見すると恋愛要素が薄い。問題は、それはなぜかということだ。

トゥルカナランドは暑くて乾燥しており、水は乏《とぼ》しいのでもっぱら飲用に供される。身体を洗うときは、動物の脂や、ときには糞でこする。トゥルカナ族は牧畜民であり、家畜の世話をしながら頻繁に住まいを変える遊牧生活を送っている。ハッザ族と同じく、自然から得られる食料と水を探して年に八回以上移動しては、そのつどキャンプを建てる。最低限の雨しか降らず、それすら不確実だというこの厳しい環境で、家畜を管理するには膨大な労力がかかる。トゥルカナ族は、男女とも五歳になると家畜の世話を手伝う。男性を家長とする拡大家族が、移動するキャンプで、家畜(ウシ、ラクダ、ヒツジ、ヤギなど)とともに暮らしている。家畜は夜は囲いに入れ、日中は食料探しに連れて行く。男女とも、働き手としてできるだけ多くの子供を欲しがっている。

トゥルカナ族の結婚の慣習は、この過酷な生活様式と結びついている。[41] 伝統的なトゥルカナ族の結婚は通常、段階を踏んで進められる。男性と女性は、踊りの場、結婚式、水飲み場で出会い、そこで互いの気を引く。[42] 若い女性が男性やその親――男性に妻がいる場合はその妻――から、花嫁にふさわしいと判断されると、男性は自分の父親と親戚から承諾を得る。婚資を集める際に父親や親戚の資力をあてにすることになるため、承諾は必須条件だ。「婚資」とは結婚資金のやりとりの一形態で、新郎の家族が新婦の父親に事前に取り決めた額を支払うものだ（持参金とは反対である）。[43] トゥルカナ族のあいだでは、多いときには家畜一五〇頭に及ぶこともある（現在のアメリカでも、これはささいな額ではない）。

未来の結婚相手が決まると、男性は次に花嫁の父親に結婚の許しを請《こ》わなければならない。その際、複雑な規則にのっとって婚資の額が決められる。婚資の額が合意されると、花嫁は男性について彼の家に行き、家畜が移動される。双方の一族が出席して結婚式が催され、ウシを殺す儀式でクライマックスを迎える。結婚式には、一日で歩ける距離に暮らす成人全員が出席するのが普通だ。世界各地の結婚式同様、トゥルカナ族の結婚式でも、踊り、ごちそう、うわさ話、未婚の招待客どうしのいちゃつきなどが見られる。

これらの要件は、とほうもないものと感じられるかもしれない。婚資を集めるために、求婚者は家族の寄付に頼らざるをえない（そのため、彼には将来の義務が生じる）。家畜を集めるには数カ月を要することも少なくない。これはたいそう骨の折れることなので、そもそも結婚が実現することが驚きだ。ある人類学者はこう述べている。

父親の兄弟は、ある方向へ四〇～五〇マイル（約六五～約八〇キロメートル）離れた場所に住んでおり、父親のいとこや親友、名づけ親、その他さまざまな人びとは、別の方向へ同じくらい離れた場所に住んでいるかもしれない。これは……求婚者にとって実に大変で、気持ちも落ち着かない時期だ。場合によっては、必要な婚資をかき集めるまでに、肉体的にも精神的にもすっかり疲弊してしまう。それでも彼の苦難は終わらない。婚資の引き渡しを監督したり、未来の義父を相手に実際の支払いを減らすべくさらに交渉したりしなければならないのだ[44]。

次から次へと続く面会、儀式、移動、経済取引をともなうこうした活動と、ハッザ族の比較的くだけた個人的なアプローチをくらべてみよう。トゥルカナ族の文化における資本的資産（家畜）の存在が、事態をかなり複雑にしているようだ[45]。

伝統的に、トゥルカナ族は族外婚を行なっている。自分の一族以外の相手と結婚するということだ。結婚は家族どうしの関係を固める方法なので、トゥルカナ族は、同じ家族出身の妻を、しかも二人目の妻をめとることに意味はないと考えている。結果として、結婚の規範は個人の社会的つながりを広げるのに役立つ。干ばつや病気といった不慮の事態で家畜が全滅してしまった男性（と彼の家族）は、婚姻によって強固になることの多い社会関係のネットワークを頼りにできる。

トゥルカナ族の結婚は共同生産に深くかかわっているうえ、ハッザ族の場合よりも離婚が大変なので、男女ともにしっくりくる親戚を持つことに大きな関心があり、結婚相手の選択には一族全員が口をはさんでくる。父親は、息子の妻となる女性が「怠惰」「口ごたえする」もしくは「魔女」（反社会的または社会不適合者とみなされる人びと）の一族出身だと判断したら、息子が選んだ相手を認めない。さらには、何人かいる妻までがこのごたごたに首を突っ込み、新妻候補を慎重に審査する。ある人類学者はこう述べている。

彼女とは、これから常に一緒に過ごし、一緒に働くことになる。もし彼女がよい働き手でなかったら、家族協力ネットワークにマイナスだ。……男女双方が私に語ってくれたところによれば、男性が求める、そして何より、男性の母親と男性の妻たちが求めるよい妻の条件には、常に次の点が含まれる。まず、怠け者の悪い働き手（現地語で「アカレニャナ」）であってはならない。つまり、乳搾《しぼ》りができて、水やりもできて、家畜の面倒をきちんと見ることができなければならないし、しっかりした塀と小屋を建てられなければならないし、立派な器やビーズの装身具をつくれなければならないし、などと続く。それだけでなく、他人の悪口や意地悪な言葉を言ってはならない。魔女であってはならない。気だてがよくなくてはならない。[46]

さらに、多産が称賛されるため、若い女性が自分は多産型だと実証し、結婚を確実にするために、婚約者と子供をもうけることも珍しくない。だが、子供ができないことは離婚の正当な理由にはならず、子供が産めない妻は別の妻の子供を与えられて育てることも多い。[47]

実際には、若い女性は求婚者を拒絶できるし、そうすることも多い。トゥルカナ族は、娘や姉妹を好きでもない男性と無理やり結婚させることはしない。若い男女は、セックスして女性が妊娠することで、双方の親に結婚を認めさせる手をよく使う。男性が力ずくで花嫁を連れて行ってしまうことさえある。ときには、女性も共謀して無理やり連れ去られたことにするケースもある。こうした場合、婚資は支払われるものの、ことによると額が予定を下回ったり、支払いが遅れたりする。

トゥルカナ族（およびハッザ族をはじめとする多くの狩猟採集民）の若者は、体が求める大量のエネルギー需要を満たせるだけの食料を得られないという問題に直面している。まさに私たちの祖先と同じ状況だ。これが原因で、十代後半の少年少女の性的成熟が遅れることが多い（対照的に、この数十年、先進国の栄養状態のいい人びとのあいだでは、思春期が早まっている）。

思春期の到来が遅い、男性がしっかりと財産を蓄えなければならない、男性が少ない女性をめぐって競わなければならない（複婚が原因）といった原因が重なり、初婚年齢はかなり高く、女性が平均二二・四歳であるのに対し、男性は三二・六歳だ。[48]

夫と妻の年齢差が生じるのは、男性が必要な婚資を払うための家畜を集めるのに一〇年程度を要するからだ。この年齢差は、妻をめとるごとにほぼ一〇年ずつ開いていくので、四人目の妻が通常二二歳くらいであるのに対し、夫は六二歳くらいになっている。[49]次から次へと妻をめとる代わりに息子の結婚のために財産を使う高齢の男性は、「立派な心」の持ち主とみなされる。

トゥルカナ族の規範では、弟は兄のあとに結婚することが求められる。そのため、弟は三五歳をゆうに過ぎるまで結婚を先送りすることも多い。ときには、そのせいで一度も結婚できないことさえある。[50]兄が結婚するのを待たなければいけないことは、特にその間、彼が家族の財産を食いつぶしている場合、大きなハンデとなる。

一九九六年のある調査によると、トゥルカナ族の男性のうち三〇パーセントが昔からの遊牧地域を出て別の場所へ移住し、八パーセントが結婚する前に亡くなっていた。[51]移住する男性の割合は、現在のアメリカで一夫多妻制を実践しているモルモン教分派に見られる割合に近い（この分派では、大勢の少年と若い男性がコミュニティから追い出される[52]）。

最後に、トゥルカナ族の男性の約一パーセントが「女性嫌い」を自称しており、他人からも「自分のことを女性だと思っている男性」と言われていた。彼らはほぼ同性愛志向の男性だと言える。驚くにはあたらないが、そのほとんどが結婚しない。もちろん、多くの花嫁候補が一夫多妻の男性に奪われているので、男性全体のこれほどの非婚率もうなずける。

こうしたパターンが女性の性と生殖の機会に及ぼす影響はどんなものだろう? 女性は代償を支払う。六〇歳の男性と結婚した二〇歳の女性は、四〇歳の男性と結婚した二〇歳の女性とくらべて、もうける子供の数が最終的に二、三人ほど少ない。これは、高齢の男性ほど早く死んでしまうために、妻が子供を産める期間が短くなる(たとえやがて再婚するにしても)という事実のせいでもあるし、男性の性的能力が年齢とともに衰えるせいでもある。[53]

一夫多妻婚の家庭で妻どうしのいさかいはよくあることで、進化心理学者や一夫多妻の実践者にとっては驚くにあたらない。トゥルカナ族はセーフティネットを拡大するために異なる一族から妻を選ぶことが多いため、姉妹型一夫多妻婚——男性が姉妹、ときにはいとこどうしを妻にする慣習——はしないのが普通だ。一夫多妻において妻どうしが親戚だと、家庭を共有し、協力しあうのが容易になる。その理由の一端は、人間は血族を助ける傾向を持つよう進化したことにもあるし、姉妹はお互いに愛情を持っており、以前も一緒に暮らしていたという明白な事実にもある。姉妹型一夫多妻婚では、妻どうしの年齢が近く、妻の数も少なくなる傾向があるため、資源をめぐる争いはさらに限定され、いさかいは減る。

だが、この形態の婚姻がアメリカ大陸の文化において特に多いのに対し、一般的な一夫多妻婚はアフリカでよく見られる。六九の非姉妹型一夫多妻婚文化の民族誌学的データにかんする調査では、妻どうしの仲がいいといえる社会は一つとして見つからなかった。[54] 詳細な民族誌学的研究によって、一夫多妻の家庭に存在するストレスや恐怖が明らかになっている。たとえば、妻は別の妻が自分の子供に土地や財産を継がせようと、彼女の子供を毒殺しようとするのではないかと心配している。[55] これらのあらゆるストレスが、文化的一夫一妻制の台頭のさらなる理由を示唆している。[56]

トゥルカナ族とハッザ族の伝統的な結婚形態は異なるものの、トゥルカナ族の男女はパートナーに愛情を抱いているのが普通だ。求愛の行為、嫉妬、偶然を装った意図的な妊娠などから、それがわかる。彼らは心から望む相手を選ぶ。トゥルカナ族を長期にわたって研究していることで有名な民族誌学者のデイヴィッド・マクドゥーガルとジュディス・マクドゥーガルが一九八一年に制作したドキュメンタリー『妻たちの中の妻』で、ロラングという男性がこう語っている。

「最近の若い娘は、昔ながらのしきたりを守らない。親の言うことなど聞きやしない。男が婚資を持参しても拒絶するんだ。親ですら婚資のある男を待つよう無理強いはできない。男が婚資を持ってきても拒絶してしまうからね。自分の好きなようにするのさ。ようするに、自分で選んだ恋人についていくということだ[57]」

インタビューを受けたヤナルという女性は、若い女性はなぜ父親の言うことを聞かないのかとたずねられ、こう答えた。

「自分の気持ちが理由です。本心が反抗しているの……年かさの男だろうが若い男だろうが、結婚を拒んでいい。たとえ老人であっても。若い猟師、つまり家畜を一頭も持っていない男と駆け落ちして、結婚を拒んだってかまわない[58]」

トゥルカナ族は、悪い男はたとえ金持ちであってもよい夫にならないことをわかっている。マクドゥーガル夫妻の別のドキュメンタリー『婚資のラクダ』では、アカイという女性がこう語っている。

「いつでも断っていい。たとえ相手が金持ちでハンサムであっても。女の子が貧しい男を選んで考えを変える気がないなら、親の選んだ人を断っていい。その子は愛する人と駆け落ちして、山で暮らせばいい。家族なんて無視すればいいのよ……自分の気持ちに逆らうくらいなら」[59]

父親を「分割」する社会

ハッザ族とトゥルカナ族の結婚の慣習の違いは、次の問題を解明する手がかりとなる。つまり、農業革命と、それがもたらした富の蓄積と地位の格差の可能性が、一夫一妻制の復権を刺激したのはなぜかという問題だ。だが、実はもう一つ、さらに珍しい結婚制度がある。それは、人間の恋愛関係の決定に文化が果たす役割を明らかにするだけでなく、人間の交尾行動の重要な特徴を浮き彫りにする。

一夫多妻制の対となるさらに珍しい結婚制度は一妻多夫制、つまり、一人の女性に対して複数の男性が夫になる制度である。アフリカにも一妻多夫制を実践している文化はある（レレ族やマサイ族）ものの、アフリカ大陸では珍しく、一般的な例はヒマラヤ地方のほかインドやアメリカ大陸の一部に見られる。トゥルカナ族の一夫多妻制の場合と同様、一妻多夫制は厳しい環境への文化的適応であるとともに、より広範な経済的特徴と融合したものでもあるようだ。

一妻多夫制が実践される場合、兄弟で同じ女性と結婚するケースがよくあり（兄弟型一妻多夫婚として知られている。姉妹型一夫多妻婚の鏡像）、同じ社会でほかの結婚形態（一夫一妻制と一夫多妻制をともに含む）も同時に行なわれているのが普通だ。最も若い夫は、可能になればその結婚関係から離脱し、自分の妻をめとる。一妻多夫制は、家庭生活を維持していくのに複数の男性が必要な生態学的状況、たとえば、一人の男性が家計を支えるために遠くまで出かけているあいだ、もう一人の男性が家を守る必要があるといったケースで特に実現しやすい。

土地が不足しているヒマラヤ山脈では、一人の女性がある家族の兄弟全員と結婚することで、その兄弟が持つ土地の区画が分割されずに残り、耕地に適した規模を維持できる。生態学的に不毛で、子供一人を一人前に育てるのに何年分もの大人の労働力が必要な環境では、子供を育てる際に親が三人以上いたほうが、それぞれの子供が立派に成長する確率が上がる。いずれにせよ、子供は一人の女性が出産できるペースでしか生まれないので、一妻多夫制は一種の文化的産児制限、産間調節になる——皮肉なことに、男性の視点からすれば。こうしたさまざまな生態学的制約を打破する解決策は、兄弟が結束することなのだ。

一妻多夫制を実践している文化の一部には、赤ん坊は一人の男性と一人の女性がセックスしてさずかるものだという生物学的事実と両立しがたい、父性にまつわる信念体系がある。この生物学的事実は単一父性の教義として知られ、紀元前五〇〇年よりかなり以前から理解されていたものだ。ほとんどの文化では、現代科学によって生物の仕組みが解明されるだいぶ前に、この考え方が把握されていた。

ところが、アマゾン川流域やその他の地域に点在する多くの文化では、子供には複数の父親がいると信じられている。このテーマを扱ったある本で、人類学者のスティーヴン・ベッカーマンとポール・ヴァレンタインは、「分割できる父性」として知られる信念を持つ一二以上の文化について述べている。これらの文化はまったく異なる言語集団に属し、距離的にも大きく離れていることが多い。したがって、この概念は、何らかの「病理」の発生を反映した単発のできごとのせいで発展したのではないし、近隣の集団の単なる模倣でもない。[60] 多くの成功した文化にこれらの似たような信念体系が存在することから、共有された父性という概念は、子供の世話も内輪もめの回避も可能な機能的社会と矛盾するものではないことがわかる。

分割できる父性を信じている文化では、子づくりにおける女性の役割はたいてい否定され、女性は「容れ物」にすぎないとみなされている。一部の人びとは、赤ん坊は精子が雪だるまのように固まってできると思っている。また、なかには男性は妊娠に肉体的な対価を支払っていると感じる者もいる。子供をつくるためには繰り返しセックスして膨大なエネルギーを消費しなければならないため、くたくたになるというのだ。

もちろん、たいていの人間集団にとって、子供の生物学上の父親が誰かを知ることは、社会組織の基本的な目的である。父親であることの確証と、この確証を人類の男性にとって容易にする社会的・生物学的プロセス（残念ながら、女性を隔離する文化的・宗教的習慣を含む）が、人間の進化において重要な役割を果たしてきた。ジェンダーにもとづく分業、食料の共有、長期にわたる子供の世話などとともに、父親であることの確証は、ヒト科の祖先から私たち人類への移行において重要な要素となった（これについては第6章で論じる）。

ここでの論点はこうだ。男性は出産前後の弱い時期の女性に食料を供給するが（ハッザ族の例を参照）、それはあくまでも他人ではなく自分の子供の生存確率を高めていると確信できる場合だけの話だ。進化論の観点から言えば、女性が食料と支援を得るために、男性に父親であることの確証を与えるということだ。進化のツールキットにおいて、夫婦の絆を結ぶ一夫一妻婚と女性の愛情が、それは自分の子供だという男性の自信を深めるたしかなシグナルの役割を果たし、子供に対する父親の投資をうながしてきたのかもしれない。

人類の一部に子供ができる過程について異なる考え方をしている者がいるとすれば、夫婦の絆の起源において食料の供給はどんな役割を果たしたのかといぶかしむ研究者もいる。人間は、一人の男性と一人の女性の組み合わせという生殖の事実を常に理解していなければならなかったのだろうか？　また、父親であることの確証をめぐってほかの男性を常に脅威とみなさなければならなかったのだろうか？　こうした疑問は理屈としてはもっともだと思われる。だが、本質的なものではない。人間の文化は限りなく多様なのものであるから、一人の子供が実際に複数の父親を持てると考える文化があっても驚くにはあたらない。このような文化に属する男性は、女性が妊娠前や妊娠中に複数の男性と性交渉を持ってもあまり気にしない。

たとえば（キスに嫌悪感を示した）タピラペ族について、チャールズ・ワグリーはこう述べている。

一度の性交では妊娠するには不十分だと考えられていた。セックスは継続しなければならない。ある男性は「子供の肉をつくるために」延々と精子を提供しなければならなかった。私は思い切って、性交は一度で十分だし、私の国では一度のセックスで女性が妊娠することもあると言ってみたのだが、笑われてしまった。いずれにせよ、セックスは妊娠中も続けなければならないが、相手は必ずしも同じでなくてもよい。とはいえ、女性の妊娠中に性交したすべての男性が、単なる社会学上の父親ではなく「ジェニター（生物学上の父親）」とみなされる。したがって、一人の子供に、二人、三人、もしくはそれ以上のジェニターがいることも珍しくない。一人の男性が母親のその時の配偶者として公《おおやけ》に知られており、「チェロプ（父親）」と呼ばれていた。ほかの男性の存在は、うわさ話で伝わった……だが、事態が複雑になりすぎることもあった。一人の女性が何人もの男性（四、五人かそれ以上）と性交渉を持ったことが知られると、生まれた子供は「多すぎる父親」を持つことになる。[61]

「多すぎる父親」は、ＷＥＩＲＤ社会で生まれ育った私たちにとって興味深い概念だ。タピラペ族のような社会の子供は、複数のジェニター（生物学上の父親）と一人のペーター（社会学上の父親）を持つとみなせるかもしれない。これは、子供の生物学上の父親は一人だけだが、社会学上の父親（名付け親、育ての親、義父、「おじさん」と呼ばれる家族ぐるみの友人、後見人など）は複数いる場合もあるという私たちの見方とは正反対だ。

パラグアイのアチェ族の場合、一人の女性が出産するまでの一年間にその女性とセックスした男性は父親とみなされる。こうした第二の父親（第一の父親とされる男性以外の人びと）は、子供の人生において重要な役割を果たすことができる。[62] 第二の父親の地位は、これらの文化では交渉の対象となることが多い。女性は第二の父親の身元を明かしたり伏せたりし、男性はそのレッテルを受け入れたり拒否したりする。

アメリカ合衆国をはじめとする民主主義工業国の大半では、女性が自分の産んだ子供の父親は誰かを公表すると、その言い分はたいてい認められる。それでも、遺伝学的研究から、一、二パーセントの確率で非実父のケースがあることがわかっている。つまり、本当の父親はその女性の決まったパートナーでも、その女性が父親だと表明した男性でもないということだ。[63]

複数の父親にかんする信念体系がいっそう納得のいくものとなるのは、私たちが次のような事態を認識するときだ。すなわち、世界中の女性がしばしば二人以上の男性とセックスしているように思えること、人間の進化の過程において（精子の既知の生物学的機構に見られる手がかりからして）複数の男性の精子が一人の女性の生殖器系に同時に存在するのは珍しくないこと、分割できる父性にかんする信念が広く受け入れられていれば、女性にとっても子供にとっても生存に有利になること（女性は複数の男性から支援を受けられるため）などである。[64]

二二七人のアチェ族の子供を一〇年間にわたって追跡調査したサンプルでは、父親が一人しかいない子供が一〇歳まで生き延びる割合は七〇パーセントだったのに対し、父親が二人以上いる子供の場合は八五パーセントだった。[65] こうした優位性は、複数の父親による一人の女性への食料供給という社会的要因のおかげかもしれない。この説については人類学者が証拠を積み上げてきた。

一方、次のこともまた明らかな事実だろう。すなわち、より多くのパートナーを惹きつける女性のほうが環境に適応しているのかもしれないし（より美しい、健康な赤ん坊を産む能力がより高い、など）、女性の優良な遺伝子が子供の生存率の向上に資するのかもしれない。分割できる父性が子供の行く末に害を及ぼさないことは、確信はできないにせよ、ある程度自信を持って言えるだろう。[66]

こうして、一方の分割できる父性と、他方の男性による食料供給説（これが夫婦の絆の進化の基盤を提供する）は、緊張関係にあるように思える。大半の社会が父性を非常に重視している――男性が女性とその子供を養うのは、たいていの場合、それが自分と血のつながった子供だとわかっている場合だけだ――一方で、一部の文化は生物学的父性をまったく気にしないのだろうか？

この二つの考え方は、より女性中心の観点をとることで折り合いをつけられる。[67] どちらの慣習（遺伝的父性を大いに重視するものとあまり気にしないもの）も、これまで見てきたように、女性にとってより都合がいいだけなのかもしれない。研究者がこの可能性を見逃してきたのは、方法論的な理由による可能性がある。私たちが（外部との接触が少ない部族や近代化の影響をあまり受けていない人びとの）最も伝統的な生活様式について知ろうとすれば、古い研究に頼らざるをえないこともある。ところが、こうした研究のほとんどが男性によるものだ。歴史的に見て、男性の人類学者は女性の経験には関心が薄かったり、情報提供者から女性の経験について聞けなかったり、あるいはその両方だったりする。専門家が男性の調査対象者ばかりに気をとられ、女性の観察がおろそかになってしまうのは、いまに始まったことではない。

分割できる父性をめぐる信念の存在と、夫婦の絆には男性による食料供給が欠かせないという考え方との緊張関係を解消できる方法がもう一つある。人間の進化における文化の役割について、もっと広い視野を持つことだ。人間には無数の文化形態を生み出す遺伝的な傾向がある。文化そのものを、人類がそれを生み出すよう配線されている何かであると考えれば、さまざまな違いについて、自分たちの生活様式に逆行するように思える慣行にさえ、いっそう寛容になれる。多くの文化的慣習が、見方によっては、困難な環境で生き延びる可能性を高めるものであることがわかる。文化的動物（どんな信念、慣習、技術を持っていようと）として指導や社会学習に携わる能力は、社会性一式の重要な一部なのだ。

最後に、父性にかんするこれら独特の信念と人間の生活様式との折り合いをつけようとするなら、次の点を見逃すことはできない。食料供給行為と夫婦の絆が進化したのは、初期の人類がはるかに限られた認知的・文化的能力しか持たなかった時代なのである。赤ん坊はどうやってできるのかにかんする文化的な覆い——人間が意識しているもの——は、ずっと昔に定められた基本的傾向に後から付け加えられたものなのだ。

父親も夫もいない社会

最後に、私の知る人間の交尾の慣習のなかでも、最も過激で複雑な事例について考えてみよう。タピラペ族の複数の父親といえども、ヒマラヤ山脈に住むナ族の習慣にはとてもかなわない。

たいていの社会は、若者の制約なき恋愛について少なくとも何らかの懸念を示すものだ。傷心の恋人と駆け落ちする不幸なジュリエット（もしくは同じことをするトゥルカナの少女）のイメージが、人びとの心をかき乱す定番の主題であるのは、同情と危惧をともに呼び起こすからだ。このイメージが持つ力の一部は、一〇代の情熱はコミュニティを組織する最善の方法ではなさそうだという一見疑いの余地のない現実に由来している。だが、ヒマラヤ山脈に住むナ族は、一〇代のたがが外れた情欲についてそんなふうに心配することはない。それどころか、ナ族の大人がよく心配しているのは、ロミオが永遠の愛に本当にめぐりあってしまったという可能性なのだ。

現代の欧米人が結婚と称するものに関心がない社会と言えば、ナ族の右に出るものは想像しがたい。ナ族はチベット付近で暮らす山岳農民の集団で、人口は三万人から四万人ほどだ。人類学者の蔡華によって『父親も夫もいない社会』という印象的なタイトルの本が書かれたのは二〇〇一年のことだが、ナ族の風変わりな性慣行は二〇〇〇年以上にわたって中国の文献の主題となってきた。マルコ・ポーロでさえナ族は注目に値すると考え、こう書いている。

「［この王国の］先住民は、他人が自分の妻と関係を持っても、それが妻からの自発的な行為だった場合は傷つけられたとは考えない。この場合、それは不幸ではなく、思いがけない報酬だと受け止められる」[68]

ナ族の家庭は母系制だ。女性は母親、姉妹、兄弟、母方のおじと暮らす。したがって、ほとんどの文化に見られる状態とは違い、すべての家族に血のつながりがあるのが普通だ。家族以外の血縁のない男性が家庭に入ることはめったにない。だが、男性は頻繁に家庭を訪れてはそこで女性とセックスする。実のところ、女性は他人の家でセックスしてはならないとされている。そうした行為をナ族は「霧のなかを突進する盛りのついたメスブタ」になぞらえる。

ナ族社会の人びとは、誰が自分の生物学的父親かなど知らないし、気にもしない。蔡がいくら探っても、そのトピックへの関心は見いだせなかった。ナ族は、子供がジェニターである男性に似ることがあるのは理解していても、ほとんどの人は父性は重要ではないとみなしている。そこには特別な権利や義務がともなわないからだ[69]。

ナ族は、男性、そしてセックスが、女性が赤ん坊を産むために必要だと知っている。だが、赤ん坊は地面に蒔《ま》かれた種《たね》のようにすでに女性のなかに宿っていて、男性の精液によって「水やり」されるだけだと考えている(「空から雨が降らなければ、地上の草は育たない」とのことだ[70])。水やりするのが誰であろうと違いはないと思っている。

もちろん、赤ん坊のつくり方にかんするこうした信念は、すでに考察したアマゾン流域の文化におけるそれとは正反対だ。アマゾン流域に住む人びとは、赤ん坊をつくるのに精液は重要な役割を演じると考えている。このことから、ナ族社会の男性が自分の生物学的子供に責任を負わないのに対し、分割できる父性を信じる社会ではジェニターとされる人びとが責任を負う理由もわかる。

ナ族の説明によれば「セックスでの女性の目的は子供をつくること、男性の目的は気持ちいい時間を過ごすことと慈善を施すこと」だという。とはいえ、民族誌学的な報告から、女性も性行為を楽しんでおり、誰とセックスするかについて完全な支配権を握っていることが明らかになっている。ナ族は両者の完全な合意を求めているからだ。[71] すべての社会と同様、ナ族でも近親相姦はタブーだ。また、蔡の言う「性を喚起するもの」に対しても厳格な規範がある。「血縁のある異性の面前で、性的な関係、情緒的な関係、感情的な関係について話したり、セックスをほのめかしたりすること」は一切ご法度《はっと》だ。[72]

ナ族の性的関係にはいくつか種類（蔡の表現では「様式」）がある。最も一般的なのは「ナナ・セセ」と呼ばれる「走婚」で、日が暮れてから男性が女性の家に行く（そして夜明け前に帰る）というものだ。男性は相手の家で食事はせず、その家族との接触を避けようとする。蔡が調査した女性の多くには（男性と同じく）たくさんのパートナーがおり、ときには一生のあいだに一〇〇人に達することもあった。

こうした性的活動においてパートナーはお互いを「アシア」（おおまかに「愛人」を意味する）と呼ぶ。この関係の焦点は気楽で表面的なものであり、蔡の言葉を借りれば「アシアどうしの話し合いはたいていあまり深刻にならない。なぜなら、二人が話すのは性生活のことだけだからだ。一緒にいるときに、日々の生活の心配ごとで口論することは決してない」「したがって、関係に終止符を打つのもささいな理由があれば十分である」。[73] アシアは「お互いに他人のまま」の愛人なのだ。[74] それほど魅力的ではない女性でも、同じ村の――さらには近隣の村の――自分と同じ年齢群の全男性と関係を持つことも珍しくなかった。これは、ほぼセックスだけの関係である。

現代のセックス文化や出会い系サイトのケースと同じく、特別な文化的規範がこうした活動を律している。若い男性は、日が暮れるとしばしば自分が知っている相手を探しに出かけ、女性の住む屋敷の壁をよじ登ることも少なくない。ときには、複数の男性が女性の家の戸口に同時に現れることもあり、それぞれ夜の相手として自分を選んでくれるよう女性を説得しようとする。断られても、たいてい恨むことはない。「常に明日がある」し、別の家を試してもいいからだ。

女性がアシアを受け入れるまでに、二人は事前にふれあったりいちゃついたりして、すでに知り合っているのが普通だ。女性の家を訪れる手はずを整えるための会話は、それが事前に計画されている場合、実に率直であり、男性から始めても女性から始めてもいい。会話はこのような感じで展開する。

女：今晩、私の家に来て。
男：君のお母さんは手ごわいから。
女：母はあなたを叱《しか》らないわ。夜中にこっそり来て。
男：わかった。[75]

ナ族の女性によれば、男性を選ぶ基準は「まず絶対なのが見た目の良さ、次にユーモアのセンス、陽気な性格、不良っぽさ、勇敢さ、働く能力、最後に親切さと寛容さ」だという。男性にとってアシアを選ぶ基準は「美しさ……と肉体の魅力、性的魅力、会話の才、マナーの良さ、他者に親切かどうか」だそうだ。[76] 美しさ（と若さ）につくプレミアムが意味するのは、女性は三〇歳を過ぎると訪れてくる男性がぐっと減り、魅力的ではなかったり障害を抱えていたりする女性は訪れる者がいないかもしれないということだ。だが、密通は歳をとってからも続く（男性は通常六〇歳くらいで女性のもとを訪れるのをやめ、女性は五〇歳くらいで訪問を受けるのをやめる）。歳をとった女性は、定期的に訪れる男性の数を三人くらいにとどめ、よく訪れる男性は、壁をよじ登るのではなく家のドアをノックする。

ナ族のあいだに見られる第二の性的関係は「ゲピエ・セセ」、すなわち「人目をはばからない訪問」

だ。このタイプの取り決めでは、男性は女性の家を堂々と訪問し、家族の者と顔を合わせ、家族と一緒に食事することが許されるが、出しゃばってはならない。このようなカップルも、始まりはつねに走婚である。その後「もしお互いへの思いが深まったら、お互いへの感情と愛情が続いてほしいという願いの象徴として、帯を交換し」、人目をはばからない訪問が始まる。[77] このような関係は数カ月、数年、数十年に及ぶこともあるが、どちらかがやめたくなったらすぐに終わる。人びとが人目をはばからない関係を結ぶときは、通常は一度に一つだけだ。アシアとは異なり、「ゲピエ・セセ」の男性は、日が暮れる前にやって来て、朝食をとってから帰る。ここで、カップルは（公然の）性的独占関係にある。すなわち、お互いにセックスの優先権があるものと期待できる。彼らは自分たちは独占的関係にあると表明するが、もしこの規範を破っても公的な制裁はないし、相手に見つからなければ、こっそり走婚を行なってもよい。もし見つかったら、関係は終わったとみなされる。

蔡はここで性的な嫉妬が現れるケースを浮かび上がらせる。男性は自分のパートナーがアシアの一人と寝ているところを見つけたら、ときに（常にではない）アシアを攻撃することがあるからだ。このタイプの関係には、セックスと愛がともにかかわっている。

性的関係の第三のタイプは「チ・ジイ」、すなわち「同棲」だ（これによく似た第四の関係もあるのだが、非常に珍しく、女性に支払う一種の婚資がともなう。蔡はこれを「結婚」と呼ぶ[78]）。「チ・ジイ」においては、普通は女性の家で男女が一緒に生活する。この取り決めは、走婚や人目をはばからない訪問といった関係のあとに成立する。コミュニティは二人を「親密な友人」とみなし、互いに親戚だとも、ましてや結婚しているとも考えない。同棲が起こるのは通常、同居先の家族に経済的生産の担い手として必要な異性がほとんどいない場合に限られる。個人の選択を反映してというより、必要に迫られてということだ。これらの関係は独占的なものではなく、一方のパートナーが決めれば突然終わることもある。多くの場合、同棲する二人は、最終的にはセックスのパートナーというよりはきょうだいのようにふるまうようになる。蔡は、ナ族の同棲は従来の意味での結婚ではないと結論している。この関係にはセックスと、ときには愛もともなうが、主眼は労働にあるのだ。

一九八九年、いくつかの村をサンプルに、蔡がこれらの性的様式の生起を定量化したところ、村人の八五パーセント以上が走婚か人目をはばからない訪問だけの生活を送っていることがわかった。[79] ナ族の生活スタイルは、それを一掃しようという度重なる努力にもかかわらず、根強く残っている。一九五〇年以降数度にわたり、中国の共産党政権が改革を試みた。ナ族の習慣が労働意欲を削《そ》ぎ、「生産手段」を崩壊させ、不道徳を助長すると懸念してのことだ（古代ローマのアウグストゥス帝の懸念とよく似ているが、ナ族の場合、女性に男性のパートナーがたくさんいるのであって、その逆ではない）。しかし、改革はおおかた失敗に終わった。

概して、ナ族のあいだで性的な嫉妬はまれのようだが、先に述べたようにまったくゼロというわけではない。ナ族は複数の関係に寛容であることを尊び、嫉妬は不要とみなしている。男性が、アシアの関係にあるパートナーがほかの男性とも寝ていると不満を言えば、村人は彼の愚かさをあざけり、彼の嫉妬を恥ずべきものとさえみなすだろう。「なぜお前もよその女性と寝ないのか」「隣村にはいつでも、若い娘がもっといるじゃないか」などと言われるはずだ。[80]

だが、ナ族のあいだに愛情が完全に欠けているわけではない。パートナーどうしはお互いに愛情を感じていると言うし、恋に落ちたために、独占的な関係を結ぼうと規範に逆らって駆け落ちする男女の物語が語られている。蔡によれば、貞節と独占的関係はここでは「禁じられた」願望であり、だからこそ二人は余計に燃え上がるのだという。

ナ族が結婚ではなく、訪問という制度をとるのはなぜだろう? 圧倒的多数の社会において結婚は、比喩的にも、さらには文字どおりの意味でも、何らかの形で他者を所有するという結果をもたらす。結婚の誓いは「相手を敬い、支え」「あらゆる他人との関係を諦める」という内容をさまざまな言い方で表現して、独占的な関係という意味を組み込んでいる。結婚した夫婦は一つ屋根の下に暮らし、性的にも経済的にもお互いをあてにするのが普通だ。アメリカの一部の州では、性的不能が離婚の正式な理由となることもいまだにある。[81] だが、こうしたことのどれ一つとしてナ族には関係ない。パートナーは独立した存在で、性的にも経済的にも独占権を主張することなく別々に暮らす。

蔡はこう結論している。人間にはいくつかの根本的な——そして私に言わせれば、生物ならではの——欲求があり、そのうちの二つがパートナーを所有したいという欲求と、複数のパートナーを持ちたいという欲求であると。同じ集団内で、一見矛盾するこれら二つの衝動と折り合いをつけるのは難しいし、実のところ選択肢は二つしかない。多様性を楽しむことなく所有するか、所有することなく多様性を楽しむかだ。[82]

進化の過程を通じ、愛着には強い力があることがわかっている。しかも、社会は制度的に言って両方を満足させることはできないため、ナ族は——おそらく社会としては唯一——後者を選んでこのジレンマを解決したように思える。

だが、この選択は容易ではない。パートナーを所有し、相手に対する愛着や愛情を感じたいという心底からの古来の欲望を抑制するには、精巧な文化体系が必要だ。バイニング族が子供の遊びを抑圧するように、ナ族は「所有して手放さない」行為がほかのあらゆる社会に見られる共感を呼ぶことのないような機能的文化を維持すべく、懸命に努力しなければならない。

これは驚くべきことではない。現代の欧米文化において多重恋愛（ポリアモリー）への関心が復活しているこ とについて考えてみよう。ポリアモリーの擁護者は、セックスや恋愛の相手が複数いるのは、人間の「自然な」状態の表れだと主張する（もっとも、これまで見てきたように、こうした考え方は文化横断的な証拠とは相容れない）。だが、いわゆる自由恋愛を律するには、同じように複雑な一式の規則が必要になる。ある評者はニューヨーク・タイムズ紙の取材に対し「非一夫一妻関係には、一夫一妻関係よりずっと多くのルールがある」と語っている[83]。

したがって、このめったにない文化形態を実現するため、ナ族は人類に備わる別のすぐれた特質の一つ、すなわち協力し共有する能力を利用する。ここでは、その能力をパートナー探しに応用するわけだ。さらに、生活様式を創出し、そこに意味と一貫性を見出すという人間の能力を活用する。つまり、社会的学習と文化伝達の能力（それ自体が社会性一式の一部）は、人類の適応と、夫婦の絆を築こうとする衝動を覆い隠す多くの結婚パターンを示す能力のきわめて重要な要素なのだ。

それでも、正式な制度によって、（パートナーを愛することと所有することの両方に対する）これらの人間的欲求のどちらかを根絶することはできない。これらの欲求は、人間本性の最も根源的な部分から発しているからだ。人は、あらゆる社会であらゆる種類の規範を破る。そこでナ族は、走婚だけでも社会は十二分に機能するにもかかわらず、人目をはばからない訪問という制度を認めることで、所有欲もある程度は満たせるようにしている。さらにはナ族のあいだですら、「燃えさかる愛の炎にわれを忘れた」カップルが、お互いを完全に所有すべく駆け落ちすることがある。彼らは相手を訪問するだけでは飽き足らず、複数の相手を持つことには興味がない[84]。こうした状況は、多くの社会がパートナーの変更を可能にするために、結婚制度に便宜的要素を与えるのと似ている。たとえば離婚を許したり、男性が内妻を迎えることを認めたりといったことだ。

　多くの人びとがこう論じてきた。きわめて珍しいナ族の性的慣行は、結婚の普遍性を反証するものであり、一夫一妻制に生物学的根拠などありえないことを示していると。だが、変わり種が存在するからといって、人類に中心的傾向がないとは限らない。科学者として私たちは、まとめることもできれば分割することもできる——つまり、共通点を探すこともできれば差異を探すこともできるのだ。人間の青写真は私たちの現実の原案であって、最終版ではない。

　ナ族の関係構造の根底にある動機は、複数のパートナーが欲しいという人間の基本的な欲求であり、結婚制度の根底にある動機は、パートナーを所有したいという同じく基本的な欲求だ。ナ族の例外的ケースは次のことを証明している。愛着への欲求——実はパートナーと絆を結びたいという欲求——ほど深く根本的な人間性の一面は、完全に抑圧することも置き換えることもできない。まさにその絆を断ち切るために、きわめて精巧につくられた一連の文化的規則をもってしても、絶対に不可能なのだ。

見合いから生まれる愛

　中国、インド、インドネシア、ナイジェリアといった世界中の多くの国々で、結婚のかなりの割合が——ときには大半が——「お見合い」によるものだ。欧米化された社会のほとんどで、ロマンチックな恋愛は結婚の前提条件だとみなされているのに対し、アジアやアフリカの多くの地域では、恋愛は非現実的で、不要で、危険でさえあると思われている。もっとも、これらの文化の大半でも恋愛の存在は認識されている（たとえば、現在のインドでは恋愛結婚が全体の五パーセントを超える）[85]。さらに重要なことに、結婚前のロマンチックな恋愛は疑いの目で見られるが、カップルが結ばれた後の愛情は、見合いの国であっても、結婚の帰結として自然で待ち望まれたものだとみなされる。

サンディヤ（二九歳）とアンクール（三一歳）の証言について考えてみよう。この夫婦はインド人で、婚約は新聞の結婚欄の広告を使って両家によって交わされた。二人は結婚する前、付添人つきでほんの数時間一緒に過ごしただけだった。結婚式は一〇日間にわたる伝統的なヒンドゥー式で、親の招待客が何百人にも及んだ[86]。夫婦は二〇一四年に、この味も素っ気もない出会いから生まれた愛情について、人気雑誌でコラムニストにこう語っている。

――二人きりで会う前に、どれくらい話をしたんですか？

サンディヤ：数時間だと思います。彼が私を気に入って、両親に私と会いたいと伝え、彼の両親が私の両親に電話をしてきました……［その後］座って面と向かって話をしたのは一五分くらいでしょうか。恥ずかしかったです。だって……。

アンクール：二人の家族全員が同席していたから、そんなにたくさん話せませんでした。

サンディヤ：彼ははにかみ屋なので、私一人がしゃべっていました。それから彼は家に帰り、次の日、彼の両親が電話をかけてきて、彼が結婚したいと言っているというんです。私の両親が「あなたは？」と聞くので、私は「もちろん！」と返事をしました。そして結婚しました！　いまは、毎日のように彼に心を奪われています。

見合い結婚した別の女性は、ザ・タイムズ・オブ・インディア紙に、一カ月前に夫となっていた見知らぬ男性に恋しているのだとわかった瞬間を次のように語った。

夜の一〇時ごろ、家に帰る途中で車が故障してしまったんです。夫に電話して状況を説明しました。彼の話し声から、心配しているのが感じとれました。そして驚いたことに、一五分もしないうちにそこに来てくれたんです。私の安否をとても心配していて、すぐにそばに寄ってきたかと思うと抱きしめてくれました。その日、私は夫と恋に落ちました。[87]

見合い結婚カップルにかんする学術研究は、次のような考え方を支持している。つまり、愛情を育む重要な要因は、パートナーの「献身」が感じられることだというのだ。[88]

ここに紹介した希望に満ちたエピソードの重要な一面は、情欲だけでなく愛情や愛着が焦点となっている点だ。もちろん、自己開示、やさしさ、スキンシップといったほかの要素も、見合い結婚（および非見合い結婚）において愛情を深めることに貢献する。とはいえ、カギを握るのは献身だ。見合い結婚した調査回答者の一人はこう述べている。

「愛は絶対的な献身から始まり、私の心と頭にあった障壁を壊しはじめます。すると、喜び、満足、平穏といった感情が湧いてくるんです」

見合い結婚における愛情の相対量を絶対確実に知ろうとすれば、こんな実験を行なう必要があるだろう。すなわち、自力でパートナーを見つけるか、親に配偶者を選んでもらうかを被験者にランダムに割り当てるという実験だ。そんなことが不可能なのは言うまでもない。

とはいえ、非実験的な（つまり現実世界の）環境における調査から有益な情報が手に入る。こうした調査を通じてわかってきたのは、見合い結婚の満足度は恋愛結婚とくらべて低くはないのが普通で、ときには高いことさえあるということだ。[89] 平均して結婚一〇年の夫婦を対象としたある調査で、情熱的な愛情の大きさを自己申告で評価してもらったところ、欧米式の恋愛結婚をした夫婦と見合い結婚をした夫婦のあいだに統計上の差は見られなかった。[90] さまざまなバックグラウンドを持つ見合い結婚の夫婦を対象とした別の小規模な調査では、愛情のレベルを一から一〇までの等級で回答者に評価してもらった。その結果、結婚当初は三・九だった評価が二〇年後には八・五になっていた。[91]

たった一つの共通点

どんなタイプの結婚であろうと、その要《かなめ》は愛情だ。見合いと非見合いを含む多様な形の結婚を実践している六大陸三三カ国の九四七四人が回答した世界的調査では、結婚相手の最も望ましい資質として、「相互の愛着／愛情」が一位と二位を占めた。[92]

ここまで、文化と生態によって結婚による結びつきがどう形成されるかを見てきた。たとえば、比較的平等主義的なハッザ族が一夫一妻制をとる理由の一つは、食料について女性が男性にそれほど頼っていないところにある。ところが、一夫多妻制のトゥルカナ族の場合、家畜の所有権が不平等と身分格差を生み、それが一部の男性に強みをもたらし、結婚は移動牧畜にふさわしい労働単位をつくるために機能する。一夫多妻制は、こうしたすべての特徴にうまく適合しているのだ。

だが一方で、私たちは次のような事態も目にしてきた。生態的あるいは文化的な最強の力でさえ、人間関係のある基本的特徴を打ち消すことは、皆無ではないとしてもめったにないのだ。結婚恐怖症のナ族であってもそれは変わらない。人類の重要な性質であるその特徴とは、性的パートナーのあいだの夫婦の絆だ。これは、人間が霊長類の祖先からまちがいなく受け継いでいる配偶者への特別な種類の愛着であり、あらゆる結婚形態を持つ文化に見られ、人びとが愛情として経験しているものである。パートナーを愛そうとする衝動は普遍的なものなのだ。

第6章　動物の惹き合う力

齧歯類《げっし》の交尾への関心を測るためのある標準的な実験では、オスのラットがメスを天井から下ろそうとして懸命にレバーを押す。オスのラットは基本的にこんなふうに考える。

「やや、メスがいるじゃないか。こいつはいいぞ！」

一方、やはり齧歯類であるプレーリーハタネズミのオスはもう少し分別があり、こんな思いを抱く。

「あれは誰だろう？」

どうやらプレーリーハタネズミは、すべての異性ではなく、ある特定のメスから正の刺激を受けるようだ。そればかりか、特定のパートナーから実験的に引き離されたハタネズミは、ホルモンと行動に変調をきたし、うつ状態のような徴候を示す。こうした症状は、どんなパートナーでも代わりがいれば緩和されるというものではない。自分のパートナーでなければ駄目なのだ。

別の実験で、科学者たちはハタネズミを尻尾から吊り下げ、反応を記録した。パートナーと夫婦の絆で結ばれているハタネズミは、じたばたともがいた。夫婦の絆を持たないハタネズミも、同じようにもがいた。ところが、夫婦の絆で結ばれたパートナーを前もって連れ去られていたハタネズミは、まるでうつ状態にあるかのように（「嘆き悲しんで」と言いたくなるほど）、もがくことなくじっとしていた。[1] さらに、「やもめ」となったメスのハタネズミが、新たなパートナーとつがうことはめったにない。[2]

「夫婦の絆」と「一夫一妻制」という用語は互換的に使われることが多いが、まったく同じものではない。「夫婦の絆」は愛着の認知と感情を反映した内的状態であり、「一夫一妻制」は外的な慣行あるいは行動である。[3] 人間で言えば、恋愛と共同生活の違いに近い。動物の場合、オスとメスが交尾をしたいだけなら、配偶子（卵子と精子）が出会ったあとまで一緒にいる必要はない。それにもかかわらず、夫婦の絆を結んだ動物たちは一緒にいる。夫婦の絆は複婚（一夫多妻制あるいは一妻多夫制）の種にさえ存在することがある。一頭のオスと数頭のメスがそれぞれに結びつくゴリラはその一例だ。カギとなるのは独占ではなく、愛着である。[4]

つまり、人類のみならずどんな動物でも、夫婦の絆は必ずしも独占的ではないが、ある程度の期間にわたる安定的、相互依存的、性的な関係だ。また、行動的、生理的、ときには認知的な、そして（人間の場合は）情緒的な愛着をともなう。[5] こうした絆を結ぶのは動物界で人間だけではないものの、現実の行動としては霊長類でさえ珍しい。ごく平たく言えば、夫婦の絆とは、パートナーが誰なのかに無頓着でないことを意味する。

人間がパートナーを欲したりその相手と子供をつくったりするだけでなく、パートナーを愛するのはなぜだろう？　それを理解するには、はるか昔にさかのぼる必要がある。ローマ皇帝が社会秩序のために一夫一妻の結婚を法制化した時代よりもずっと前のことだ。自然選択が、人間に愛着や愛情を抱く能力を与えた。この能力が根づいた土台には、私たちの種が持つ夫婦の絆を築く能力とともに、意識的に思考し感情的な経験をする能力があった。

動物や人間に見られる夫婦の絆の生態を探ることは、社会性一式をめぐる私たちの考察の転換を意味する。これまで考察してきた難破船や、コミューンや、小規模な社会におけるカップルといった人間集団についての社会文化的な説明は切り上げ、ここからは、進化が社会的行動をどのように形成してきたか、この点にかんして遺伝学や生理学が実際にどう役立つかを理解していこう。

動物における「夫婦の絆」

持続的かつ感情的な性的つながりの存在は、一夫一妻制、一夫多妻制、一妻多夫制、同性婚を問わず、私たちの性的慣行を他の大半の動物のそれと区別する最大の特徴だ。[6] 人間が夫婦の絆を持つにいたった進化の最も古い起源と目的を理解するためには、一歩下がって、より幅広い動物の生殖戦略を見なくてはいけない。

たとえば、一夫一妻制は鳥ではごく普通だが――鳥類の九〇パーセントは社会的一夫一妻制をとり、おおむね生涯同じ相手とつながう――、哺乳類ではまれだ。ある包括的な研究では、哺乳類二五四五種が、生殖にかんする社会システムによって三種類に分類された。単身システムでは、メスは単独でエサを集め、オスと接するのは交尾の際だけだ。この方法はチーターやアルマジロをはじめ、哺乳類の六八パーセントに見られる。集団生活システムでは、繁殖期のメスは単数あるいは複数のオスと縄張りを共有する。この方法はシカやコウモリなど、二三パーセントの種に見られる。そして、一夫一妻システムではオスとメスが共通の縄張りに住み、繁殖期を一度ならず共に過ごす。この方法はヨザルやコツメカワウソなど、九パーセントの種に見られる。霊長類では、一夫一妻制をとる種は二九パーセントにすぎない。[7]

科学者は、大昔の哺乳類の種がいつ、どのように分岐していったかを調べれば、そうした配偶パターンが進化した時期を突き止め、社会的一夫一妻制の慣行が独自に出現した頻度を推定できる。生物学者は動物の解剖学的あるいは生理学的特徴の起源について理解するために、そのような分岐の分析を続けてきた。同様の手法が配偶行動の研究にも利用できる。

あらゆる哺乳類に共通する祖先は、少なくとも九〇〇〇万年前には存在していた齧歯類に似た動物らしい。メスは単身生活をし、オスは数匹のメスの生息域を含む範囲を縄張りとした。[8] このパターンは、哺乳類の系統樹のそれぞれの枝の起源においても見られた。社会的一夫一妻制と、つがいが結ぶ夫婦の絆は、そうした単身生活から生まれた。

そのように多様な種で社会的一夫一妻制が発達したのは、父親が子供の世話をする（人間については、男性による食料供給の問題として第5章で論じた）という自然選択の結果であるとする考え方もある。テナガザル、オオカミ、ハタネズミ、ハクトウワシ、ヒトなど、夫婦の絆を結ぶ種は、単に一緒にいるだけではない。多くの場合、子を一緒に育てる。いずれかの時点で、オスがより多くの子を産ませるだけでなく、子育てを手伝うことが、進化の観点から効果的になったに違いない。オスは自身の子孫のみの生存を手助けしたいので、パートナーのメスが自分とだけ交尾することを確実にする必要があった。

しかし、どの種がほかのどの種から進化したのかを考えたとき、科学者は、父親による世話はおそらく社会的一夫一妻制の原因というよりは結果だと判断した。一般に、進化期全体を通じて、動物のオスはまず特定のメスと関係を築き、それから子育てを手伝うようになった。[9] したがって、子育てをパートナーどうしの愛着の原動力だとするのは、一見論理的でも、まちがっているようだ。

そうした哺乳類の夫婦の絆について、ほかにはどんな説明が可能だろう？　興味深い手がかりを与えてくれるのが、一夫一妻制が進化の記録に出現する種のほぼすべてが、それ以前は（群れをつくらず）単独で生活していたという事実だ。哺乳類の一部の種で、メスがより広い採餌域を必要とするようになったか、自分の縄張りにほかのメスがいるのに（おそらくは資源争いの結果）耐えられなくなったものと、科学者たちは考えている。いずれにしても、メスは地理的に広範囲に散らばった。その結果、オスは一度に複数のメスを見つけ、守るのがかなり難しくなったのかもしれない。そして、オスにとってもメスにとっても、長期にわたり比較的排他的な関係を結ぶことがより効率的となり、種はこの行動パターンを進化させた。

この考え方のさらなる裏づけとなるのが、つがいで生活する種は生息密度がかなり低いことだ。一平方キロメートルあたりの個体数の中央値は一五となる。これに対して、単身生活をする種の生息密度は一桁高く、一平方キロメートルあたり一五六個体となる。このように、生息密度の低さ、資源をめぐる競争、メスどうしの社会的不寛容という状況下では、個別のメスを守る――そして、やがてはそのメスに対する特別な愛着を育む――ことが、オスにとって最適な生殖戦略となったようだ。

一夫一妻制への進化は、単身生活をしていた祖先を持つ種で多く起きたことがわかっている。哺乳類だけでも、そうした進化が少なくとも六一回あったことが知られている。一夫一妻制が目的にかなったゆえに、動物系統樹の異なる枝がそれぞれに一夫一妻制を発見した。これは「収斂《しゅうれん》進化」の一例だ。収斂進化とは、遺伝子上別個の生物が別々に同じ形質を、しばしば遠く離れた場所で進化させることである。とはいえ、ほかの多くの種で夫婦の絆が交尾にまつわる難問を解決するものであるのはたしかだが、こと人間にかんしては、夫婦の絆を出現させた進化のメカニズムはまだ研究の途上にある。しかし、重要なのは、（人類も含めて）動物どうしのつきあい方にかかわるこの社会的慣行は遺伝子に書き込まれており、自然選択によって形成されるということだ。

一夫一妻制と社会生活

人間以外に、一夫一妻制で連れそう大型類人猿はいない（ただし、いわゆる小型類人猿のテナガザルは一夫一妻制だ）[10]。そして、父親が子育てに注力するのは霊長類ではまれだが、人間では普通である。アフリカの類人猿はすべて集団で生活し、一夫多妻制だ。ヒト科に共通の祖先もみな、そのような暮らし方をしていたらしい。つまり、人類にいたる霊長類の系統で社会生活への抜本的転換が起きたのは、単身生活から不安定な集団生活へと初めて切り替えた霊長類の祖先が現れたときだった。やがて、彼らは安定した一夫多妻制の集団で暮らすようになっていく。そして、そのような暮らし方から、夫婦の絆が生まれた。

集団生活のおかげで、オスとメスは互いに接近しやすくなったが、反面、近親交配のおそれなど、生殖をめぐる問題も生じた。近親交配を避けながら社会生活の利点を享受する一つの方法として、この種は性にもとづく分散という進化を遂げた。ある性（通常はオス）の個体が先祖のいた場所を離れ、もう一方の性の個体はまとまって暮らすというものだ（霊長類に広く見られる慣行）。ようするに、片方の性が去ってもう片方が居残り、その結果、遺伝的に関係のある個体から成る比較的固定した集団（たとえば、メスとその子孫から成り、数世代にわたる子孫のほとんどがメスである集団）が形成されることになる。

このパターンは、血縁選択が生じる土台ともなった。血縁選択とは、ある個体群が、まさに自分と実際に血縁関係にあるという理由から、かなりの危険を冒し犠牲を払って集団内の他者を助けるという進化戦略だ。やはり社会性一式の一要素である互恵的な相互の協力関係も集団生活の明らかな利点の一つであり、そもそも霊長類に集団生活が出現した理由を説明するものでもある。

夫婦の絆が生まれたのは、集団生活がすでに定着したあとのことのようだ。それは、霊長類二一七種の系統樹の再構成によって確認されている。一六〇〇万年前から四五〇万年前までに霊長類の系統の複数の枝で、かなりの間隔を置いてそれが何度も起こったことがわかったのだ。しかし、霊長類の夫婦の絆は、進化的起源がほかの哺乳類とは異なるかもしれない。なぜなら、前もって単身で生活していた種から発生したわけではないからだ。[11]

人間の場合、夫婦の絆と一夫一妻制が発生した根源にあるのは、ヒト科の遠い祖先が築いた一夫多妻制による集団生活という社会のあり方らしい。そのような一夫多妻の過去を示す根拠の一つが、ヒトの性的二型性だ。平均すると、男性は女性よりもかなり大きい。これは、オスがメスを求めて競争し、体の大きなオスのほうがより多くのメスと交配できた（あるいは、メスはメスなりの理由でより大きなオスを好んだ）ため、体格の遺伝子が受け継がれたという見解に沿う事実である。だが、ちょっと待ってほしい。話はもっと込み入っている。人間は、進化的過去のより最近の時期を通じて、「単型」（両性の体が同じ形状）に近づいてもいる。この変化からうかがえるのは、一夫一妻制への進化的圧力の増大が、数十万年前、まさに私たちヒト科の種、ホモ・サピエンスの出現と共に始まったということだ。

人間の形質で最も性的二型性が大きいのは上半身の強さで、それによってオスは闘いで有利になるため、結果としてより多くのパートナーと子を得る可能性が高まるものと考えられる。ゴリラの場合と同じだ。[12]しかし、人間の形質における性的二型性は全体としては減少してきた。その一例が犬歯の大きさだ。男性の犬歯はドラキュラとはほど遠くなりつつあり、犬歯の大きさと強さの闘いへの適応優位性が時と共に減ったことがうかがえる。（きわめて古い）文化的発明である武器が、大きな犬歯の優位性を無効にしたという説もある。男性の手の中の石が、口の中の犬歯に取って代わったというのだ。これは「武器置換説」として知られる。しかし、男性の犬歯が小さくなった時期は、化石に記録された道具の出現よりも早い。[13] それに、大きな体格と大きな歯は、武器が手に入るようになってからですら、闘いでは役に立っただろう（少なくとも、火薬の発明によって、すべての人が体格にかんして根本的に平等化されるまでは）。[14]

そうした知見からうかがえるのは、歯のようなほかの身体形質では二型性が減少したにもかかわらず、人間の上半身の二型性が維持された理由は、男性の直接的な競争だけでは説明しきれないかもしれないということだ。

では、ほかの何で説明できるだろう？　形質人類学者のコーレン・アピセラの主張によれば、上半身の強さの二型性がいくらか維持されてきた理由は、進化の観点からは、女性自身にある。たとえば、狩りが上手い男性を女性が好み、上半身の強さが狩りを容易にするとすれば、男性どうしの競争よりも女性の好みと選択が、この残存する二型性の根底にあるのかもしれない。別の言い方をすれば、この二型性の身体形質はいまだに優位性を持っており、大半の文化で、異性愛の女性が広い肩幅を魅力的だと感じることが多い理由の説明となるかもしれない。そして、上半身の強さは、ハッザ族の男性の狩りの首尾にもかかわる形質であり、実際に生殖でも有利な結果につながることをアピセラは発見した。[15] ようするに、女性による選択、男性による食料供給、社会的一夫一妻制、身体の二型性はすべて互いに関連していると言えそうなのだ。

では、霊長類の複数の種で先に集団生活が出現した理由やその利点はともかく、私たちの先祖がむしろ乱婚で、一夫多妻制の協力的な社会構造の中ですでに暮らしていたらしいことが証拠からわかるとすれば、夫婦の絆への移行はどのように達成されたのだろう？　前述した哺乳類の一夫一妻制についての古典的説明――メスの分散により、オスは必然的に単独のメスと関係を結ぶようになった――は、動物が集団で暮らしていたとすれば、成り立たなくなる。何か別のメカニズムが働いたはずだ。[16]

メスの力

これまで検討してきた見解の多くはオスの行動に的を絞っており、オスが自分のためにすること（メスを保護してほかのオスと交尾させないようにしたり、交尾の機会と引き換えに食料を与えたりする）、配偶者のためにすること（子育て中のメスを捕食者から守ったり、食料を運んでやったりする）、子のためにすること（子が殺されたり飢えたりするのを防ぐ）に関連した行為に注目している。[17] しかし、私たちの進化の物語では、メスは受け身の脇役ではない。一つだけ例を挙げると、メスは自分のボディガードにかんして選択権を行使する（メスの「好みのうるささ」として知られる）。[18] それに、オスもメスも全般的には進化の軌跡に同等に影響を与えてきたはずだ。

集団内のヒエラルキーは一夫一妻制を破壊するように思えるかもしれない。ヒト科の祖先の集団に属する特定のオスが、共生するメスたちと交尾する機会を得ようとほかのメンバーを支配し、その方向へ進化を推し進めたのではないだろうか？

ところが、逆説的だが、進化生物学者のセルゲイ・ガヴリレッツによれば、集団生活をしていたヒトの祖先が築いたこの同じヒエラルキーが、メスの選択権を増すことで夫婦の絆に寄与したかもしれないという。[19] そのような集団におけるオスの「敗者」――メスのパートナーを獲得する競争から締め出された低位のオス――は基本的に、配偶者を得るために別の戦略を編み出さなくてはいけなかった。

低位のオスが高位のオスよりも多いという数学的現実を考慮すれば、自然選択によって有効とされたのは、低位のオスが優位性を目指してほかのオスと闘うことではなく、メスに資源を贈ることだったかもしれない。もちろん、それでも高位のオスは交尾の機会を求めて低位のオスと闘うかもしれず、その場合、低位のオスによるメスへの投資はどれも無駄になる。それでも、ある種の動物（たとえば、ゴリラ、ゾウアザラシ、アカシカなど）のアルファオスが闘いにかまけている間に、傍観していた弱いオスがどさくさに紛れ、通常なら近づけないメスと交尾することもありうる。これは実際に、動物学者の間で「こそこそ交尾戦略」として知られている。[20]

だが、ここに落とし穴がある。メスがオスどうしの競争よりも贈り物を好むようになると、進化期を通じて最終的には低位のオスが高位のオスを打ち負かしかねない。オスの成功が肉体以外の特徴にもとづくとすれば、メスの好みによって、オスが「頂点に立つ」ために必要な条件は変わる。こうした状況では、オスの食料供給とメスの貞節が自己強化的に共進化する可能性がある。ガヴリレッツ・モデルが示すのは、最終的には（ごく少数の最上位のオスを除いて）、ヒト科の祖先のオスは食料供給によって配偶者を確保するようになり、メスは食料供給を引き出すために、配偶者に対して貞節を固く守るよう進化したということだ。人間の脳が大きさを増すにつれて、妊娠と授乳にともなうコストも大きくなったため、食料供給が魅力的な戦略となったのは当然だ。腕力から扶養へのこうした転換は、前述したようなオスとメスの体格と強さにおける二型性の縮小という証拠とも矛盾しない。

こうした分析から予測されるのはメスがすっかり貞淑になることではなく、メスがオスとの間に結ぶ夫婦の絆の強さは、良い遺伝子（最上位のオスが供給する可能性が高い）と、食料と扶養の得やすさ（低位のオスが提供する場合が多い）のバランスに左右されるということだ。そのような進化のプロセスがいったん始まれば、一種の「自己家畜化」につながるだろう。より多くのメスが、より攻撃的でないオスを生殖の相手とするからだ（この話題は第10章でまた扱う）。その結果、メスがおおむね貞節を守り、おおむねきちんと食料を供給するオスと夫婦の絆を結び、集団生活をする種となっていく。[21] そして、私たちは愛着と愛情の進化への道を歩み始める。

人間の身体構造と同様に、人間社会のあり方——一夫一妻制や集団生活など——も、私たちの遺伝子に作用する自然選択に従う。したがって、遺伝子は私たちの肉体のみならず、社会にも影響を与えると考えられる。ヒトという種が夫婦の絆へ移行したのは飛躍的な生物学的適応——人類における画期的転換——であり、この適応はこんにちなお、いたる所で私たちと共にあり、人間社会の核を成す制度すなわち結婚の基盤となっている。

とはいえ、これまで見てきたように、人類の決定的かつ明白な特徴はまさに配偶行動の多様性で、一妻多夫制、一夫多妻制、同性愛、独身までも含む。ゴリラの種に属するすべてのメンバーは一夫多妻制を実践していると言えるが（パートナーが一匹だけのオスはハーレムを形成する途上にあるだけであり、パートナーのいないオスはより強いオスから締め出された個体だ）、人類は明らかにそれとは異なる。人間の配偶システムの多様性は、少なくとも一部は生態学的制約の結果だが、高度に発達した人間の脳からして、社会的行動を司る配線が変更不能ではなく変更可能であることの反映でもある。人間の基本的青写真を改変し、親密な愛着を多様に実現するこの能力には、文化を創造し維持するという、人間だけが進化によって高度に発達させた能力もまちがいなく反映されている（この点については第11章で見ていく）。人間の結婚制度の多様さは社会性一式の中枢をなす社会的学習能力の反映だ。私たちは、パートナーに対する愛情のこもった愛着という深遠な真実に、文化的な覆いを臨機応変にかぶせられるのである。

オスの戦略、メスの戦略

これまで見てきたように、哺乳類のオスとメスが一夫一妻制にいたった経緯はさまざまで、なかにはちっとも耳新しくないと思われそうなこともある。それでも、ここで簡単に復習しておこう。

生理的コストの面では、メスは卵子の製造に、オスの精子製造よりも大きな投資をする。そのうえ、卵子が有限である一方、精子は基本的に無限だ。配偶子生産に対する投資量のこうした違いは、生殖のその後の過程でさらに大きくなる。メスは子育ての各段階でオスよりもはるかに多くを投資する。妊娠中や子育て中のメスは捕食や餌不足に見舞われるおそれが増すうえに、メスの生涯の生殖能力は自分が産む子の数に限定されている。

ハッザ族のように産児制限を行なわず、出生率が自然のままである人びとでさえ、一人の女性が産むことのできる子の数はせいぜい十数人までだ。[22] 男性がもうけることのできる子の数は、帝国の支配者などでは数百人に及ぶ（だから「英雄色を好む」と言われるのだ）。チンギス＝ハンとその兄弟は数えきれないほどの子をもうけたため、いま生きている人間の二〇〇人に一人は彼らの子孫だと試算されている（この数は中央アジアの一部の地域ではほぼ一二人に一人に跳ね上がる）。[23] また、生殖できる女性の多くが子を産むことになる一方、歴史上、多くの男性が生殖から締め出されてきた。

このような違いから、哺乳類のメスは普通、オスよりも配偶者をえり好みしがちで、よりよい遺伝子か、より多くの資源を持つオスを好むのが普通だ。哺乳類のオスもよい遺伝子を望むものの、配偶者の絶対的な繁殖力と、予想される育児能力のほうに関心を寄せるだけの余裕がある。

オスの地位に大きな差がある動物種の一部ではオスもメスも一夫多妻制を好みがちだ。それによって、進化期を通じて自己強化のフィードバック・ループができ上がってオスの地位の差がますます広がると、メスはますます地位を好むようになり、一夫多妻制がますます隆盛になる可能性がある。繁殖から締め出されかけているオスは当然ながらその現状に立ち向かおうとし、配偶者を確保するためにリスクが大きく暴力的にさえなりうる行動に出て、みずからの将来をもっと危うくすることもある（前述の「こそこそ交尾戦略」と対比して「ろくでなし戦略」と呼ばれることもある）。その結果、生態学的（人間の場合は文化的）要因によって、オスどうしの地位の差がなくなり――つまり、上位のオスと下位のオスの違いがあまりなくなり――、進化を通じてオスの暴力性が減じ、行動パターンが様変わりする可能性もある。[24]

こうした考え方に戸惑う向きもあるだろう。動物たちは進化の難題に特異な反応をするかもしれないし、人間にかんしては、行動がきわめて多様な種であることがわかっているからだ。人間は、男性も女性も柔軟な配偶戦略を進化させてきた。その戦略は、一方では長期にわたる夫婦の絆とそれを支える生物学的・心理学的機構を土台とし、他方では短期の交接を土台とする。私たちの進化した心理には、先祖から受け継いだそれらのせめぎ合う戦略の両方が反映されている。戦略の基盤となっているのは、私たちの種がはるか昔、生態と進化におけるさまざまな圧力に直面した経験である。[25]

人間のあらゆる行動は「遺伝」する

この五〇年、行動遺伝学の分野で活動する科学者たちが蓄積してきたますます多くの証拠から、人間の行動は遺伝子によって形づくられることがわかってきた。遺伝子と遺伝形質の研究は、遺伝子型（遺伝子とその変異体）が表現型（生物の体の外見と機能）をどうやって形成するかを調べることから始まった。だが、やがて遺伝子のどんな顕現でも表現型と見られるようになり、身体的外見以外にも、脳の作用や、究極的には人格や行動まで表現型に含まれるにいたる。

行動遺伝学者は、双子の研究やＤＮＡのごくわずかな差異の分析など、さまざまな手法を駆使して、神経症や、意思決定や、愛想のよさといった複雑な表現型の解明に、総体としてのゲノムや特定の遺伝子が役立つのかどうかを探ってきた。遺伝子が行動に及ぼす影響はきわめて広く強いため、心理学者のエリック・タークハイマーは二〇〇〇年に行動遺伝学の「第一法則」をこう定めた。

「人間のあらゆる行動特性は遺伝する」[26]

きわめて大規模なある研究では、一四〇〇万組以上の双子と、人間の特性一万七八〇四件について、二七四八点の刊行物から得たデータが集約された。そして、実質的にあらゆる行動領域に遺伝的決定因子があるという結論にいたった[27]。おおざっぱに言えば、遺伝子と環境は同じくらい重要な役割を果たし、信心深さから危険回避の傾向にいたるまで、数えきれない人間の特性がどの程度顕現されるかを決定する。

それでも、ある込み入った行動特性（あるいは任意の表現型）に本当はどの遺伝子がかかわっているのかを見抜くのは難しい。それは、自動車を一度も見たことのない人が、自動車が走る仕組みを知ろうとするようなものかもしれない。エンジンキーがない自動車は走らず、キーがある自動車は走るということには気づくだろう。だが、だからといって、自動車が走るかどうかを決めるのはエンジンキーではないし、エンジンキーは自動車が作動する「原因」ではない。自動車には多くの部品があって、自動車を動かすためにはそれらが一緒に働く必要がある。

とはいえ、実際にはごく単純な表現型もある。高校の生物の授業で習ったのを覚えている人もいるかもしれないが、ヘモグロビン遺伝子の異なる多様体はそれぞれ異なるヘモグロビンの生産を暗号化している。遺伝子多様体のなかには鎌状赤血球症を引き起こすものがある。これは遺伝子の働き方の典型的な例だ。なぜなら、単一の遺伝子が単一の表現型――この場合、ヘモグロビンが正常か鎌状か――を暗号化しているからだ。

ところが、人間の表現型の大半は、はるかに複雑である。たとえば、人の身長は、何十個もの遺伝子の協働作用によって決まる。想像してみてほしい。絵柄つきローラーが一〇〇本搭載されたスロットマシンがあり、ジャックポット（大当たり）となるにはすべてが同じ絵柄で揃う必要があるが、ほかの組み合わせでも少額の賞金は出るとしよう。ローラーの組み合わせによって少しずつ違う結果が出るため、一回ごとの結果の予測はきわめて難しい。

ことほどさように、遺伝子の効果を識別するのは難しい。遺伝子が表現型に影響を及ぼすあり方は多様であり、行動の表現型ではとりわけ多いからだ。さらにややこしいことに、一つの表現型に多くの遺伝子が影響する（その形質が多遺伝子性である）ことがあるのと同様に、一つの遺伝子が多くの表現型に影響することもある。たとえば、肥満に影響する遺伝子はコレステロールの処理能力にも影響する可能性がある。これは「多面発現（性）」と呼ばれる。

こうした複雑さを考えると、遺伝子の話をするときは、ちょっとした略記法を理解しておくことが大事だ。ある形質「用」の遺伝子があると科学者が言うときに意味しているのは、ある遺伝子型の多様性がある表現型の多様性に対応することであり、必ずしも特定の遺伝子だけが特定の表現型の原因になるということではない。たとえば、ＤＲＤ４という遺伝子は、神経伝達物質ドーパミンの受容体を生成する命令を含んでいる。一部の研究では（異論もあるが）、この遺伝子に異なる多様性（遺伝子多様体は対立遺伝子《アレル》と呼ばれる）を持つ人びとには、珍しい体験を追い求めたり、新しい場所へ移住したり、ＡＤＨＤを発症したりする傾向が多かれ少なかれあるという。[28] すると、この遺伝子はそうした行動の一つの原因だ（ただし、唯一の原因ではない）と言える。しかし、それは、ＡＤＨＤ「用」の一つの特定の遺伝子があるという主張とはまったく異なる。その多様性は、私たちが機能（ドーパミンの働きなど）を理解する助けにはなるが、人間はみなドーパミン系を持っているのだ。

　遺伝子の働きを理解するには、別の方法もある。同じ種の中ではなく、種を超えて比較するのだ。その遺伝子も形質も持たない別の（おそらく近縁の）種と比較したとき、ある種において特定の形質を暗号化する新たな遺伝子が出現しているとすれば、その形質を解明するには遺伝学が重要な役割を果たすことがわかる。

　社会をはじめ、人間にかんするあらゆることを理解するためには、自然選択がカギとなる。身体の形質と同様に行動特性にかんしても、進化は「適者生存」によって進む。各世代でたまたま起こる突然変異が意味するのは、ある生物の子孫において小さな遺伝的変化が起こり、それによって個体が生き延びて生殖する可能性が増えたり減ったりするということだ（中立的変化もありうる）。

　ここで、自然選択がものを言う――ある生物が置かれた環境が、一部の個体を自然に優遇する一方でほかの個体を優遇しなければ、優遇された個体はより多くの子孫を残すことになる。環境が動物の育種家《ブリーダー》のような役割を果たし、子孫を残す個体を選ぶことによって、選択した形質を数世代のうちに改変するのだ。しかし、進化は自分がどこに向かっているのかを知らない。包括的目的もなければ、最終段階もない。遺伝子も、個体も、種も、将来どんな形質が役立つか、どの形質が次なる改変の土台となるかを予測できない。遺伝子は、生体系が情報を保存し伝達する一つの方法にすぎない。

特定の遺伝子が与える影響を識別するのも難しい。遺伝子の働きは蓋然的だからだ。別の言い方をすれば、遺伝暗号は、どのコンピューターでも同じように動作する単純なコンピューター・プログラムとは違う。遺伝子型と表現型の間に一対一の関係があることはめったにない。むしろ、遺伝子は、特定の行動をほかの行動よりも平均では多く生み出すのである――ちょうど、喫煙は肺がんを引き起こす可能性を平均ではかなり高めるものの、必ず引き起こすわけではないように。

遺伝子が置かれる環境も、いつも同じわけではない。遺伝情報は基本的に個体の生涯を通じて変わらないが、人間の物理的・社会文化的環境はきわめて変わりやすい。その結果、遺伝子が個体に与える影響は、背景に応じて大きく異なる可能性がある。自動車のたとえ話に戻ると、エンジンキーを回してアクセルペダルを踏んでも、車体が泥にどっぷりとはまっていれば、発進できない。

遺伝子は実にさまざまなレベルで環境の影響を受ける可能性がある。細胞核内の生化学的環境が、遺伝子のタンパク質への翻訳のされ方に影響するかもしれない。核外の細胞環境が、そのタンパク質の運ばれ方や機能の果たし方に影響することも考えられる。体内の環境が、物質とそれらの分子との相互作用のしやすさに影響する場合もあるだろう。さらに、体外の環境――物理的環境（雨や陽光など）と社会的環境（周りを囲むのが友か敵かなど）――でさえ、遺伝子の発現や活性化の仕方を変えてしまうこともありうる。

とはいえ、遺伝子がある環境ではある表現型にいたり、別の環境では別の表現型にいたる可能性があっても、科学者は一般に、まず遺伝子とその表現型を見て、関係があるかどうかを調べる。関係があれば、その関係が測定可能な環境要因に左右されているかどうか、またどのように左右されているかを探ることができる。[29]

遺伝子と環境の相互作用が、種としてのヒトの進化だけでなく、一人ひとりの人生をも形成することが、ますます明らかにされつつある。人間の運命の形成により大きな力を及ぼすのは遺伝子か、私たちの住む世界かと問うとき、人は暗黙のうちに、世界は遺伝子から独立していると考える。しかし、この前提はまちがっていることが、いくつもの方法で証明されている。遺伝子は、特定の環境を求めるよう人を誘導することがある。たとえば、遺伝のせいで寒がりな人は、気候の温暖な土地を居住地に選ぶかもしれない。遺伝子は、人間が環境を創り出し形成するよう誘導することさえある。たとえば、社会生活にかんして言えば、遺伝子は、人が持つ友人の数を決めるのに一役買う。さらに、第10章で見るように、個人の遺伝子は他者の環境の基礎となる部分だ。つまり、ある人の遺伝子はほかの人びとの活動の成り行きに影響を与える可能性がある。

貞操を守るプレーリーハタネズミ

ほかの動物における夫婦の絆の出現にかんする、進化期を通じての私たちの調査から、自然選択が人間の配偶行動（と集団生活）に何らかの関与をしてきたことが明らかになっている。だが、この事実について、実際の解剖学的、生理学的、遺伝学的基盤を解明するとなると、話は別だ。

この問題をより深く探究するため、神経科学者のラリー・ヤングをはじめとする研究者たちは、ハタネズミという小動物に注目してきた。プレーリーハタネズミは生来（少なくとも大半は）一夫一妻制だが、近縁種のアメリカハタネズミとヤマハタネズミは乱婚だ。

プレーリーハタネズミでは、ホルモンのオキシトシンとバソプレシンをはじめとする多くの神経伝達物質が夫婦の絆を調整することがわかっている。[30] 一夫一妻制のプレーリーハタネズミは脳の前部（前脳）の下にあるバソプレシン受容体の数が、乱婚の近縁種であるアメリカハタネズミよりも多い。バソプレシン受容体の同様のパターンは、マウスやマーモセットの一夫一妻制の種を、近縁の乱婚種とくらべた場合にも見られる。[31] そのうえ、同じ種内でさえ、ハタネズミのなかにも受容体の数が多い個体や、受容体がよい位置にある個体があり、こうした要因が夫婦の絆を育むこともある。[32]

哺乳類では、オキシトシンとバソプレシンがかなり多くの機能を担っている。オキシトシンは出産時の子宮の収縮を引き起こし、出産直後の母乳の分泌をうながすことが知られているし、母親とその子の間で一種の愛着の相互的フィードバック・ループを調整するのにも一役買う。オキシトシンの放出が多いほど、母親は自分の子およびパートナーとの情緒的結びつきを強く感じるのだ。オキシトシンのレベルは他者のふるまいによっても上下する（この現象は種を超えて起こることさえあり、たとえば、犬と飼い主が互いに見つめ合うと、オキシトシンのレベルが上がる）。[33] バソプレシンは、代表的な男性の機能のうち、勃起、射精、攻撃性、縄張り意識、においによるマーキングなどにかかわる。[34] ただし、いずれのホルモンも、両性においてそれぞれの役割を果たしている。

ハタネズミの夫婦の絆が形成される際、パートナーの識別（においなどによる）および報酬（セックスにかんするものなど）にかかわる神経経路が、オキシトシンとバソプレシンの経路と同時に活性化するようだ。それによって二つの刺激が結びつき、パートナーをえり好みするようになる。これが、ハタネズミが配偶者を識別する方法と理由だ。一夫一妻制でない種では前脳にバソプレシンの経路と受容体がないという事実は、性的報酬とパートナーの体臭の選択的結びつきがつくられないことを意味するため、そのような動物は夫婦の絆を形成できない。

誤解のないように付け加えると、ドーパミンやオピオイド（報酬システムに含まれる）といったほかの多くのホルモンや神経伝達物質、またほかの神経回路（記憶にかんする経路など）も役割を演じている。実際、人間にかんする研究のなかには、ホルモンの組み合わせが変われば、人間関係のあり方も変わる場合があると示唆するものもある。[35]

このホルモンの生理学は不変だと思われがちだ。しかし、ラリー・ヤングらのチームがきわめて大規模な実験で明らかにしたのは、乱婚種のハタネズミでも、たった一つの遺伝子（バソプレシン受容体の遺伝暗号を指定する*Avprla*遺伝子）の発現を操作すれば、基本的に一夫一妻制にできるということだ。[36] この遺伝子が、一夫一妻制のプレーリーハタネズミから乱婚のアメリカハタネズミに導入された。目的は、アメリカハタネズミの前脳にバソプレシン受容体の発現を増やすことだ。遺伝子の改変により新たに夫婦の絆を育む脳の回路を持つようになったオスのアメリカハタネズミの各個体に、愛着についての標準的テストである「パートナー嗜好テスト（ＰＰＴ）」を受けさせ、それぞれのパートナーと、「同等の刺激を与える目新しいメス」のどちらを好むかを調べた。ハタネズミが二匹のメスのそれぞれと身を寄せ合った時間が測定された。遺伝子改変したハタネズミは断然、もとのパートナーを好んだ。乱婚種であるハタネズミの対照群は違っていた。

この手の研究からわかるのは、一個あるいは数個の遺伝子が種の夫婦の絆を結ぶ行動をコントロールできるということだ。実験によって特定の遺伝子の発現の仕方を変えると、進化による変化と同じように、社会的行動を根底から改め、ハタネズミを一夫一妻制にできるのである。[37]

しかし、遺伝子と遺伝子群は単独で働くわけではないことを、忘れてはいけない。この実験の遺伝子改変が効果を発揮したのは、ほかの多くの遺伝子と協調し、同時にほかの既存の多くの神経回路、生物学的・社会生態学的要因が作用した結果だ。ある遺伝子の多様体がほかの遺伝子の多様体の働きに及ぼしうる影響は「エピスタシス」と名づけられている。仮にあなたが若白髪《わかしらが》の遺伝子を受け継いでいる（私がそうだった）としても、もっと若くして完全に禿《は》げる（私はそうはならなかった）遺伝子も受け継げば、若白髪の遺伝子は発現しないかもしれない。ハタネズミの場合は、バソプレシン受容体遺伝子の変化がこの結果を引き出すのに不可欠だった一方、この結果を引き起こした唯一の原因ではなかったし、十分な理由でさえなかった。*Avpr1a*遺伝子は不可欠であるにせよ、単独で働くわけではない。それは、自動車のエンジンキーを回すことが発進に必要なすべてだと考えるようなものだが、実際に自動車が動くのは、キーの働きがほかのあらゆる機能や構造と協調した結果だ。

一夫一妻制は、親、特に父親による保育の充実にも結びつく。進化生物学者のホピ・フークストラの研究室では、ごく近縁のマウス二種（シカシロアシマウスとハイイロシロアシマウスで、前者は乱婚、後者は一夫一妻）の親としての行動と、その行動と一夫一妻制の関係について、遺伝的土台を探る研究が行なわれた。それら二種のマウスを異種交配させ、遺伝子シークエンシング（塩基配列解析）を利用して、親による子育てにかかわる一二のゲノム領域を突き止めることができた（やはりバソプレシン遺伝子が重要だった）。そのなかには、オスのみで作用するものもあれば、メスのみ、あるいは両性共に作用するものもあった。

それらの結果からわかるのは、たとえ両性に同じような（身を寄せ合う、巣をつくるといった）行動が見られるとしても、親の子育てはオスとメスで別々に、異なる遺伝的経路を経て進化したということだ。ようするに、それらの種では親の行動には遺伝子的基盤があること、その基盤はオスとメスで異なること、遺伝子と行動の付随的変化は乱婚種よりも一夫一妻種の父親により多く見られることが、この実験で示唆された。[38]

人間の夫婦の絆（と子育て行動）にかんする遺伝学の研究はまだ揺籃《ようらん》期にあるし、人間の夫婦の絆がハタネズミやマウスのそれよりもかなり複雑なのは明らかである。私が強調したいのは、ハタネズミの研究で以上のようなことがわかったからと言って、人間にまったく同じ（神経解剖学的、生理学的、遺伝学的）プロセスが必ず生じるとは限らないということだ。とはいえ、双方のプロセスが似ていることはたしかである。

こうした但《ただ》し書きはつくものの、ある研究者グループが霊長類の研究で設計されたパートナーの絆の基準を利用して、人間の夫婦の絆に関係する遺伝子を探す試みに乗り出した。双子とその配偶者である二一八六人を対象とした研究からわかったのは、バソプレシン遺伝子受容体に見られる対立遺伝子334という特定の遺伝子多様体が、一夫一妻関係を軽んじる男性の行動に関係することだ。この対立遺伝子は、オスのハタネズミから見つかったものと類似していた。[39]

調査してみると、この特定の遺伝子多様体を持たない男性は配偶者への肯定的感情がより強く、夫婦間の問題が少ないようだった。この対立遺伝子のコピーを持たない男性ではおよそ一五パーセントが結婚生活の危機を経験した一方、二つのコピーを持つ男性の三四パーセントが結婚生活の危機を報告した。抱えるリスクは二倍というわけだ。実際、この遺伝子の多様体を持つ男性の配偶者の報告でも、結婚生活の質が相対的に低かった。あたかも、ある人の遺伝子が別の人の考えや気分に影響するかのようだ。これはまさに個体間の遺伝的影響にかかわるきわめて重要な考え方であり、のちほどさらに検討していきたい。

また、バソプレシン受容体の発現と、人間のその他のさまざまな表現型の間には関連があるかもしれない。その表現型のなかには、最初の性交の年齢、自閉症、そして、興味深いことに利他性さえも含まれる。[40]このことは、夫婦の絆の進化が、その他の社会的行動の進化と並行あるいは連続して結びついていたという見解をさらに支持するものだ。

人間のセックスの謎

すでに見てきたとおりオキシトシンは、身体の部位と同様、生殖（子との絆なども含む）にかかわる脳の部位に関与する。たとえば、ラットは自分の子と他者の子の区別がつかない。そもそも、その必要はないのだ。ラットの子は動かないので、母親はその位置から自分の子だと判断できるのである。一方、ヒツジは生まれてすぐに歩くので、ほかのヒツジの子もいる大きな群れでは、母親はにおいで自分の子を識別する必要がある。[41]オキシトシンはこのプロセスに関与する。ヒツジにオキシトシンを投与すれば、どの子ヒツジとでも――たとえ自分の子でなくても――絆を結ぶよう誘導できる。

オキシトシンのこうした神経学的機能が進化に取り込まれた目的は、子の世話と識別のほかにもあったようだ。母子の絆にかんしてあらゆる哺乳類種が共有するメカニズムが、人類を含む一部の種で改変され、メスが自分の赤ん坊に抱くのと同じ感情をパートナーにも抱くようになったらしい。そして、メスは性的側面を利用して、絆を形成して維持するようになったと見られる。女性の脳内で発火する神経回路は、赤ん坊を見るときもパートナーを見るときも同じようなものである。[42]

メスが出産する際、オキシトシンが放出され、とりわけ子宮壁の平滑筋の収縮を強めることによって分《ぶん》娩《べん》を促進する。実際、自然の素晴らしい仕組みの一つは、赤ん坊が生後すぐ、初めて乳房に吸いつくと、その刺激によってオキシトシンが放出され、胎盤娩出中に子宮の血管を収縮させ、大出血を防ぐことだ。

失血は母体にとって命取りになりかねないし、母親が死ねば、赤ん坊自身の生存の可能性も著しく低くなる。また、オキシトシンは不安をやわらげる働きもする。

しかし、ここで考えてほしいことがある。人間の乳房への刺激は向かい合ってする性交（ほかの霊長類にはほとんど存在しない）によって起こりやすくなるが、それによってまたオキシトシンが放出されるのだ。進化の観点から言うと、異性どうしが向かい合う交接が母子の結びつきの経路を活性化するという可能性は、次の点を説明する一助になるかもしれない。すなわち、人間の乳房がほかの霊長類にくらべて大きいのはなぜか、また、やはり霊長類には珍しく授乳期以外にも大きいままであるのはなぜかということを。

科学者たちの推測によれば、ペニスが膣に与える刺激が、同様の絆の経路ができるお膳立てをするのかもしれない。この推測は、やはり進化生物学で謎とされている、人間のペニスが近縁の霊長類にくらべると大きい理由の解明にもつながる可能性がある。たとえば、ゴリラのペニスの長さはたったの四センチメートル弱だ[43]。人間のペニスが必要以上に大きく進化したのは、出産のプロセスと同様の刺激を膣に与えるからかもしれないとヤングは主張している。人間がしばしば向かい合わせで性交するという珍しい事実を考えると、女性はこうしたホルモンの作用を経験する状況を記憶し、自身の性的体験と、もともと母子の絆を促進するために進化した一連の生理学的体験を結びつけるのかもしれない[44]。こうしたオキシトシン反射が起こると同時に特定の男性が心に刻み込まれ、それが夫婦の絆を支えることになる。

男性における夫婦の絆の遺伝学的ルーツの物語は、推測による部分がさらに大きい。それでも、ラリー・ヤングの主張によれば、男性がパートナーに感じる絆と愛は、元は縄張り保持のために男性において進化した神経経路の「外適応」（一八三ページ参照）かもしれないという。動物のオスはしばしば縄張りを確認し、マーキングし、守る。この行動には関連する多数の適応が必要で、そのなかには縄張りを記憶し、縄張りに愛着を感じる能力が含まれる。ヤングによれば、男性の脳内で、縄張りの概念が女性にまで拡張されるようになったのかもしれないという。[45]

念のため言っておくが、人間は縄張りと女性を意識的に結びつけているとか、女性は所有物だとか、男性においては縄張りと女性を結びつけたことが愛と夫婦の絆の進化をうながした唯一の要因だとか示唆する意図は、ヤングにはみじんもない。それでも、男性が感じる女性とのつながりが、縄張り意識とどれほど結びついているかは、人類がふるう暴力のいくつかの側面に如実に表れている。たとえば、小規模な社会ではしばしば女性をめぐる戦いがあった。また、近代でさえ、戦意高揚のためのポスターには、女性たちを守るという口実が利用されてきた。第二次大戦中のドイツでソビエト軍が行ない、一九七一年のバングラデシュ独立戦争でパキスタン軍が行なった集団強姦も、男性の縄張り意識と性行動がそのように進化のなかで融合し、おぞましく逸脱した例と見ることができる。

人間の行動を進化にもとづいて説明しようとしてもあいまいな部分が多く、科学者からは「いかにももっともらしいだけの話」として一蹴されかねない。たとえ、そうした仮説のなかに人間の夫婦の絆を生理学的に説明できるものがあるとしても、どれが最適かはまだわからない。それでも、ヒトの進化を通して、遺伝子、ホルモン、身体構造における多くの複雑な変化が集積し、文化的・道徳的慣行を育む土台となって、私たちの性と愛についての考え方、感じ方、行動を形成してきたのは明らかだ。

パートナー選びと自然選択

人間の遺伝子は、パートナーへの全般的な愛着感のみならず、私たちが選ぶ具体的なパートナーにも関与する。自然選択の観点からすると、これは驚くべきことではない。パートナーの選択は、生殖の成功と、各世代が次世代に伝える遺伝物質のタイプを左右するからだ。遺伝子がパートナー選びに関与していることが判明したという事実は、社会性一式のこの重要な部分が進化によって形成されてきたとする主張をいっそう強力に支持するものだ。

人間の配偶者どうしは一般に、魅力、健康、宗教、政治など多くの点で互いに似通っている。その類似性のなかには、配偶者どうしが相手の宗教に改宗したり、食べ物の好みを合わせたりといった、広く認められる傾向から生じるものもある。しかし、類似点の多くは、そもそも似た者どうしが結婚する同類婚すなわち「同類交配」の傾向から生じる。同類交配は変更可能な形質（宗教など）についても、変更不能な形質（人の身長や民族性など）についても生じうる。[46] ややこしいことに、人間はときとして、ある種の形質にかんして「反対どうしが惹かれ合う」傾向を見せることもある。

一〇〇年ほど前、進化生物学者にして統計学者でもあるロナルド・フィッシャーとシューアル・ライトは別個に同じ説を唱えた。配偶者どうしの外見（すなわち表現型）が互いに似ていれば、遺伝子も類似しているという説である。[47] 大半の表現型は多数の遺伝子の協調的作用によって生じるため、同類（または異類）交配の結果、配偶者間にはゲノム内の無数の場所で遺伝相関が見られる可能性がある。

進化は実際に、人びとが自分に似た相手と絆を結びたがる嗜好を形成したかもしれない。そうなった経緯は二つ考えられる。まず、優良遺伝子説によれば、動物は進化によって、みずからのダーウィン適応度を増すような遺伝子のバージョン（対立遺伝子）を持つ配偶者を選ぶようになった。[48] どの個体も、「最も優良な」遺伝子を持つ配偶者を探している。互いに配偶者を選ぶ一夫一妻制の種では、遺伝子の「より優良な」対立遺伝子多様体を持つ者どうしが交配することができ、「劣った」対立遺伝子を持つ者はあぶれて、やはり同類の相手と交配する。[49]

たとえば、筋力の強さが有利であり、したがって配偶者の条件として好まれるとしよう。すると、屈強な人びとは別の屈強な人びとと交配するのを好む。子の適応度が最大になるからだ。一方、あぶれた虚弱な人びとは同じように虚弱な人びとと交配することになる。屈強な人も虚弱な人もともに屈強な配偶者を求めるものの、双方に選択権があるため、筋力による同類交配が生じる。そのようなプロセスの結果、パートナーどうしの遺伝子に類似が見られることになる。

配偶者選びの基本的方法の二つめは、遺伝的類似性理論である。人びとは遺伝的に類似した個体を最適な配偶者として好むと仮定するものだ。[50] この仮説では、配偶者のペアが持つ任意の遺伝子の類似性が、単身の個体では持てない有利性をもたらすとされる。[51]

屈強な人との交配に利点はないが、筋力が同じ相手との生殖には、効率上の利点（と適応度の有利性）があると想像してみよう。もしも、ある食べ物を好きにさせる遺伝子や、ある温度で寒さを感じさせる遺伝子をあなたが持っていれば、その種の問題には、同じ形質を持つ人を配偶者とすることでより効率的に対処できるかもしれない。二人は同じ食べ物を探せばいいし、寝室の温度調節をめぐって口論をしなくても済むからだ。[52]

だが、配偶者選びへの遺伝子のかかわり方はもう一つある。適合遺伝子説と呼ばれるもので、異類交配が関係する。個体が選ぶのは次のような遺伝子多様体を持つ配偶者かもしれない。つまり、自身と対照的な遺伝子多様体とペアになったときに適応度が増すようなそれだ。この説はヘテロ（異型）接合体優位という考え方にかかわっている。たとえば身長について考えてみると、高身長と低身長の両方の遺伝子が混ざった状態が最適ということもありうる。背が高いと捕食者に目を付けられるかもしれないし、背が低いと狩りでは効率が悪いため、混ざり合った遺伝子が指令する中くらいの身長が最善かもしれないからだ。

パートナー選びの原動力は遺伝や人類の進化歴だけだと主張するのは――あるいはそれらがおもな要因だと言うことすら――馬鹿げている。ある人に特有の意識的願望、興味、文化と人生経験の両方を通じて形成された偏見などを軽視すべきではない。それでも、それらの選択に影響を与える一連の遺伝的プロセスはたしかにある。人間を含む多様な種におけるこれら三種類のメカニズムのすべてにかんし、科学者たちは証拠を発見している。多くの動物で、体の大きさや性格といった特定の形質や、ほかの外見的特徴については、同類交配によってうまく説明されてきた。[53] 免疫機能のような目に見えない特徴にかんしては、異類交配という説明も使われてきた。[54]

進化によって人間が異類交配のパートナー選びをするようになったと推測される領域について考えてみよう。ヒト白血球抗原（ＨＬＡ）と呼ばれるタンパク質は免疫細胞の表面にあり、感染症と闘う働きをする。また、体臭、血縁関係の発見、妊娠にも関与するようだ。多種多様な無数の病原菌と闘うためには、免疫系は多くの種類のそうしたタンパク質を持つほうが有利だ。したがって、いかなるＨＬＡ遺伝子にとってもヘテロ接合であることが最も望ましい。こうして、遺伝子の二つのコピーが、生成されるタンパク質の二つの異なる多様体の遺伝暗号を指定するのである。

近縁者どうしの交配は、子の多様なＨＬＡ遺伝子の両方のコピーが同じとなるホモ接合の可能性が高いため、最適とは言えない。したがって、近縁関係になく、それゆえ全ＨＬＡ遺伝子が異なる多様体を持つ可能性がより高い個体との生殖が、個体にとって有利になる。さらに、どうやら人間には、異なるＨＬＡ遺伝子を持つパートナーを選ぶ能力があるようなのだ。[55]

「体臭」と支持政党

誰のＨＬＡ遺伝子にも簡単に見分けられる指標はないのに、どうしてそんなことができるのだろう？人間がそれをやってのける方法の一つが、においの利用だ。多くの動物が、異なるＨＬＡ（人間以外の動物ではＭＨＣ遺伝子と呼ばれる）を持つ配偶者を選ぶために嗅覚信号を使う。人間もそうしているという一定の根拠があり、最初にそれを確かめる実験が行なわれたのは一九九五年のことだった。[56]四九人の女性が四四人の男性の体臭を評価するよう依頼され、男性が二晩着て寝たＴシャツのにおいを嗅《か》ぐブラインド（目隠し）テストに臨んだ。平均すると、女性は異なるＨＬＡ遺伝子を持つ男性の体臭をより快いと感じた。異なる遺伝子を持つ男性のＴシャツは、直近のパートナーの体臭を思い出させる可能性も高かった。[57]その後行なわれたいくつかの研究でも、同様の結果が出ている。

ここで強調しておきたいのは、ＨＬＡの産物として生じるにおいにもとづく配偶者選びは、パートナー選びにおいてごく小さな部分を担っているにすぎないということだ。とはいえ、生物学的要素が何らかの重要な働きをしているのはたしからしい。[58]

舞台裏でそうしたプロセスが作用する結果、カップルのＨＬＡ遺伝子型は多少異なるものと予測される。[59]とはいえ、さまざまな方法論的理由から、それを確かめるのは難しい。たとえば、パートナーには民族的背景が同じ相手を選ぶ傾向があるので、カップルはこうして共有される境遇だけにもとづいて似たＨＬＡ遺伝子多様体を持つ傾向がある。その可能性を考慮して調整するためには、民族グループ内のカップルに注目し、民族的背景にもとづく類似点以上に似ているか、あるいは似ていないのかを見る必要がある。この種の研究の一つがフッター派〔訳注：アメリカやカナダの一部で農業に従事し財産共有の生活を営む再洗礼派〕のコミュニティで行なわれ、五個のHLA遺伝子上に異類交配の根拠が見つかった。しかし、アマゾンの隔絶された民族グループで行なわれた別の研究では、カップルのHLA遺伝子が似ていない度合いは、無作為の配偶により生じる違いと差がなかった。[60]

パートナーの特定の体臭への好みは、HLAシステムだけに関係するわけではないかもしれない。においがパートナーの質と適性にかんする情報を伝える理由は、ほかにもあるのではないだろうか？　また、においの好みを生む別の経路も考えられる。親、特に異性の親と近しく接したために、あるにおいを好むようになるという一種の刷り込みである。[61] そうしてできたメカニズムによって、進化は、似ていない配偶者ばかりでなく似た配偶者の選択も支持しながら、生殖作用を形成していったのかもしれない。遺伝子は人間の態度（攻撃性やリスクの回避など）や行動（アルコール依存症、利他主義、放浪癖など）に関与すること、同じ価値観を持つ夫婦のほうがうまくいきやすいことを考えると、それらの遺伝子が相似したパートナーは生殖において成功しやすいのかもしれない。[62] 嗅覚やその他の手がかりを通じて他人の遺伝子型を知ることができるとすれば、それは人類が同類性を維持するメカニズムとなるかもしれない。特に女性は、においを男性のきわめて重要な身体的属性として評価することが多く、容姿よりも重視する場合さえある。[63]

政治学者のローズ・マクダーモット、ダスティン・ティングリー、ピーター・ハテミによれば、政治的イデオロギーにもとづく同類交配には、嗅覚を手がかりに行なわれる部分もあるかもしれないという。わずかだが識別できる程度に、人は似通った政治的志向を持つ配偶者のにおいを好むことがわかったというのだ！　この実験では、一二五人の参加者が、極端な政治的志向によって選ばれた二一人の対象者の体臭をブラインドテストで評価した。対象者は体臭サンプル（わきの下に二四時間装着していたガーゼのパッド）を提供し、参加者はそれを嗅いで、どのくらい魅力的なにおいかを評価した。参加者たちは異性の体臭への顕著な好みを示したが、驚いたことに、似たような政治的イデオロギーを持つ人の体臭も好んだのだ。

この実験の内容にかんするコメントに、びっくり仰天するようなものがある。

ある女性参加者は実験者に、サンプルの小瓶を持ち帰ってもいいかとたずねた。「これまで嗅いだなかで一番すてきな香り」だと思うから、というのがその理由だ。その小瓶を提供したのは彼女と同じイデオロギーを信奉する男性だった。彼女の前に回答した参加者は、そのサンプルの提供者とは正反対のイデオロギーを信奉していた。その［先に回答した］参加者は、まさに同じサンプルについて「異臭がする」と報告し、交換すべきではないかと言った。[64]

誤解のないように言っておくが、どんな政党にも、入党資格となる遺伝子（や体臭）は存在しない。それでも学者たちは、生存に影響を与えかねない、より根源的な生体関連形質への遺伝的偏愛が存在するものと考えている。その一例が、両親に従ったり権威を尊重したりする「保守的」傾向だ。近代社会では、そのような遺伝子が斬新《ざんしん》さ、伝統、プライバシーなどへの興味に影響を与え、政党への入党や政治信条において一定の役割を果たすようになったのかもしれない。同じ政治信条を持つ人の体臭に惹かれるのは、生殖を最大限に成功させるための原始的仕組みの名残《なごり》かもしれない。

私の研究室では、二つの母集団から抽出した血縁関係のない異性愛の配偶者ペア一六八三組のデータを使い、一〇〇万以上の遺伝子座を調べてみた。遺伝子型が同類の交配と異類の交配が、HLA遺伝子だけではなくゲノム全体で起きるかどうかを探ったのだ。[65] また、比較のためにデータ上で人びとを人工的に組み合わせてみた（つまり、異性愛者の他人どうしのペアをつくってみた）。それによって、同じ母集団において、無作為な交配とくらべて同類性がどの程度異なるかを測ることができた。その結果、ゲノム全体を通じて、偶然に任せた場合よりも強い同類性や異類性を示す何百もの遺伝子座が見つかった。[66]

それから、人間の進化において同類性が果たした可能性のある役割を探るため、さらに分析を進めた。配偶者のあいだで同じ傾向が見られるヒトゲノム領域が、過去三万年間でより早く進化したかどうかを測定してみたのだ。同類交配に適応上の利点があるとすれば、その領域の進化が早まったはずだからだ。すると、配偶者間で中程度の同類性を示した遺伝子座でさえ、同類交配が見られない遺伝子座や異類交配が見られる遺伝子座よりも進化が早かったことがわかった。つまり、同類交配は何らかの形でヒトの適応度を増す働きをし、その結果、関係する遺伝子多様体が優勢になるということだ。

分析からわかったのは、結局のところ、私たちがサンプルとした人びとは四従兄弟姉妹《よいとこ》（訳注：四代前の祖先が兄弟姉妹である続柄）と同程度の遺伝的つながりのあるパートナーを（たとえ実際の血縁関係はなくても）人口全体から選んでいたということだ。アイスランドの大きな母集団で行なわれた別の研究では、三従兄弟姉妹《みいとこ》あるいは四従兄弟姉妹と同程度の遺伝的つながりのあるカップルに最も多数の子がいた。より近い関係（従兄弟姉妹《いとこ》と同程度の遺伝的つながり）のカップルのほうが、生き延びた子は少なかった。相似性があまりに少ないカップルも同様だった。[67]

これらをはじめとするいくつもの研究によって、個体が特定のパートナーに惹かれ、そのパートナーを選ぶ際に遺伝子の影響を受けているという見解が裏づけられている。相手は誰でもいいというわけではない。遺伝子どうしが謀《はか》り合って人と人を結びつける働きをしているようだ。選んだパートナーが、あなた自身の生存の可能性にも、あなたの子の生存の可能性にも、究極的にはあなたの遺伝子が伝えられていく可能性にも影響するからである。

そして人間は「パートナーへの愛」から「自集団への愛」に進んだ

一夫一妻制は一種の根源的平等主義と見ることができる。誰もが同じ数のパートナーを持つからだ。人間が夫婦の絆と、これまで見てきたそれに関連するプロセスを進化させると、それに続いて、人類の社会生活における多くの進化的発達が容易になった。

夫婦の絆は、配偶者の男女が共に育児に取り組み、労働を分担する子育ての仕方への前適応の役割を果たしたようだ。「前適応」とは、進化の当初の目的とは別の目的に役立つようになった形質のことである（たとえば、ある種の魚では、手足に似たひれが陸上生活への前適応の役割を果たした）。人間はほかの霊長類よりも大きな脳を持って生まれ、成熟が遅いため、子育てにかかるコストが相対的に高いことを考えると、両親による子育ては非常に有用だ。父母の間に夫婦の絆があれば、子は父親を（幼少期に近くにいるから）まちがいなく認識できる。そして、対称的に父親のほうも、自分の子をまちがいなく認識できる。これも画期的な進化的発達で、ほかの動物にはあまり見られない。

相互認識と持続的愛着が、両性の個体と複数の世代を含む新しいタイプの家族構造への道を拓いた。そうしたより大きな集団では、親族の認識が集団内の協力関係のさらなる進化をうながした。自分の子以外の子の養育に大人たちが協力し投資するアロペアレンティング（代理養育）が、その一例である。それらすべてを土台として、より平等な関係と協力が集団内でますます一般的なものとなった。ヒト科の集団に属する多くのメンバーが、遺伝的に、つまり生殖的に近縁の関係にあり、しかも同じ場所に生息していたからだ。

しかし、やがて協力が人間の特技の一つとして定着すると、集団内の他者と遺伝的な結びつきを持つ必要性が減っていったのかもしれない。狩猟採集民の集団《バンド》（ハッザ族など）内部に見られる社会的つながりの大半は血縁関係ではない。遺伝学の研究によれば、人間の集団のそうしたあり方は少なくとも三万年前から存在していたらしい[68]。

実際、ほかの霊長類とくらべると、人類の社会組織の顕著な特徴は、血縁関係のない大勢の個体と共に暮らすことだ。正確に言えば、人間はオスもメスも複数いる集団で生活し、配偶者との間に夫婦の絆を結ぶため、その集団は厳密には複数家族集団だと言える。さらに、ほかの霊長類とは異なり、人間の家族は父系のみ、母系のみの親族と共に過ごす必要はなく、いわゆる多所居住の形をとって一方から他方へ移ることができる。

そうした住み方の特徴の起源は複雑だが、一つの経路として、夫婦の絆と両親による子育てへの共同投資の結果、両性が特に居住にかんする意思決定でより平等になったことが挙げられる。母親と父親の双方が、自分の親族と一緒の生活を――別々の時期にかもしれないが――選択できるのだ。長きにわたって各集団の多くのメンバーがこの選択権を行使した結果、かなり混成された、おおむね血縁関係のない一連の集団ができ上がったのだろう。ようするに、狩猟採集民の野営集団内に見られる血縁関係の度合いの低さは、男性と女性がそれぞれの親族と共に時間を過ごそうとするうちに、自然に生じたのだ[69]。こうして、夫婦の絆と共同の子育てが、血縁関係のない人たちとの協力と友情の土台となったのである。

おおむね非血縁者から成るそのような集団の中で、人びとは血縁関係のない友人を持てるようになった。それについては第8章と第9章で見ていく。感情と愛着の輪を広げることが可能となった。人間の集団にとって大切な協力の方法である食物の分かち合いについて考えてみよう。食物を入手したその場で一緒に食べるだけでなく、他者と分け合うためには、ある場所から別の場所へと運べなくてはならない。したがって、分け合う目的での食物の採集はおそらく、二足歩行と共進化したのだろう。二足歩行により、両手が空いて、パートナーや子のもとへ食物を持ち帰ることができるようになったからだ。[70]

そうした行動が霊長類の夫婦の絆を背景として出現すると、次いで、より幅広い他者との分かち合いが行なわれるようになる。余分な食物は、近くにいる、たいがいは血縁関係のないほかの個体に与えられ、あるいは引き取られた。また、霊長類の間にすでに広まっていた共食も前適応の一つだった。個体どうしが互いの近くで食べることに喜びを感じたのである。[71]

まとめると、夫婦の絆と原初的家族の出現が核となって、集団生活にかんするより広範な特徴が育まれ、社会性一式のほかの側面が現れてきた。私たちは、パートナー、子、親族への愛着と愛情の輪の外へ出て、自分の友人と自分の集団への愛着と愛情へと歩を進めていったのだ。

（下巻につづく）

ると、それを基盤として、新しい型の文化的選択が働き、さらに非血縁者との協力も登場するようになった。P. Richerson et al., "Cultural Group Selection Plays an Essential Role in Explaining Human Cooperation: A Sketch of the Evidence," *Behavioral and Brain Sciences* 39 (2014): e30.

60. C. Ober, L. R. Weitkamp, N. Cox, H. Dytch, D. Kostyu, and S. Elias, "HLA and Mate Choice in Humans," *American Journal of Human Genetics* 61 (1997): 497–504; P. W. Hedrick and F. L. Black, "HLA and Mate Selection: No Evidence in South Amerindians," *American Journal of Human Genetics* 61 (1997): 505–511.
61. T. Bereczkei, P. Gyuris, and G. E. Weiseld, "Sexual Imprinting in Human Mate Choice," *Proceedings of the Royal Society B* 271 (2004): 1129–1134.
62. T. J. C. Polderman et al., "Meta-Analysis of the Heritability of Human Traits Based on Fifty Years of Twin Studies," *Nature Genetics* 47 (2015): 702–709.
63. R. S. Herz and M. Inzlicht, "Sex Differences in Response to Physical and Social Factors Involved in Human Mate Selection: The Importance of Smell for Women," *Evolution and Human Behavior* 23 (2002): 359–364.
64. R. McDermott, D. Tingley, and P. K. Hatemi, "Assortative Mating on Ideology Could Operate Through Olfactory Cues," *American Journal of Political Science* 58 (2014): 997–1005.
65. A. Nishi, J. H. Fowler, and N. A. Christakis, "Assortative Mating at Loci Under Recent Natural Selection in Humans" (unpublished manuscript, 2012). 数件の小規模な研究により、ヒトは遺伝的に似た相手との配偶をどの程優先するのか、それが進化にとって何を意味するのかが探られてきた。以下を参照のこと。R. Sebro, T. J. Hoffman, C. Lange, J. J. Rogus, and N. J. Risch, "Testing for Non-Random Mating: Evidence for Ancestry-Related Assortative Mating in the Framingham Heart Study," *Genetic Epidemiology* 34 (2010): 674–679; and R. Laurent, B. Toupance, and R. Chaix, "Non-Random Mate Choice in Humans: Insights from a Genome Scan," *Molecular Ecology* 21 (2012): 587–596.
66. 私たちの分析では、HLA領域での異類交配を裏づける実質的な根拠は見つからなかった。Nishi, Fowler, and Christakis, "Assortative Mating." この結果は、先行するいくつかの研究とも合致する。例として以下を参照のこと。Chaix, Chao, and Donnelly, "Mate Choice"; A. Derti, C. Cenik, P. Kraft, and F. P. Roth, "Absence of Evidence for MHC-Dependent Mate Selection Within HapMap Populations," *PLOS Genetics* 6 (2010): e1000925.
67. 前者は近親交配の不利益に関係する。後者は、ヒトのゲノム中の遺伝子の複数の組み合わせがしばしば共適応し協働するという事実に関係する。したがって、自身とあまりにも異なる人との生殖は、そうした遺伝子の相乗作用を損ない、やはり生存する子を減らす結果を引き起こしかねない。A. Helgason, S. Palsson, D. F. Gudbjartsson, T. Kristjansson, and K. Stefansson, "An Association Between the Kinship and Fertility of Human Couples," *Science* 319 (2008): 813–816.
68. K. R. Hill et al., "Co-Residence Patterns in Hunter-Gatherer Societies Show Unique Human Social Structure," *Science* 331 (2011): 1286–1289; C. L. Apicella, F. W. Marlowe, J. H. Fowler, and N. A. Christakis, "Social Networks and Cooperation in Hunter-Gatherers," *Nature* 481 (2012): 497–501; M. Sikora et al., "Ancient Genomes Show Social and Reproductive Behavior of Early Upper Paleolithic Foragers," *Science* 358 (2017): 659–662.
69. M. Dyble et al., "Sex Equality Can Explain the Unique Structure of Hunter-Gatherer Bands," *Science* 348 (2015): 796–798.
70. Chapais, *Primeval Kinship*, p. 179.
71. 前述したように、夫婦の絆は、オスのエネルギーが向かう先を、交尾のための争いから、よりよい供給者になるための争いへと方向転換させもした。また、夫婦の絆によってオスの近親者を認知することが可能になったことにより、個体が近親者を優遇するために利用したメカニズムの効率が劇的に上がり、それが集団内の連携や同盟の出現をうながしたかもしれない。以下を参照のこと。Gavrilets, "Human Origins"; Chapais, *Primeval Kinship;* M. Mesterton-Gibbons, S. Gavrilets, J. Gravner, and E. Akcay, "Models of Coalition or Alliance Formation," *Journal of Theoretical Biology* 274 (2011): 187–204. ひとたび家族集団と分かち合いが確立され

1560–1563; F. Fu, M. A. Nowak, N. A. Christakis, and J. H. Fowler, "The Evolution of Homophily," *Scientific Reports* 2 (2012): 845.

52. この場合、遺伝子型における同類交配が、本来は中立的な突然変異遺伝子型を一種の「優良遺伝子」に変えるかもしれない。とはいえ、突然変異の遺伝子型が珍しく、ことに当初は有利でない場合は、劣性対立遺伝子（マイナーアレル）を持つ配偶者を見つけるのはコストがかさむかもしれない。

53. Jones and Ratterman, "Mate Choice"; Y. Jiang, D. I. Bolnick, and M. Kirkpatrick, "Assortative Mating in Animals," *American Naturalist* 181 (2013): E125–E138; Russell, Wells, and Rushton, "Evidence for Genetic Similarity."

54. R. Laurent and R. Chaix, "MHC-Dependent Mate Choice in Humans: Why Genomic Patterns from the HapMap European American Dataset Support the Hypothesis," *Bioessays* 34 (2012): 267–271. 自身の顔との類似に対する異類性もあり得る。L. M. DeBruine et al., "Opposite-Sex Siblings Decrease Attraction, but Not Prosocial Attributions, to Self-Resembling Opposite-Sex Faces," *PNAS: Proceedings of the National Academy of Sciences* 108 (2011): 11710–11714.

55. J. Havlicek and S. C. Roberts, "MHC-Correlated Mate Choice in Humans: A Review," *Psychoneuroendocrinology* 34 (2009): 497–512. 興味深いことに、においの好みとMHCについての研究の一部では、経口避妊薬を使用している女性には同じ効果が表れないという結果になった。避妊薬の使用が「自然な」パートナー選びを妨げる限り、どんな結婚でも、やがて女性がパートナーに魅力を感じにくくなり、そのせいで離婚の危機が高まることになりかねない。この見解について疫学的なテストをすることは、原則的には可能なはずだ。

56. C. Wedekind, T. Seebeck, F. Bettens, and A. J. Paepke, "MHC-Dependent Mate Preferences in Humans," *Proceedings of the Royal Society B* 260 (1995): 245–249. 以下も参照のこと。C. Wedekind and S. Füri, "Body Odour Preferences in Men and Women: Do They Aim for Specific MHC Combinations or Simply Heterozygosity?," *Proceedings of the Royal Society B* 264 (1997): 1471–1479.

57. MHC遺伝子が体臭に関与するのは明白であるものの、その正確な方法は、まだ解明されていない。M. Milinski, I. Croy, T. Hummel, and T. Boehm, "Major Histocompatibility Complex Peptide Ligands as Olfactory Cues in Human Body Odour Assessment," *Proceedings of the Royal Society B* 280 (2013): 20122889.

58. HLAがパートナー選びを左右し得るその他の方法は、顔の好みによる。ヒトは明らかに、配偶者候補の顔にかなりの重きを置く。少なくとも男性の場合、より魅力的だと判断される顔にはHLAのヘテロ接合性が関係することを示す根拠がある。ただし、男性にとっては、女性のパートナーから好ましいと思ってもらうために越えるべきハードルがまだある。女性は、HLAゲノムが自分に近い男性の顔を、HLAが異なる男性の顔よりも魅力的だと評価した。したがって、理想を言えば、男性は異なるHLA遺伝子を2コピー持つべきだが、配偶者候補の女性が彼を最適だと思ってくれるためには、そのコピーが彼女の2コピーと似ていなければいけない。少なくとも、視覚的手がかりの場合はそうなる。注意してほしいのは、配偶者との類似というこの至上命令は、嗅覚的手がかりへの反応とは逆だということだ。嗅覚と視覚にかんして力が逆方向に働いているようであるのは、自然選択が私たちに、HLAの非類似性のレベルが最大ではなく最適な配偶者を選ぶ能力を授けたことの表れかもしれない。S. C. Roberts et al., "MHC-Assortative Facial Preferences in Humans," *Biology Letters* 1 (2005): 400–403.

59. 私の知る限り、同性愛のカップル間のHLA非類似性については、まだ誰も調べていない。異性愛の配偶者どうしと同様の結果が出れば、HLAによる好みは特定の分野に限定されず、生殖そのものと密接に組み合わさったものではないことになる。しかし、そのような結果が出なくても、そうした現象がやはり生殖の生理と結びついていることになるかもしれない。どちらの結果も興味深いだろう。

44. たとえば、ある研究によれば、オーラル・セックスもマスターベーションも、膣による性交が生み出すような、相手との関係にかんする全面的な満足感やパートナーとの親近感を女性に与えないことがわかった。S. Brody and R. M. Costa, "Satisfaction (Sexual, Life, Relationship, and Mental Health) Is Associated Directly with Penile-Vaginal Intercourse, but Inversely with Other Sexual Behavior Frequencies," *Journal of Sexual Medicine* 6 (2009): 1947–1954; S. Brody, "The Relative Health Benefits of Different Sexual Activities," *Journal of Sexual Medicine* 7 (2010): 1336–1361.
45. たとえば、プレーリーハタネズミを使った実験でわかったのは、交尾の経験がないオスはおおむね互いに無関心だが、いったん交尾すると、つがいの相手に近づくオスを撃退するようになり、この（パートナーのえり好みをし、ほかのオスを撃退する）反応は、特定のホルモン（バソプレシンなど）に拮抗物質を投与することで封じ込められることだ。J. T. Winslow, N. Hastings, C. S. Carter, C. R. Harbaugh, and T. R. Insel, "A Role for Central Vasopressin in Pair-Bonding in Monogamous Prairie Voles," *Nature* 365 (1993): 545–548.
46. 配偶者の間にも「反対のものどうしが惹かれ合う」力学が働き得る。締まり屋と結婚する浪費家の例（S. I. Rick, D. A. Small, and E. J. Finkel, "Fatal [Fiscal] Attraction: Spendthrifts and Tightwads in Marriage," *Journal of Marketing Research* 48 [2011]: 228–237などを参照のこと）、指導者と結婚する追随者の例（C. D. Dryer and L. M. Horowitz, "When Do Opposites Attract? Interpersonal Complementarity Versus Similarity," *Journal of Personality and Social Psychology* 72 [1997]: 592–603などを参照のこと）；異なるHLA型どうしが互いを選ぶ例（R. Chaix, C. Chao, and P. Donnelly, "Is Mate Choice in Humans MHC-Dependent?," *PLOS Genetics* 4 [2008]: e1000184などを参照のこと）；サド・マゾ的な性の趣味がぴったり一致したカップルの例さえある(B. L. Stiles and R. E. Clark, "BDSM: A Sub-cultural Analysis of Sacrifices and Delights," *Deviant Behavior* 32 [2011]: 158–189などを参照のこと）。
47. R. A. Fisher, "The Correlation Between Relatives on the Supposition of Mendelian Inheritance," *Transactions of the Royal Society of Edinburgh* 52 (1918): 399–433; S. Wright, "Systems of Mating. III: Assortative Mating Based on Somatic Resemblance," *Genetics* 6 (1920): 144–161.
48. B. D. Neff and T. E. Pitcher, "Genetic Quality and Sexual Selection: An Integrated Framework for Good Genes and Compatible Genes," *Molecular Ecology* 14 (2005): 19– 38; H. L. Mays Jr. and G. E. Hill, "Choosing Mates: Good Genes Versus Genes That Are a Good Fit," *Trends in Ecology and Evolution* 19 (2004): 554–559; M. Andersson and L. W. Simmons, "Sexual Selection and Mate Choice," *Trends in Ecology and Evolution* 21 (2006): 296–302; A. G. Jones and N. L. Ratterman, "Mate Choice and Sexual Selection: What Have We Learned Since Darwin?," *PNAS: Proceedings of the National Academy of Sciences* 106 (2009): 10001–10008.
49. F. de Waal and S. Gavrilets, "Monogamy with a Purpose," *PNAS: Proceedings of the National Academy of Sciences* 110 (2013): 15167–15168; Lukas and Clutton-Brock, "Evolution of Social Monogamy"; G. Stulp, A. P. Buunk, R. Kurzban, and S. Verhulst, "The Height of Choosiness: Mutual Mate Choice for Stature Results in Suboptimal Pair Formation for Both Sexes," *Animal Behaviou*r 86 (2013): 37–46; S. A. Baldauf, H. Kullmann, S. H. Schroth, T. Thunken, and T. C. Bakker, "You Can't Always Get What You Want: Size Assortative Mating by Mutual Mate Choice as a Resolution of Sexual Conflict," *BMC Evolutionary Biology* 9 (2009): 129.
50. R. J. H. Russell, P. A. Wells, and J. P. Rushton, "Evidence for Genetic Similarity Detection in Human Marriage," *Ethology and Sociobiology* 6 (1985): 183–187.
51. T. Antal, H. Ohtsuki, J. Wakeley, P. D. Taylor, and M. A. Nowak, "Evolution of Cooperation by Phenotypic Similarity," *PNAS: Proceedings of the National Academy of Sciences* 106 (2009): 8597–8600; M. A. Nowak, "Five Rules for the Evolution of Cooperation," Science 314 (2006):

Him? Why Her? (New York: Henry Holt, 2009).（邦訳：『「運命の人」は脳内ホルモンで決まる！：４つのパーソナリティ・タイプが教える愛の法則』吉田利子訳　講談社）
36. M. M. Lim et al., "Enhanced Partner Preference in a Promiscuous Species by Manipulating the Expression of a Single Gene," *Nature* 429 (2004): 754–757.
37. 実際には、状況はこれよりも複雑だ。別のグループによるその後の研究により、やはり同様のバソプレシン受容体を持つ、一夫一妻制でないハタネズミの種が他に複数あることがわかった。受容体の発現を司るDNAの正確なシークエンスが重要らしい。この分野は研究途上にある。以下を参照のこと。S. Fink, L. Excoffier, and G. Heckel, "Mammalian Monogamy Is Not Controlled by a Single Gene," *PNAS: Proceedings of the National Academy of Sciences* 103 (2006): 10956–10960; McGraw and Young, "Prairie Vole."
38. A. Bendesky et al., "The Genetic Basis of Parental Care Evolution in Monogamous Mice," *Nature* 544 (2017): 434–439.
39. H. Walum et al., "Genetic Variation in the Vasopressin Receptor 1a Gene *(AVPR1A)* Associates with Pair-Bonding Behavior in Humans," *PNAS: Proceedings of the National Academy of Sciences* 105 (2008): 14153–14156.
40. Z. M. Prichard, A. J. Mackinnon, A. F. Jorm, and S. Easteal, "*AVPR1A* and *OXTR* Polymorphisms Are Associated with Sexual and Reproductive Behavioral Phenotypes in Humans," *Human Mutation* 28 (2007): 1150; T. H. Wassink et al., "Examination of AVPR1a as an Autism Susceptibility Gene," *Molecular Psychiatry* 9 (2004): 968–972; N. Yirmiya et al., "Association Between the Arginine Vasopressin 1a Receptor (AVPR1a) Gene and Autism in a Family-Based Study: Mediation by Socialization Skills," *Molecular Psychiatry* 11 (2006): 488–494; A. Knafo et al., "Individual Differences in Allocation of Funds in the Dictator Game Associated with Length of the Arginine Vasopressin 1a Receptor RS3 Promoter Region and Correlation Between RS3 Length and Hippocampal mRNA," *Genes, Brain and Behavior* 7 (2007): 266–275. 他の実験により、パートナーのえり好みは遺伝子だけに制御されるわけではなく、「後成的」〔訳注：遺伝子の作用に直接関係なしに起こること〕にも制御されることが示されている。これは、遺伝子の発現の仕方を、遺伝子シークエンスそのもの以外のプロセスを通じて左右する一組の生物学的プロセスのことで、いわば生物学的オン／オフのスイッチ一組と言える。H. Wang, F. Duclot, Y. Liu, Z. Wang, and M. Kabbaj, "Histone Deacetylase Inhibitors Facilitate Partner Preference Formation in Female Prairie Voles," Nature Neuroscience 16 (2013): 919–924. 他にも多くの遺伝子が、人間の体のさまざまな構造的・生理的側面の遺伝暗号を指定し、私たちの配偶・社会行動に同様の役割を果たしていることはたしかだ。G. E. Robinson, R. D. Fernald, and D. F. Clayton, "Genes and Behavior," *Science* 322 (2008): 896–900.
41. D. Pissonnier, J. C. Thiery, C. Fabre-Nys, P. Poindron, and E. B. Keverne, "The Importance of Olfactory Bulb Noradrenalin for Maternal Recognition in Sheep," *Physiology and Behavior* 35 (1985): 361–363.
42. A. Bartels and S. Zeki, "The Neural Correlates of Maternal and Romantic Love," *NeuroImage* 21 (2004): 1155–1166.
43. G. B. Wislocki, "Size, Weight, and Histology of the Testes in the Gorilla," *Journal of Mammalogy* 23 (1942): 281–287. ヒトのペニスの大きさにかんしては、いくつかの説がある。一つは、ペニスはライオンのたてがみのように、一種のディスプレー（誇示するもの）として機能するというものだ。別の説では、私たちの先祖であるヒト科のメスは多数のオスと立て続けに交尾した可能性があり、長いペニスを持つオスのほうが、膣の中で最終目的地により近い部分に精子を残すことができたとされる。また別の説では、大きなペニスのほうがメスがオーガズムに達しやすいため、ヒトの先祖のメスはより大きなペニスを持つオスと優先的に交尾したとされる。L. J. Young and B. Alexander, *The Chemistry Between Us: Love, Sex, and the Science of Attraction* (New York: Penguin, 2012).

MacKeith Press, 1989), p. 96. 避妊や妊娠中絶を行なえば、当然、生まれる子の数は減る。採集民では出産の間隔は非常に長いことが少なくなく、授乳期間も長めである。

23. T. Zerjal et al., "The Genetic Legacy of the Mongols," *American Journal of Human Genetics* 72 (2003): 717–721.

24. J. Henrich, R. Boyd, and P. J. Richerson, "The Puzzle of Monogamous Marriage," *Philosophical Transactions of the Royal Society B* 367 (2012): 657–669.

25. さまざまな戦略への関心は、排卵周期によって変わることがある。M. G. Haselton and S. W. Gangestad, "Conditional Expression of Women's Desires and Men's Mate Guarding Across the Ovulatory Cycle," *Hormones and Behavior* 49 (2006): 509–518. 以下も参照のこと。D. M. Buss, "Sex Differences in Human Mate Preferences: Evolutionary Hypotheses Testing in 37 Cultures," *Behavioral and Brain Sciences* 12 (1989): 1–49.

26. E. Turkheimer, "Three Laws of Behavior Genetics and What They Mean," *Current Directions in Psychological Science* 9 (2000): 160–164.

27. T. J. C. Polderman et al., "Meta-Analysis of the Heritability of Human Traits Based on Fifty Years of Twin Studies," *Nature Genetics* 47 (2015): 702–729.

28. J. Wu, H. Xiao, H. Sun, L. Zou, and L. Q. Zhu,"Role of Dopamine Receptors in ADHD: A Systematic Meta-Analysis," *Molecular Neurobiology* 45 (2012): 605–620; C. Chen, M. Burton, E. Greenberger, and J. Dmitrieva, "Population Migration and the Variation of Dopamine D4 Receptor (DRD4) Allele Frequencies Around the Globe," *Evolution and Human Behavior* 20 (1999): 309–324; R. P. Ebstein et al., "Dopamine D4 Receptor (D4DR) Exon III Polymorphism Associated with the Human Personality Trait of Novelty Seeking," *Nature Genetics* 12 (1996): 78–80; J. Benjamin, L. Li, C. Patterson, B. D. Greenberg, D. L. Murphy, and D. H. Hamer, "Population and Familial Association Between the D4 Dopamine Receptor Gene and Measures of Novelty Seeking," *Nature Genetics* 12 (1996): 81–84; M. R. Munafo, B. Yalcin, S. A. Willis-Owen, and J. Flint, "Association of the Dopamine D4 Receptor (DRD4) Gene and Approach-Related Personality Traits: Meta-Analysis and New Data," *Biological Psychiatry* 63 (2008): 197–206.

29. 一例として以下を参照のこと。J. N. Rosenquist, S. F. Lehrer, A. J. O'Malley, A. M. Zaslavsky, J. W. Smoller, and N. A. Christakis, "Cohort of Birth Modifies the Association Between FTO Genotype and BMI," *PNAS: Proceedings of the National Academy of Sciences* 112 (2015): 354–359.

30. 普通、動物や種による違いは、ホルモンのレベルや構造の変化よりも、ホルモンや神経伝達物質の受容体の変化を反映する。違いのなかには、受容体とホルモンが結合する強さ、そのような受容体の数、そうした結合に関係する情報を受容体が伝達する方法、細胞・神経構造レベルでの受容体の位置などが含まれる。

31. L. J. Young and Z. Wang, "The Neurobiology of Pair-Bonding," *Nature Neuroscience* 7 (2004): 1048–1054.

32. E. A. Hammock and L. J. Young, "Variation in the Vasopressin V1a Receptor Promoter and Expression: Implications for Inter- and Intraspecific Variation in Social Behaviour," *European Journal of Neuroscience* 16 (2002): 399–402.

33. M. Nagasawa et al., "Oxytocin-Gaze Positive Loop and the Coevolution of Human-Dog Bonds," *Science* 348 (2015): 333–336.

34. P. T. Ellison and P. B. Gray編 *Endocrinology of Social Relationships* (Cambridge, MA: Harvard University Press, 2009); Z. R. Donaldson and L. J. Young, "Oxytocin, Vasopressin, and the Neurogenetics of Sociality," *Science* 322 (2008): 900–904.

35. たとえば、簡略化した分類では、冒険型（おもにドーパミン系によって動く）、建設型（セロトニン）、指導型（テストステロン）、交渉型（エストロゲン）がある。H. Fisher, *Why*

Yet Resolved?," *Philosophical Transactions of the Royal Society B* 371 (2016): 20150140.
9. Lukas and Clutton-Brock, "Evolution of Social Monogamy."
10. J. C. Mitani, "The Behavioral Regulation of Monogamy in Gibbons *(Hylobates muelleri)*," *Behavioral Ecology and Sociobiology* 15 (1984): 225–229.
11. S. Shultz, C. Opie, and Q. D. Atkinson, "Stepwise Evolution of Stable Sociality in Primates," *Nature* 479 (2011): 219–222. 私たちの先祖の食習慣が変わった結果、女性による採集の範囲が広がった可能性があり、そのせいで男性が2人以上の女性を庇護しにくくなった可能性がある。霊長類が単身生活から社会生活へと最初に移行した原因はいくつも考えられる。集団で生活するようになったおかげで、捕食される危険は減じただろう。捕食される危険は、それ以前の進化的変化である夜行性の生活から昼行性の生活への移行にともなって生じた。また、ひとたび社会的になった系統はずっと社会的なままで、単身での生活パターンへの逆戻りはなかった。
12. W. D. Lassek and S. J. C. Gaulin, "Costs and Benefits of Fat-Free Muscle Mass in Men: Relationship to Mating Success, Dietary Requirements, and Native Immunity," *Evolution and Human Behavior* 30 (2009): 322–328; A. Sell, L. S. E. Hone, and N. Pound, "The Importance of Physical Strength to Human Males," *Human Nature* 23 (2012): 30–44.
13. J. M. Plavcan, "Sexual Dimorphism in Primate Evolution," *American Journal of Physical Anthropology* 116 (2002): 25–53; J. M. Plavcan and C. P. van Schaik, "Intrasexual Competition and Body Weight Dimorphism in Anthropoid Primates," *American Journal of Physical Anthropology* 103 (1997): 37–68.
14. トマス・ジェファソン〔訳注：1743-1826。第3代アメリカ大統領〕もまた、ジョン・アダムズ〔訳注：1735-1826。第2代アメリカ大統領〕に宛てた1813年10月28日の書簡でこう述べている。「昔は、貴族階級でも肉体的な力による立身出世がありました。しかし、火薬が発明されて、弱い者も強い者と同様に致命的な飛び道具で武装するようになって以来、肉体の強さは、美しさや、気だての良さや、礼儀正しさや、その他のたしなみと並んで、頭角を現すための補助的な土台にすぎなくなったのです」。*The Adams - Jefferson Letters: The Complete Correspondence Between Thomas Jefferson and Abigail and John Adams*, ed. L. J. Cappon, vol. 2 (Chapel Hill: University of North Carolina Press, 1959), pp. 387–392.
15. C. L. Apicella, "Upper Body Strength Predicts Hunting Reputation and Reproductive Success in Hadza Hunter-Gatherers," *Evolution and Human Behavior* 35 (2014): 508–518.
16. S. Gavrilets, "Human Origins and the Transition from Promiscuity to Pair-Bonding," *PNAS: Proceedings of the National Academy of Sciences* 109 (2012): 9923–9928.
17. A. Fuentes, "Patterns and Trends in Primate Pair Bonds," *International Journal of Primatology* 23 (2002): 953–978. 以下も参照のこと。C. Opie, Q. D. Atkinson, R. I. M. Dunbar, and S. Shultz, "Male Infanticide Leads to Social Monogamy in Primates," *PNAS: Proceedings of the National Academy of Sciences* 110 (2013): 13328–13332.
18. R. O. Prum, "Aesthetic Evolution by Mate Choice: Darwin's Really Dangerous Idea," *Philosophical Transactions of the Royal Society B* 367 (2012): 2253–2265.
19. Gavrilets, "Human Origins."
20. この用語は正式な文書に使用されており、著名な進化生物学者ジョン・メイナード・スミスの言葉とされることが多い（ただし、私はこれまでのところ、最初の言及を見つけられずにいる）。この言い回しの初期の使用例は以下に見られる。J. Cherfas, "The Games Animals Play," *New Scientist* 75 (1977): 672–674. このようなやり方は「クレプトジニー」（メスの窃盗）とも呼ばれる。
21. Gavrilets, "Human Origins."
22. これまでに1人の女性が産んだ子の信頼できる記録で最大とされている数は、69人である（18世紀のロシアの女性）。M. M. Clay, *Quadruplets and Higher Multiple Births* (Auckland:

らべるとふつうは格段に低い。だが、繰り返しになるが、この結果は、見合い結婚は、ほかの強力な文化的な阻害要因、さらには離婚に法的な障壁がある社会で典型的であるという事実と切っても切り離せない。

92. D. M. Buss et al., "International Preferences in Selecting Mates: A Study of 37 Cultures," *Journal of Cross - Cultural Psychology* 21 (1990): 5–47. 中国、ナイジェリアなど、国によっては、愛はランクが低い。この調査でほかにわかったことは、人間がパートナーに重きを置く資質は、頼れること、精神が安定していること、親切、知性であり、これはトゥルカナ族やハッザ族による順位づけとあまり変わらない。望ましいパートナーの資質とは何かについては、文化が目に見える影響を及ぼすが、世界全体では、差異よりも相似点のほうがずっと大きかった。最も違いが大きかった要因は貞節で、これは中国、インド、インドネシア、イランでは非常に重視されるが、スウェーデン、フィンランド、ドイツでは関係ないと思われている。反対に、「わくわくさせられる性格」がフランス、日本、ブラジル、スペイン、アイルランド、アメリカでは配偶者の資質に非常に望ましいとされるが、中国、インド、イランではそれほど重要だと思われていない。

第6章

1. L. A. McGraw and L. J. Young, "The Prairie Vole: An Emerging Model Organism for Understanding the Social Brain," *Trends in Neuroscience* 33 (2010): 103–109.
2. T. Pizzuto and L. Getz, "Female Prairie Voles *(Microtus ochrogaster)* Fail to Form a New Pair After Loss of Mate," *Behavioural Processes* 43 (1998): 79–86.
3. 動物も遺伝子上の、つまり「真の」一夫一妻制をとることがあり、その場合、配偶者以外との性的関係はまったくなく、すべての子がつがいと遺伝子上の血縁関係にある。遺伝子上の一夫一妻制は一部の深海魚にも見られる。（オスとメスが互いを見つけるのがきわめて困難な環境で）メスにくらべてかなり体の小さいオスは、単に精子の源としてメスの体にしがみつき、あるいは一体化までする。遺伝子上の一夫一妻制は、「婚外交尾」が例外的なほどまれな種についても言われる。ここで重要なのは、種における夫婦の絆と二者共生の概念を一緒くたにしないことだ。というのは、動物が長期にわたりつがいの関係を結びながら、配偶者と別々に生活する場合もあり得るからである。霊長類の例については以下を参照のこと。M. Huck, E. Fernandez-Duque, P. Babb, and T. Schurr, "Correlates of Genetic Monogamy in Socially Monogamous Mammals: Insights from Azara's Owl Monkeys," *Proceedings of the Royal Society B* 281 (2014): 20140195.
4. 同性どうしの動物のつがいにも緊密な夫婦の絆が見られることがあり、ペンギンのいくつかの種がその好例だ。B. Bagemihl, *Biological Exuberance: Animal Homosexuality and Natural Diversity* (New York: St. Martin's, 1999).
5. B. B. Smuts, "Social Relationships and Life Histories of Primates," M. E. Morbeck, A. Galloway, and A. Zihlman編 *The Evolving Female* (Princeton, NJ: Princeton University Press, 1997), pp. 60–68に所収。
6. B. Chapais, *Primeval Kinship: How Pair - Bonding Gave Birth to Human Society* (Cambridge, MA: Harvard University Press, 2008).
7. 他の分類群では、肉食動物（イヌ、ネコ、クマなど）の16パーセント、有蹄動物（ブタ、シカ、カバなど）のわずか3パーセントが一夫一妻制である。驚いたことに、きわめて社会的な種であるクジラでは、一夫一妻制はまったく見られない。D. Lukas and T. H. Clutton-Brock, "The Evolution of Social Monogamy in Mammals," *Science* 341 (2013): 526–530.
8. 哺乳類の起源と出現した時期については、まだ研究途上である。以下を参照のこと。N. M. Foley, M. S. Springer, and E. C. Teeling, "Mammal Madness: Is the Mammal Tree of Life Not

70. Hua, *Society Without Fathers*, p.226.
71. 同上。p. 119。
72. 同上。p. 127。
73. 同上。p. 205。
74. 同上。p. 232。
75. 同上。p. 187。ここでは蔡が描写した会話を簡明に言い換えた。男性が女性の誘いを断りたい場合、蔡によれば、最後の答えは単に「行きたくない」となる。
76. 同上。p. 197。
77. 同上。p. 237。傍点追加。
78. 同居は一般的ではない。1963年からのあるデータサンプルによれば、同居生活を送っている人はわずか10パーセントだった。同上。p. 273。
79. 同上。p. 408。
80. 同上。p. 249。
81. N. K. Choudhri, *The Complete Guide to Divorce Law*, 1st ed. (New York: Kensington, 2004).
82. Hua, *Society Without Fathers*, p. 446.ちなみに蔡は、ナ族は、人類学者が言う従来の意味の家族はもっていないし、彼らの母系家庭もこの概念の定義に合致しない、と言っている。私は、このような家庭環境で、男性がどう子供を愛せるのか不思議だ。彼らは、私たちの社会で、自分たちの子供に対して感じるように、自分の姉妹の子供に対しても温かい気持ちを感じるのだろうか。
83. V. Safronova, "Dating Experts Explain Polyamory and Open Relationships," *New York Times*, October 26, 2016.
84. Hua, *Society Without Fathers*, p.447.
85. この5パーセントという数値の出典は、G. Harris, "Websites in India Put a Bit of Choice into Arranged Marriages," *New York Times*, April 24, 2015に引用されている国際人口科学研究所・人口協議会（the International Institute for Population Sciences and the Population Council）の調査である。ムンバイの都市部中流家庭のサンプルにもとづくと、親世代の結婚の8パーセントと現世代の結婚の約30パーセントは見合いではない。D. Mathur, "What's Love Got to Do with It? Parental Involvement and Spouse Choice in Urban India" (paper, November 7, 2007), http://dx.doi.org/10.2139/ssrn .1655998　参照のこと。
86. J. Marie, "What It's Really Like to Have an Arranged Marriage," *Cosmopolitan*, November 25, 2014.
87. "Seven Couples in Arranged Marriage Reveal When They 'Actually Fell in Love' with Each Other," *Times of India*, November 14, 2017.
88. R. Epstein, M. Pandit, and M. Thakar, "How Love Emerges in Arranged Marriages: Two Cross-Cultural Studies," *Journal of Comparative Family Studies* 43 (2013): 341–360.
89. 便宜的なサンプルの小規模な研究の例は、J. Madathil and J. M. Benshoff, "Importance of Marital Characteristics and Marital Satisfaction: A Comparison of Asian Indians in Arranged Marriages and Americans in Marriages of Choice," *Family Journal* 16 (2008): 222–230; J. E. Myers, J. Madathil, and L. R. Tingle, "Marriage Satisfaction and Wellness in India and the United States: A Preliminary Comparison of Arranged Marriages and Marriages of Choice," *Journal of Counseling and Development* 83 (2005): 183–190; and P. Yelsma and K. Athappilly, "Marital Satisfaction and Communication Practices: Comparisons Among Indian and American Couples," *Journal of Comparative Family Studies* 19 (1988): 37–54を参照のこと。
90. P. C. Regan, S. Lakhanpal, and C. Anguiano, "Relationship Outcomes in Indian-American Love-Based and Arranged Marriages," *Psychological Reports* 110 (2012): 915–924.
91. Epstein, Pandit, and Thakar, "How Love Emerges." 見合い結婚の離婚率は、恋愛結婚とく

Families with Both Adopted and Genetic Children," *Evolution and Human Behavior* 30 (2009): 184–189.

57. D. MacDougall and J. MacDougall, *A Wife Among Wives*, documentary film (1981). ロラングはこう続ける。「だが、もし若い娘が彼女のために選ばれた男を受け入れたら、娘は親から祝福され、夫と幸せに暮らすだろう。すると、彼女の父親がもっと家畜をくれるかもしれない。それで暮らしを支えてもらえる。これがトゥルカナ流だ」
58. 同上。
59. D. MacDougall and J. MacDougall, *The Wedding Camels*, documentary film (1980).
60. S. Beckerman and P. Valentine編 *Cultures of Multiple Fathers: The Theory and Practice of Partible Paternity in Lowland South America* (Gainesville: University Press of Florida, 2002).
61. Wagley, *Welcome of Tears*, p. 134.
62. R. M. Ellsworth, D. H. Bailey, K. R. Hill, A. M. Hurtado, and R. S. Walker, "Relatedness, Co-Residence, and Shared Fatherhood Among Ache Foragers of Paraguay," *Current Anthropology* 55 (2014): 647–653.
63. K. G. Anderson, "How Well Does Paternity Confidence Match Actual Paternity?," *Current Anthropology* 47 (2006): 513–520.
64. G. J. Wyckoff, W. Want, and D. I. Wu, "Rapid Evolution of Male Reproductive Genes in the Descent of Man," *Nature* 403 (2000): 304–309. これは人間におけるありとあらゆる適応へとつながった。たとえば、人間のペニスの形は、人工ペニスと人工膣を使った実験から分析された「精液移動装置」という役割を反映しているという主張が含まれる。G. G. Gallup et al., "The Human Penis as a Semen Displacement Device," *Evolution and Human Behavior* 24 (2003): 277–289. L. W Simmons, R. C. Firman, G. Rhodes, and M. Peters, "Human Sperm Competition: Testis Size, Sperm Production, and Rates of Extrapair Copulations," *Animal Behaviour* 68 (2004): 297–302も参照のこと。
65. S. Beckerman and P. Valentine, "The Concept of Partible Paternity Among Native South Americans," in S. Beckerman and P. Valentine編 *Cultures of Multiple Fathers: The Theory and Practice of Partible Paternity in Lowland South America* (Gainesville: University Press of Florida, 2002), pp. 1–13に所収。
66. 一方で、一夫多妻制の家庭では、これと正反対のことが当てはまる。実際には、複数の妻をめとっていると、子供の生存率が低くなることが証拠で示されている（たとえば、子供のために母親どうしが資源をめぐって争うからだ）。E. Smith-Greenaway and J. Trinitapoli, "Polygynous Contexts, Family Structure, and Infant Mortality in Sub-Saharan Africa," *Demography* 51 (2014): 341–366.
67. S. B. Hrdy, *Mother Nature: A History of Mothers, Infants, and Natural Selection* (New York: Pantheon, 1999).（邦訳：『マザー・ネイチャー』（上・下）塩原通緒訳　早川書房）
68. C. Hua, *A Society Without Fathers or Husbands: The Na of China* (New York: Zone Books, 2001), p. 22. C. K. Shih, *Quest for Harmony: The Moso Traditions of Sexual Unions and Family Life* (Stanford, CA: Stanford University Press, 2010)も参照。
69. 蔡は子供の「ジェニター」に言及するときはひときわ気を遣っている。なぜなら「父親」という表現は、ナ族ではない読者に、ナ族にはまったく存在しない役割や責務という感覚を想起させるからだ。蔡は、ジェニターが特定できる女性と子供はいると言う。生物学上の子供の暮らしにおけるジェニターの役割も増えているようだ。2008年に実施された回答者140名の定量調査では、生物学上の父親は子供に時間もお金も（かなりの程度）貢献しているし、それが子供にいい結果となっているという関連が認められている。S. M. Mattison, B. Scelza, and T. Blumenfield, "Paternal Investment and the Positive Effects of Fathers Among the Matrilineal Mosuo of Southwest China," *American Anthropologist* 116 (2014): 591–610.

45.　見方によっては、婚資のやりとりは順応性があるといえる。干ばつになると、男性は必要額をかき集められないため、結婚（と、どう考えても当然ながら出産）は食料が再びきちんと入手できるようになるまで日延べされるからだ（とはいえ、トゥルカナ族自身が、この周期性の潜在的な利点を認識しているかどうかは定かではない）。

46.　Gulliver, *Preliminary Survey*, p.199.

47.　同上。pp. 198–199。1951年に実施されたトゥルカナ族の結婚にかんするこの古典的な研究には、パートナーの必須条件としてのこの性質（多産性）はどこにも記載がない。Dyson-Hudson, Meekers, and Dyson-Hudson, "Children of the Dancing Ground," p. 26によれば、第一子の半数が結婚前に生まれている。

48.　同上。男性のあいだでは、思春期（「精巣の到来」というアブ・アコウン*(abu akoun)*として知られている）の到来はふつうは17歳だ。

49.　同上。

50.　R. Dyson-Hudson and D. Meekers, "Universality of African Marriage Reconsidered: Evidence from Turkana Males," *Ethnology* 35 (1996): 301–320.「はじめに」に登場した私の祖父、ニコラス・D・クリスタキスは、子供時代について似たような話をしてくれた。祖父はギリシャで、1910年ごろ、10代で孤児となり、当時姉が数人いた。ギリシャは持参金制度の国であり、慣習では、祖父は自分が結婚する前に、姉全員の持参金を払うだけの金を稼がなければならなかった。それには35歳までかかった。

51.　同上。

52.　ユタ州の役人によれば、最大1000人もの10代の少年が親から引き離されて、一夫多妻制を実施しているモルモン教の分派、末日聖徒イエス・キリスト教会原理派に放り込まれた。彼らは放っておかれ、自力で生活していくしかない場合も多かった。末日聖徒イエス・キリスト教会原理派の担当者は、この少年たちを「不良」と称しているが、ユタ当局は、彼らはもっぱら、若い女性を、分派内の年かさの権力ある男たちの妻の１人として提供できるようにするために放り出された、と主張している。J. Borger, "The Lost Boys, Thrown Out of US Sect So That Older Men Can Marry More Wives," *Guardian*, June 13, 2005.

53.　P. W. Leslie, R. Dyson-Hudson, and P. H. Fry, "Population Replacement and Persistence," M. A. Little and P. W. Leslie編 *Turkana Herders of the Dry Savanna* (Oxford: Oxford University Press, 1999), pp. 281 - 301に所収. しかしながら、高齢のトゥルカナ男性の男性ホルモンのレベルを調べたところ、現状は複雑だった。一夫多妻制の実践によって、かなり高齢になっても男性ホルモンが高い数値で維持されていることも一因だ。

54.　W. Jankowiak, M. Sudakov, and B. C. Wilreker, "Co-Wife Conflict and Cooperation," *Ethnology* 44 (2005): 81–98.

55.　B. I. Strassmann, "Polygyny as a Risk Factor for Child Mortality Among the Dogon," *Current Anthropology* 38 (1997): 688–695.

56.　興味深いことに、血縁関係がないことが暴力のリスク因子だと判明したのは、一夫多妻制の家庭だけではなかった。一夫一妻制社会の包括的な調査でも、家族のメンバーとの血のつながりが薄くなればなるほど、虐待、ネグレクト、殺人の割合の上昇と関連があることがわかっている。遺伝的に血縁関係にない成人と暮らすことが、子供にとって虐待と殺人の唯一かつ最大のリスク因子だ。おなじみのおとぎ話のとおり、継母は実母とくらべると子供を殺す確率は倍であり、血のつながっていない親と暮らす子供が「事故で」死ぬ確率は10倍を超える。M. Daly and M. Wilson, "Discriminative Parental Solicitude: A Biological Perspective," *Journal of Marriage and Family* 42 (1980): 277-288; M. Daly and M. Wilson, *The Truth About Cinderella: A Darwinian View of Parental Love* (New Haven, CT: Yale University Press, 1999)（邦訳：『シンデレラがいじめられるほんとうの理由』竹内久美子訳　新潮社）; V. A. Weekes-Shackelford and T. K. Shackelford, "Methods of Filicide: Stepparents and Genetic Parents Kill Differently," *Violence Victims* 19 (2004): 75–81; K. Gibson, "Differential Parental Investment in

Jin, F. Elwert, J. Freese, and N. A. Christakis, "Preliminary Evidence Regarding the Hypothesis That the Sex Ratio at Sexual Maturity May Affect Longevity in Men," *Demography* 47 (2010): 579–586.

28. MacDonald, "Establishment and Maintenance"; Scheidel, "Peculiar Institution"; Herlihy, "Biology and History."
29. A. Korotayev and D. Bondarenko, "Polygyny and Democracy: A Cross-Cultural Comparison," *Cross - Cultural Research* 34 (2000): 190–208; R. McDermott and J. Cowden, "Polygyny and Violence Against Women," *Emory Law Journal* 64 (2015): 1767–1814.
30. Henrich, Boyd, and Richerson, "Puzzle of Monogamous Marriage." 人間の行動について語るときはいつもそうだが、特定の社会における個人全員が、どんな文化規範であれ、同じ性的指向やパートナーに対して同じ欲望を有しているという思い込みは排除することが重要だ。
31. F. W. Marlowe, *The Hadza: Hunter - Gatherers of Tanzania* (Berkeley: University of California Press, 2010).
32. R. Sear and F. W. Marlowe, "How Universal Are Human Mate Choices– Size Doesn't Matter When Hadza Foragers Are Choosing a Mate," *Biology Letters* 5 (2009): 606–609.
33. F. W. Marlowe, "Mate Preferences Among Hadza Hunter-Gatherers," *Human Nature* 15 (2004): 365–376.
34. C. L. Apicella, A. N. Crittenden, and V. A. Tobolsky, "Hunter-Gatherer Males Are More Risk-Seeking Than Females, Even in Late Childhood," *Evolution and Human Behavior* 38 (2017): 592–603.
35. A. Little, C. L. Apicella, and F. W. Marlowe, "Preferences for Symmetry in Human Faces in Two Cultures: Data from the UK and the Hadza, an Isolated Group of Hunter-Gatherers," *Proceedings of the Royal Society B* 274 (2007): 3113–3117; C. L. Apicella, A. C. Little, and F. W. Marlowe, "Facial Averageness and Attractiveness in an Isolated Population of Hunter-Gatherers," *Perception* 36 (2007): 1813–1820; C. L. Apicella and D. R. Feinberg, "Voice Pitch Alters Mate-Choice-Relevant Perception in Hunter-Gatherers," *Proceedings of the Royal Society B* 276 (2009): 1077–1082; F. W. Marlowe, C. L. Apicella, and D. Reed, "Men's Preferences for Women's Profile Waist-to-Hip Ratio in Two Societies," *Evolution and Human Behavior* 26 (2005): 458–468. D. M. Buss and M. Barnes, "Preferences in Human Mate Selection," *Journal of Personality and Social Psychology* 50 (1986): 559–570も参照のこと。
36. F. W. Marlowe, "Mate Preferences Among Hadza Hunter-Gatherers," p. 374.
37. C. L. Apicella, "Upper Body Strength Predicts Hunting Reputation and Reproductive Success in Hadza Hunter-Gatherers," *Evolution and Human Behavior* 35 (2014): 508–518.
38. K. Hawkes, J. O'Connell, and N. G. Blurton Jones, "Hunting and Nuclear Families: Some Lessons from the Hadza About Men's Work," *Current Anthropology* 42 (2001): 681–709.
39. F. W. Marlowe, "A Critical Period for Provisioning by Hadza Men: Implications for Pair-Bonding," *Evolution and Human Behavior* 24 (2003): 217–229.
40. 同上。pp. 224–225。マーロウによれば、継子が自宅にいる男性の場合、食料供給説に従い、彼らの努力は弱まる。
41. R. Dyson-Hudson, D. Meekers, and N. Dyson-Hudson, "Children of the Dancing Ground, Children of the House: Costs and Benefits of Marriage Rules (South Turkana, Kenya)," *Journal of Anthropological Research* 54 (1998): 19–47.
42. P. H. Gulliver, *A Preliminary Survey of the Turkana*, Communications from the School of African Studies, n.s., no. 26 (Cape Town: University of Cape Town, 1951), p. 199.
43. 概して、花嫁の家族が花婿の家族にお金を払う持参金社会（婚資と正反対）は、一夫一妻制で父系制であり、同族結婚（集団内で結婚する）の傾向が大きい。
44. Gulliver, *Preliminary Survey*, p.206.

名誉だとも受け止められていないようだ。

10. E. E. Evans-Pritchard, *Kinship and Marriage Among the Nuer* (Oxford: Clarendon Press, 1901)（邦訳：『ヌアー族の親族と結婚』長島信弘、向井元子訳　岩波書店）。G. H. Herdt, *Same Sex, Different Cultures: Gays and Lesbians Across Cultures* (Boulder, CO: Westview Press, 1997)（邦訳：『同性愛のカルチャー研究』黒柳俊恭、塩野美奈訳 現代書館）も参照のこと。
11. T. A. Kohler et al., "Greater Post-Neolithic Wealth Disparities in Eurasia Than in North America and Mesoamerica," *Nature* 551 (2017): 619–622.
12. E. D. Gould, O. Moav, and A. Simhon,"The Mystery of Monogamy,"*American Economic Review* 98 (2008): 333–357; J. Henrich, R. Boyd, and P. J. Richerson,"The Puzzle of Monogamous Marriage,"*Philosophical Transactions of the Royal Society* B 367 (2012): 657–669.
13. S. J. Gould and E. S. Vrba, "Exaptation–a Missing Term in the Science of Form," *Paleobiology* 8 (1982): 4–15.
14. 人類学的な意味では、セックスにかんして社会が組織される基本軸は少なくとも三つある。家父長制対家母長制（権力と決定権がどこにあるか）、父方居住対母方居住（父親のそばに住むのか母親のそばに住むのか）、父系制対母系制（祖先と財産は父方に受け継がれるのか母方に受け継がれるのか）だ。
15. J. Henrich, S. J. Heine, and A. Norezayan, "The Weirdest People in the World?," *Behavioral and Brain Sciences* 33 (2010): 61–135.
16. D. R. White et al., "Rethinking Polygyny: Co-Wives, Codes, and Cultural Systems," *Current Anthropology* 29 (1988): 529–572.
17. UN Department of Economic and Social Affairs, *Population Facts*, December 2011, http://www.un.org/en/development/desa/population/publications/pdf/popfacts/PopFacts_2011-1.pdf.
18. 旧約聖書列王記上11章3節（新国際版）
19. G. M. Williams, *Handbook of Hindu Mythology* (Oxford: Oxford University Press, 2003), p. 188.
20. K. MacDonald, "The Establishment and Maintenance of Socially Imposed Monogamy in Western Europe," *Politics and the Life Sciences* 14 (1995): 3–23; W. Scheidel, "A Peculiar Institution? Greco-Roman Monogamy in Global Context," *History of the Family* 14 (2009): 280–291; D. Herlihy,"Biology and History: The Triumph of Monogamy," *Journal of Interdisciplinary History* 25 (1995): 571–583.
21. L. Betzig, "Roman Polygyny," *Ethology and Sociobiology* 13 (1992): 309–349.
22. Gould, Moav, and Simhon, "Mystery of Monogamy"; L. Betzig, "Medieval Monogamy," *Journal of Family History* 20 (1995): 181–216.
23. この数字はHenrich, Boyd, and Richerson, "Puzzle of Monogamous Marriage"に拠った。
24. 同上。
25. パートナーがおらず、喜んで暴力に訴えるであろう若い男性が多いという状態は、（おそらくは資源が枯渇しているという）生態上の状況にも有利に働きうる。この場合、集団どうしの紛争はまぬがれない、もしくは集団にとって有用ですらある。集団内部と集団どうしの暴力のバランスと資源の相対的な不足は、一夫一妻制の台頭を導く上で、複雑ではあるが重要なのだろう。
26. Henrich, Boyd, and Richerson, "Puzzle of Monogamous Marriage," p. 660.
27. T. Hesketh and Z. W. Xing, "Abnormal Sex Ratios in Human Populations," *PNAS: Proceedings of the National Academy of Sciences* 103 (2006): 13271–13275; T. Hesketh, L. Lu, and Z. W. Xing, "The Consequences of Son Preference and Sex-Selective Abortion in China and Other Asian Countries," *Canadian Medical Association Journal* 183 (2011): 1374–1377; L.

のように、ただ一つの「単一体、意識を持つ集団」と描かれているにもかかわらず、女性たちはそれぞれ独立した自意識と特有の癖を持っている。

45. L. Lowry, *The Giver* (New York: Random House, 1993)（邦訳：『ギヴァー：記憶を注ぐ者』島津やよい訳　新評論ほか）

46. R. Kipling, R. Jarrell, and E. Bishop, eds., *The Best Short Stories of Rudyard Kipling* (Garden City, NY: Hanover House, 1961).

47. Cronk, *That Complex Whole*, p. 33.

48. J. Tooby and L. Cosmides, "The Psychological Foundation of Culture," in J. H. Barkow, L. Cosmides, and J. Tooby, eds., *The Adapted Mind: Evolutionary Psychology and the Generation of Culture* (Oxford: Oxford University Press, 1992), pp. 19–136.

49. チンパンジーのような種と比較して、人類はきわめて高いレベルの遺伝的類似性を持っている。その大部分は小規模な移住集団の創始者効果によるものだ。このことはまた、私たちがつくる社会の形に制約を課している可能性が高い。

第5章

1. H.A. Junod, *Life of a South African Tribe*, vol.1(London: Macmillan, 1927), pp.353–354.

2. W. R. Jankowiak, S. L. Volsche, and J. R. Garcia, "Is the Romantic-Sexual Kiss a Near Human Universal–," *American Anthropologist* 117 (2015): 535–539. この論文の初期の短いレヴューはI. Eibl-Eibesfeldt, *Love and Hate: The Natural History of Behavior Patterns* (New York: Holt, Rinehart and Winston, 1971), p. 129（邦訳：『愛と憎しみ：人間の基本的行動様式とその自然誌』日高敏隆、久保和彦訳　みすず書房）を参照のこと。幸いにして、私が知る限り、子供にキスするのは世界共通のようだ。

3. E. W. Hopkins, "The Sniff-Kiss in Ancient India,"*Journal of the American Oriental Society* 28 (1907): 120–134.

4. Jankowiak, Volsche, and Garcia, "Romantic-Sexual Kiss."

5. とはいえ、キスは北極圏の採集民のあいだではごく普通に行なわれている。また、社会階層など複雑な社会制度を有する社会（社会階級が厳然と存在する先進国など）では、平等主義的な社会（採集民など）よりも愛情のキスが多いことが明らかになっている。どうしてそうなるのかはわかっていない。複雑な社会では、口腔衛生の向上が関係しているのかもしれないし、正式に感情を表出することに重きが置かれているのかもしれない。

6. F. B. M. de Waal, "The First Kiss: Foundations of Conflict Resolution Research in Animals," F. Aureli and F. B. M. de Waal編 *Natural Conflict Resolution* (Berkeley: University of California Press, 2000), pp. 15–33に所収; R. Wlodarksi and R. I. M. Dunbar, "Examining the Possible Functions of Kissing in Romantic Relationships," *Archives of Sexual Behavior* 42 (2013): 1415–1423.

7. 一例を挙げると、ブロニスワフ・マリノフスキーの（残念な題名ではあるが）1929年の古典的名著『メラネシア北西部の野蛮人の性生活』は、キスに対してトロブリアンド人が困惑した印象をもっていることが描かれている。B. Malinowski, *The Sexual Life of Savages in Northwestern Melanesia* (New York: Halcyon House, 1929), p. 331.（邦訳：『未開人の性生活』（泉靖一ほか訳　新泉社）

8. C. Wagley, *Welcome of Tears: The Tapirape Indians of Central Brazil* (New York: Oxford University Press, 1977), p. 158.

9. ワグリーの情報提供者は、クンニリングスの慣習もないと言った。だが、彼らはフェラチオ（一般的ではない）と同性愛の例は報告した。同性愛者の男性は、長いこと住みかを空けることになる狩猟の旅に同行させるにはうってつけだと見なされており、同性愛のふるまいが不だが、そのうちのいくつか（たとえば、非常に薄い十字型の結晶）は、きわめて不安定なためすぐに消えてしまうかもしれない。M. Krzywinski and J. Lever, "In Silico Flurries: Computing a World of Snowflakes," *Scientific American*, December 23, 2017.

29. もう一つのさらに複雑な問題は、いわゆる「適応度地形」に関係している。ここでの問題は、遺伝的可能性そのものが不十分だということでは必ずしもなく、ほとんどの生物が「適応の峰」の（そうした峰が次善のものだとしても）最上部に位置しており、峰のあいだの移動はあまり一般的でなかったりきわめて難しかったりする（そして、遺伝的浮動あるいは「適応の尾根」を越えることによってしか起こらない）ということだ。
30. M. LaBarbera, "Why the Wheels Won't Go," *American Naturalist* 121 (1983): 395–408.
31. J. Hsu, "Walking Military Robots Stumble Toward Future," *Discover*, December 31, 2015.
32. Dawkins, *Climbing Mount Improbable*, p. 222.
33. R. I. M. Dunbar, "Neocortex Size as a Constraint on Group Size in Primates," *Journal of Human Evolution* 22 (1992): 469–493.
34. J. Henrich, R. Boyd, S. Bowles, C. Camerer, E. Fehr, and H. Gintis, eds., *Foundations of Human Sociality: Economic Experiments and Ethnographic Evidence from Fifteen Small - Scale Societies* (Oxford: Oxford University Press, 2004).
35. L. Cronk, *That Complex Whole: Culture and the Evolution of Human Behavior* (Boulder, CO: Westview Press, 1999), p. 21.
36. J. Sawyer and R. A. Levine, "Cultural Dimensions: A Factor Analysis of the World Ethnographic Sample," *American Anthropologist* 68 (1966): 708–731. 文化にも進路の特異性があることは指摘しておくべきだろう。種が生態に応じて特定の進路を歩み、袋小路に迷い込むことがあるのと同じように、歴史によって文化が、理論的には変化が可能でも実際にはなかなか変わらない一連の慣行に導かれることもありうる。
37. D. Brown, *Human Universals* (New York: McGraw-Hill,1991), pp. 130–141.
38. こうした根本的に異なる社会が滅多に見られないのは、作家側の想像力が欠如しているためというより、読者が物語に期待するものによる制約に従う必要があるためだろう。これは多くの点で、すでに論じたように、環境の制約のもとで進化が実際に生み出すものとは対照的に、進化が生み出すかもしれないものは何かという問題に似ている。
39. B. M. Stableford, "The Sociology of Science Fiction" (PhD diss., University of York, UK, 1978).
40. H. G. Wells, *The Time Machine* (London: William Heinemann, 1895).（邦訳：『タイムマシン』池央耿訳　光文社古典新訳文庫ほか）
41. A. Huxley, *Brave New World* (London: Chatto and Windus, 1932)（邦訳：『すばらしい新世界』大森望訳　ハヤカワ文庫）R. A. Heinlein, *Orphans of the Sky* (New York: G. P. Putnam's Sons, 1964)（邦訳：『宇宙の孤児』矢野徹訳　ハヤカワ文庫）G. Orwell, *Nineteen Eighty - Four* (London: Secker and Warburg, 1949)（邦訳：『一九八四年』高橋和久訳 ハヤカワ文庫）
42. C. P. Gilman, *Herland* (New York: Pantheon, 1979)（邦訳：『フェミニジア：女だけのユートピア』三輪妙子訳　現代書館）。ギルマンの『フェミニジア』が「超・協力的であること」を決定的特徴とするユートピアを構想しているのに対し、ウィリアム・ゴールディングのディストピア小説『蠅の王』は、自己統治から野蛮状態への目を覆うような転落を想像することで、正反対の立場を探究している。 W. Golding, *Lord of the Flies* (New York: Penguin, 1954)（邦訳：『蠅の王』黒原敏行訳　ハヤカワ文庫ほか）
43. Gilman, *Herland*, p. 60. 実のところフェミニジアでの社会的役割はやや異なっており、並外れた知恵と高潔さを備えた女性たちが村の聖堂を専有していた。
44. 女性たちはこうした多様性を自分たちの教育・育児のシステムの賜物だとし、「他家受精なしでこれほど大きな相違が生じる」一因は「各人の違いを生むわずかな傾向を見守る注意深い教育にあり、別の一因は突然変異の法則にある」と主張している。 Gilman, *Herland*, p. 77. こ

Communities: A Look at Guilds in World of Warcraft," *Proceedings of the SIG - CHI Conference on Human Factors in Computing Systems* (New York: ACM, 2007), pp. 839–848.

14. H. Cole and M. D. Griffiths, "Social Interactions in Massively Multiplayer Online Role-Playing Games," *Cyber Psychology and Behavior* 10 (2007): 575–583.
15. P. W. Eastwick and W. L. Gardner, "Is It a Game? Evidence for Social Influence in the Virtual World," *Social Influence* 1 (2008): 1–15.
16. N. Yee, J. N. Bailenson, M. Urbanek, F. Chang, and D. Merget, "The Unbearable Likeness of Being Digital: The Persistence of Nonverbal Social Norms in Online Virtual Environments," *Cyber Psychology and Behavior* 10 (2007): 115–121.
17. E. K. Yuen, J. D. Herbert, E. M. Forman, E. M. Goetter, R. Comer, and J. C. Bradley, "Treatment of Social Anxiety Disorder Using Online Virtual Environments in Second Life," *Behavior Therapy* 44 (2013): 51–61.
18. M. Szell, R. Lambiotte, and S. Thurner, "Multirelational Organization of Large-Scale Social Networks in an Online World," *PNAS: Proceedings of the National Academy of Sciences* 107 (2010): 13636–13641.
19. D. M. Raup, "Geometric Analysis of Shell Coiling: General Problems," *Journal of Paleontology* 40 (1966): 1178–1190.
20. D. M. Raup and A. Michelson, "Theoretical Morphology of the Coiled Shell," *Science* 147 (1965): 1294–1295.
21. 実はラウプは四つめのパラメーターを考案していた。それは「生成曲線」の「形状」、つまり貝殻の開口部の形を特徴づけるものだった。
22. 後続の諸研究はラウプ・モデルの限界と見落としに対処した。たとえば、一部の学者は、成長とともにパラメーターを変える有殻生物という概念的問題に取り組んだ。別の学者は、ラウプの三つのパラメーターは相互に完全に独立しているわけではない（意図せざる見落としがある）と指摘した。これは厄介な問題だ。なぜなら、ラウプの立方体の一部に空白がある理由は、それが生物学的にありそうにないことではなく、数学的に不可能であることかもしれないからだ。とはいえ、生態学者のバーナード・ターシュは後継となる研究において、（三つどころか）10のパラメーターを持つさらに複雑なモデルを考案したが、このモデルでも、貝殻のモルフォスペースは既知の生物によって部分的にしか満たされないことがやはり示されている。
B. Tursch, "Spiral Growth: The 'Museum of All Shells' Revisited," *Journal of Molluscan Studies* 63 (1997): 547-554. ターシュはまた、貝殻の最終形状はその初期条件によってほぼ決まるが、この条件は、それが初期条件であるがゆえに、大部分は生物の内部に遺伝子的に暗号化されているはずだと主張している。
23. R. Dawkins, *Climbing Mount Improbable* (New York: W. W. Norton, 1996).
24. R. D. K. Thomas and W. E. Reif, "The Skeleton Space: A Finite Set of Organic Designs," *Evolution* 47 (1993): 341–360.
25. S. Wolfram, *A New Kind of Science* (Champaign, IL: Wolfram Media, 2002).
26. G. L. Stebbins, "Natural Selection and the Differentiation of Angiosperm Families," *Evolution* 5 (1951): 299–324.
27. 獲物を締め付けているヘビが、獲物に背を向けて巻きついていない理由について、同じような説明ができる。脊柱をそのように曲げることは身体の構造上不可能なので、そうした行動が見られないにすぎない。D. E. Willard, "Constricting Methods of Snakes," *Copeia* 2 (1977): 379–382.
28. いわゆるグラヴナー・グリフィースのモデルは、面の数のパラメーターを6に固定しながらも、まばゆいばかりの雪の結晶形を生み出す。このモデルは7個のパラメーターを基にしている。つまり、それらのパラメーターを変化させることで、ありうるすべての雪の結晶の世界を定義しているのだ。ありうることが数学的に予見されているこれらの形は、実際に生成する。

115. Palinkas, "Going to Extremes."
116. 1960年代後半の5年間のうち1年間越冬した93人のニュージーランド人についての研究で、40パーセントの人びとが「合唱やゲーム」の大切さをみずから指摘していることがわかった。A. J. W. Taylor, "The Adaptation of New Zealand Research Personnel in the Antarctic," O. G. Edholm and E. K. E. Gunderson, eds., *Polar Human Biology* (Chichester UK: William Heinemann, 1973), pp. 417–429に所収。
117. M. Weber, "Science as Vocation," in *From Max Weber: Essays in Sociology*, ed. and trans. H. H. Gerth and C. Wright Mills (Oxford: Routledge, 1991), p. 155.（邦訳：『仕事としての学問 仕事としての政治』野口雅弘訳　講談社学術文庫ほか）

第4章

1. T. Standage, *The Turk: The Life and Times of the Famous Eighteenth - Century Chess - Playing Machine* (London: Walker Books, 2002)（邦訳：『謎のチェス指し人形「ターク」』服部桂訳　NTT出版）。
2. H. Reese and N. Heath, "Inside Amazon's Clickworker Platform," TechRepublic, 2016, https://www.techrepublic.com/article/inside-amazons-clickworker-platform-how -half-a-million-people-are-training-ai-for-pennies-per-task/.
3. J. Bohannon, "Psychologists Grow Increasingly Dependent on Online Research Subjects," *Science*, June 7, 2016.
4. J. J. Horton, D. G. Rand, and R. J. Zeckhauser, "The Online Laboratory: Conducting Experiments in a Real Labor Market," *Experimental Economics* 14 (2011): 399–425; E. Snowberg and L. Yariv, "Testing the Waters: Behavior Across Participant Pools" (working paper no. 24781, National Bureau of Economic Research, June 2018).
5. M. Zelditch, "Can You Really Study an Army in the Laboratory?," A. Etzioni編, *Complex Organizations*, 2nd ed. (New York: Holt, Rinehart, and Winston, 1969) pp. 528–539に所収。
6. D. Rand, S. Arbesman, and N. A. Christakis, "Dynamic Social Networks Promote Cooperation in Experiments with Humans," *PNAS: Proceedings of the National Academy of Sciences* 108 (2011): 19193–19198.
7. D. G. Rand, M. Nowak, J. H. Fowler, and N. A. Christakis, "Static Network Structure Can Stabilize Human Cooperation," *PNAS: Proceedings of the National Academy of Sciences* 111 (2014): 17093–17098.
8. H. Shirado, F. Fu, J. H. Fowler, and N. A. Christakis, "Quality Versus Quantity of Social Ties in Experimental Cooperative Networks," *Nature Communications* 4 (2013): 2814.
9. Rand et al., "Static Network Structure."
10. A. Nishi, H. Shirado, D. G. Rand, and N. A. Christakis, "Inequality and Visibility of Wealth in Experimental Social Networks," *Nature* 526 (2015): 426–429.
11. セカンドライフについては、T. Boellstorff, *Coming of Age in Second Life: An Anthropologist Explores the Virtually Human* (Princeton, NJ: Princeton University Press, 2008)を参照。オンラインゲームの社会的相互作用については、N. A. Christakis and J. H. Fowler, *Connected: The Surprising Power of Our Social Networks and How They Shape Our Lives* (New York: Little, Brown, 2009)（邦訳：『つながり：社会的ネットワークの驚くべき力』鬼澤忍訳　講談社）でも検討されている。
12. K. McKeand, "Blizzard Says World of Warcraft 10.1 Million Subscriber Statement Was a 'Misquote or Misunderstanding,' " *PC Games N*, October 5, 2016.
13. N. Ducheneaut, N. Yee, E. Nickell, and R. J. Moore, "The Life and Death of Online Gaming

Isolation and Confinement (New York: Springer-Verlag, 1991), pp. 89–101. ハーヴァードの植物学者エイサ・グレイが友人の地質学者ジェイムズ・ドワイト・デイナに送った手紙にあるように、こうした長期の航海から戻ると、科学者たちは「海軍の奴隷状態からやっと脱出」できたことを祝い合うことが知られていた。W. R. Stanton, *The Great United States Exploring Expedition of 1838–1842* (Berkeley: University of California Press, 1975), p. 137における引用。

106. 1969年から1971年にかけて越冬した集団にかんする初期の研究で、調査対象の72パーセントもの隊員が、冬季に何らかの症状に苦しんだことがわかった。R. E. Strange and W. J. Klein, "Emotional and Social Adjustment of Recent U.S. Winter-Over Parties in Isolated Antarctic Station," O. G. Edholm and E.K.E. Gunderson編 *Polar Human Biology* (Chichester UK: William Heinemann, 1973), pp. 410–416に所収。だが、1977年に越冬した78人を計量心理学テストを用いて評価したより最近の研究では、うつ病の増加は見られなかった。D. C. Oliver, "Psychological Effects of Isolation and Confinement of a Winter-Over Group at McMurdo Station, Antarctica," A. A. Harrison, Y. A. Clearwater, and C. P. McKay編 *From Antarctica to Outer Space: Life in Isolation and Confinement* (New York: Springer-Verlag, 1991), pp. 217–227に所収。L. A. Palinkas, "Going to Extremes: The Cultural Context of Stress, Illness, and Coping in Antarctica," *Social Science and Medicine* 35 (1992): 651–664も参照。

107. P. E. Cornelius, "Life in Antarctica," A. A. Harrison, Y. A. Clearwater, and C. P. McKay, eds., *From Antarctica to Outer Space: Life in Isolation and Confinement* (New York: Springer-Verlag, 1991), p. 10に所収。

108. Gunderson, "Psychological Studies in Antarctica," p. 357.

109. J. C. Johnson, J. S. Boster, and L. A. Palinkas, "Social Roles and the Evolution of Networks in Extreme and Isolated Environments," *Journal of Mathematical Sociology* 27 (2003): 89–121.

110. P. V. Marsden, "Core Discussion Networks of Americans," *American Sociological Review* 52 (1987): 122–131; H. B. Shakya, N. A. Christakis, and J. H. Fowler, "An Exploratory Comparison of Name Generator Content: Data from Rural India," *Social Networks* 48 (2017): 157–168.

111. M. C. Pachucki, E. J. Ozer, A. Barrat, and D. Cattuto, "Mental Health and Social Networks in Early Adolescence: A Dynamic Study of Objectively Measured Social Interaction Behaviors," *Social Science and Medicine* 125 (2015): 40–50; M. Salathe, M. Kazandjieva, J. W. Lee, P. Levis, M. W. Feldman, and J. H. Jones, "A High-Resolution Human Contact Network for Infectious Disease Transmission," *PNAS: Proceedings of the National Academy of Sciences* 107 (2010): 22020–22025; J. P. Onnela, B. N. Waber, A. Pentland, S. Schnorf, and D. Lazer, "Using Sociometers to Quantify Social Interaction Patterns," *Scientific Reports* 4 (2014): 5604.

112. W. M. Smith, "Observations over the Lifetime of a Small Isolated Group: Structure, Danger, Boredom, and Vision," *Psychological Reports* 19 (1966): 475–514.

113. 厳密には、ネットワークは超次元の対象である。二次元的ではないし三次元的でさえないのが普通だ。ボタンと糸によるネットワークのこうした説明は、N. A. Christakis and J. H. Fowler, *Connected: The Surprising Power of Our Social Networks and How They Shape Our Lives* (New York: Little, Brown, 2009)（邦訳：『つながり：社会的ネットワークの驚くべき力』鬼澤忍訳　講談社）からとった。

114. 越冬隊員についての別の研究によれば、隊員がすべて男性だったとき（1967、1968、1969年）、「激しい罵り合い、脅し合い、殴り合い」をともなう口論が、ビーカーと職人のあいだで毎年たびたび起こったという。K. Natani, J. T. Shurley, and A. T. Joern, "Inter-Personal Relationships, Job Satisfaction, and Subjective Feelings of Competence: Their Influence upon Adaptation to Antarctic Isolation," O. G. Edholm and E. K. E. Gunderson編 *Polar Human Biology*, (Chichester UK: William Heinemann, 1973), pp. 384–400に所収。

ンがあったことになる。

89. S.Vaisey,"Structure, Culture, and Community: The Search for Belonging in 50 Urban Communes," *American Sociological Review* 72 (2007): 851–873; A. A. Aidala and B. D. Zablocki, "The Communes of the 1970s: Who Joined and Why?," *Marriage and Family Review* 17 (1991): 87–116. 13.4人という平均人数は、調査対象となった成人（年齢は15歳以上）の総計である804をAidala and Zablockiのデータにある60で割って算出した。Vaiseyは10.4人というもっと少ない平均値を提示している。これは、Vaiseyが50のコミューンを対象とし、種々のデータを提供してくれた回答者だけを分析対象としたためだろう。
90. Zablocki, *Alienation and Charisma*, p. 44.
91. 同上。p. 96.
92. Aidala and Zablocki, "The Communes of the 1970s," p. 112.
93. 同上。p. 108.
94. D. French and E. French, *Working Communally: Patterns and Possibilities* (New York: Russell Sage Foundation, 1975), p. 89.
95. Zablocki, *Alienation and Charisma*, p. 319.
96. 同上。p. 124. これは、60の地方コミューンのうちの一つであった話だ。これらのコミューンにおけるリーダーシップについては、S. L. Carlton-Ford, "Ritual, Collective Effervescence, and Self-Esteem," *Sociological Quarterly* 33 (1992): 365–387; and J. L. Martin, "Is Power Sexy?," *American Journal of Sociology* 111 (2005): 408–446も参照。
97. Zablocki, *Alienation and Charisma*, pp. 127, 153.
98. 同上。pp. 115–118. Aidala and Zablocki, "The Communes of the 1970s,"で報告されているこうした行為の価値がやや異なっているのは、後者のレポートは都市コミューンだけに焦点を絞っているためだろう。こうした型破りな行為の一部が減ったのは、メンバーの高齢化、ベトナム戦争の沈静化や市民権運動の沈静化にも原因があったのは疑いなく、コミューンで暮らすことだけの問題ではなかった。
99. Vaisey, "Structure, Culture, and Community."
100. A. A. Harrison, Y. A. Clearwater, and C. P. McKay編, *From Antarctica to Outer Space: Life in Isolation and Confinement* (New York: Springer-Verlag, 1991).
101. これはエドワード・ウィルソンの日記の記述である。O. G. Edholm and E. K. E. Gunderson 編 *Polar Human Biology* (Chichester UK: William Heinemann, 1973), pp. 401–409に所収のD. J. Lugg, "The Adaptation of a Small Group to Life on an Isolated Antarctic Station,"に引用されている。
102. A. Lansing, *Endurance: Shackleton's Incredible Voyage* (New York: McGraw-Hill, 1959), p. 51.（邦訳：『エンデュアランス号漂流』山本光伸訳 新潮文庫）
103. E. K. E. Gunderson, "Psychological Studies in Antarctica: A Review," O. G. Edholm and E. K. E. Gunderson編 *Polar Human Biology* (Chichester UK: William Heinemann, 1973), pp. 352–361に所収。
104. 越冬隊は毎年一新されるにもかかわらず、基地には依然として独特の文化、歴史、一連の伝統――さらに気象や物資にかかわる要件――があり、それらが行動を形づくっている。たとえば、越冬隊のメンバーは夏季の働き手を「旅行者」とみなし、特別にデザインされた記章や服を身につけ、「300クラブ」などの伝統を守っている。このクラブのメンバーは華氏200度（摂氏約93度）のサウナに入り、それからブーツ以外何も身につけずに華氏マイナス100度（摂氏マイナス約73度）の屋外へ走り出るのだ。S. K. Narula, "On Getting Naked in Antarctica," *Atlantic*, January 7, 2014.
105. 実際、海軍の乗組員と科学者の対立には、ヨーロッパ人の探検時代を通じて長い歴史があり、キャプテン・クックの船も例外ではなかった。B. Finney, "Scientists and Seamen," in A. A. Harrison, Y. A. Clearwater, and C. P. McKay編 *From Antarctica to Outer Space: Life in*

York: Transaction, 1979)も参照。

68. B. F. Skinner, *Walden Two* (New York: Macmillan, 1948)（邦訳『心理学的ユートピア』宇津木保、うつきただし訳　誠信書房）。1985年、スキナーは一種の終章を出版し、登場人物の１人であるバリス教授の口を借りて小説が終わったあとのできごとを語っている。B. F. Skinner, "News from Nowhere, 1984," *Behavior Analyst* 8 (1985): 5–14.

69. Skinner, *Walden Two*, p. 194. スキナーはほかにもアイデアを持っていたが、思うようにはうまくいかなかった。たとえば、第二次大戦中にハトを使ってミサイルを誘導するとか、自分の子供以外の子供を訓練するための有名なスキナー・ボックスを売り出すといったことだ（自分の子供を実験台にしたことはよく知られている）。B. F. Skinner, *The Shaping of a Behaviorist* (New York: Knopf, 1979).

70. Skinner, *Shaping of a Behaviorist*, p. 292.

71. D. E. Altus and E. K. Morris, "B. F. Skinner's Utopian Vision: Behind and Beyond *Walden Two*," *Behavior Analyst* 32 (2009): 319–335.『心理学的ユートピア』の初版は年に約700部しか売れなかった。

72. Skinner, *Walden Two*, p.22.

73. J. K. Jessup, "Utopia Bulletin," *Fortune* (October 1948): 191–198, Altus and Morris, "B. F. Skinner's Utopian Vision," p. 321における引用。

74. H. Kuhlmann, *Living* Walden Two (Urbana: University of Illinois Press, 2005); E. K. Morris, N. G. Smith, and D. E. Altus, "B. F. Skinner's Contributions to Applied Behavior Analysis," *Behavior Analyst* 28 (2005): 99–131; Altus and Morris, "B. F. Skinner's Utopian Vision."

75. Kuhlmann, *Living* Walden Two, p. 92. T. Jones, "The Other American Dream," *Washington Post Magazine*, November 15, 1998も参照。ツイン・オークスの敷地は最終的には450エーカー（約1. 8平方キロメートル）に広がった。

76. Kuhlmann, *Living* Walden Two, p. 102.

77. 同上。p. 98.

78. I. Komar, *Living the Dream: A Documentary Study of Twin Oaks Community* (Norwood, PA: Norwood Editions, 1983), pp. 99–101.

79. Kuhlmann, *Living* Walden Two, p. 101.

80. D. Ruth, "The Evolution of Work Organization at Twin Oaks," *Communities: Journal of Cooperative Living* 35 (1975): 58–60. また、B. Goodwin編 *The Philosophy of Utopia: A Special Issue of Critical Review of International Social and Political Philosophy* (London: Frank Cass, 2001), pp. 157–171に所収のH. Kuhlmann, "The Illusion of Permanence: Work Motivation and Membership Turnover at Twin Oaks Community," も参照。

81. 社会集団の入れ替え率の高さの影響については、H. Shirado, F. Fu, J. H. Fowler, and N. A. Christakis, "Quality Versus Quantity of Social Ties in Experimental Cooperative Networks," *Nature Communications* 4 (2013): 2814を参照。

82. Komar, *Living the Dream*, p. 72. また、Jones, "The Other American Dream."も参照。

83. L. Rohter, "Isolated Desert Community Lives by Skinner's Precepts," *New York Times*, November 7, 1989.

84. Comunidad Los Horcones, "News from Now-Here, 1986: A Response to 'News from Nowhere, 1984,'" *Behavior Analyst* 9 (1986): 129–132.

85. たとえば、F. S. Keller, "Goodbye Teacher . . ." *Journal of Applied Behavior Analysis* 1 (1968): 79–89を参照。

86. Kuhlmann, *Living* Walden Two, p. 190.

87. 同上。p. 145.

88. Zablocki, *Alienation and Charisma*. 選ばれた都市部には800から1725のコミューンがあった。これらの都市には合計で2560万人の住民がいたので、人口10万人につき七つものコミュー

Globe, December 12, 1967; D. Johnston, “Once-Notorious ’60s Commune Evolves into Respectability,” *Los Angeles Times*, August 4, 1985を参照。

54. H. Barry and L. M. Paxton, “Infancy and Early Childhood: Cross-Cultural Codes,” *Ethnology* 10 (1971): 466–508.

55. S. Mintz, *Huck’s Raft: A History of American Childhood* (Cambridge, MA: Belknap Press, 2004).

56. L. Tiger and J. Shepher, *Women in the Kibbutz* (New York: Harcourt Brace Jovanovich, 1975).（邦訳：『女性と社会変動：キブツの女たち』矢沢澄子、荒木哲子訳　新思索社）

57. ある研究によって、保育園に通っているイスラエルの幼児の75パーセントが母親への愛着をしっかり持っているのに対し、キブツの子供はわずか59パーセントにすぎないことがわかった。この違いの原因は、大部屋で集団で眠るために夜間に親に面倒を見てもらえないこと、また昼間の触れ合いも限られていることなどにあるようだ。主要な世話役への愛着の不足は、多くのマイナスの効果を生む。Aviezer et al., “ ‘Children of the Dream’ Revisited.”

58. A. Sagi, M. E. Lamb, R. Shoham, R. Dvir, and K. S. Lewkowicz, “Parent-Infant Interaction in Families on Israeli Kibbutzim,” *International Journal of Behavioral Development* 8 (1985): 273–284.

59. E. Ben-Rafael, *Crisis and Transformation: The Kibbutz at Century’s End* (Albany: State University of New York Press, 1997), p. 62.

60. Aviezer et al., “ ‘Children of the Dream’ Revisited.”

61. 仲間とのセックスへの嫌悪感は早くも1970年代には観察されており、それ以来、研究の対象となってきた。たとえば、J. Shepher, “Mate Selection Among Second Generation Kibbutz Adolescents and Adults: Incest Avoidance and Negative Imprinting,” *Archives of Sexual Behavior* 1 (1971): 293–307を参照。概観のためには、E. Shor, “The Westermarck Hypothesis and the Israeli Kibbutzim: Reconciling Contrasting Evidence,” *Archives of Sexual Behavior* 44 (2015): 1–12を参照。また、Lieberman and Lobel, “Kinship on the Kibbutz,” も参照。この論文で明らかにされているのは、同居期間に応じて相互への利他的動機がより強まることや、幼年期の仲間どうしだった第三者間のセックスへの姿勢がより道徳的になると予測されるということだ。

62. Aviezer et al., “ ‘Children of the Dream’ Revisited,” p. 113.

63. Palgi and Reinharz, *One Hundred Years*.

64. R. Abramitzky, “Lessons from the Kibbutz on the Equality-Incentives Trade-Off,” *Journal of Economic Perspectives* 25 (2011): 185–207. この間にキブツを襲った危機を研究した経済学者たちは、深刻な「頭脳流出」問題を指摘している。高度な技能を持つ有能な住民ほどコミュニティを去り、より低賃金の人ほど加入する傾向が強かったのだ。 R. Abramitzky, “The Limits of Equality: Insights from the Israeli Kibbutz,” *Quarterly Journal of Economics* 123 (2008): 1111–1159も参照。

65. Tiger and Shepher, *Women in the Kibbutz*, p. 14.

66. B. J. Ruffle and R. Sosis, “Cooperation and the In-Group–Out-Group Bias: A Field Test on Israeli Kibbutz Members and City Residents,” *Journal of Economic Behavior and Organization* 60 (2006): 147–163.

67. ２人はまた、男女の性的役割が比較的扱いにくいことを知りつつも「キブツの女性の生活における大きなイノベーションが、予期された新たな社会的パターンを推進できなかったことに驚いた」とも述べている。母親が子供とのより密接な関係を求めたのは「母親と子供のあいだに見られる人類共通の惹きつけ合う力」のせいであり、この力は単に文化的なものではなく生物学的に暗号化されている。Tiger and Shepher, *Women in the Kibbutz*, pp. 6, 272. また、L. Tiger and R. Fox, *The Imperial Animal* (New York: Transaction, 1971)（邦訳：『帝王的動物』河野徹訳 思索社）; and M. E. Spiro, *Gender and Culture: Kibbutz Women Revisited* (New

模なコロニーが消滅しやすいのと同じように、共同生活のためにつくられた小規模集団も消滅しやすい。アーミッシュ教団、フッター教団、モルモン教団（すべて宗教によってまとまったもの）などが長期にわたって存続してきたのは、一つにはほかの集団とくらべて大家族であるためであり、また外界との継続的な相互作用があるためでもある。さらに、彼らがアルコールを遠ざけていることも特筆に値する。アルコールは人間の社会組織に大損害をもたらす恐れがあると言えば驚くかもしれないが、さまざまな情報源――難破の歴史的事例だけでなく、80年にわたるハーヴァード成人発達研究のような現代の縦断調査――からも、アルコールの弊害にかんする多くの証拠が得られている。P. Hoehnle, "Community in Transition: Amana's Great Change, 1931–1933," *Annals of Iowa* 60 (2001): 1–34; R. Janzen and M. Stanton, *The Hutterites in North America* (Baltimore: Johns Hopkins University Press, 2010). アルコールについてはたとえば、G. E. Vaillant, *Aging Well: Surprising Guideposts to a Happier Life from the Landmark Harvard Study of Adult Development* (Boston: Little, Brown, 2003)（邦訳：『50歳までに「生き生きした老い」を準備する』米田隆訳 ファーストプレス）を参照。

47. M. Palgi and S. Reinharz, eds., *One Hundred Years of Kibbutz Life: A Century of Crises and Reinvention* (New Brunswick, NJ: Transaction, 2014), p. 2.

48. B. Beit-Hallahmi and A. I. Rabin, "The Kibbutz as a Social Experiment and as a Child-Rearing Laboratory," *American Psychologist* 32 (1977): 533.

49. D. Lieberman and T. Lobel, "Kinship on the Kibbutz: Co-Residence Duration Predicts Altruism, Personal Sexual Aversions and Moral Attitudes Among Communally Reared Peers," *Evolution and Human Behavior* 33 (2012): 26–34.

50. O. Aviezer, M. H. Van IJzendoorn, A. Sagi, and C. Schuengel, "'Children of the Dream' Revisited: 70 Years of Collective Early Child Care in Israeli Kibbutzim," *Psychological Bulletin* 116 (1994): 99–116.

51. Plato, *The Republic*, 英訳 B. Jowett (New York; Vintage Books, 1991), bk. 5.（邦訳：『国家』（上・下）藤沢令夫訳　岩波文庫）。

52. この考えは次の著作で検討されている。J. Rawls, *A Theory of Justice* (Cambridge, MA: Harvard University Press, 1971)（邦訳：『正義論』川本隆史ほか訳　紀伊國屋書店）。この議論にかんするより最近の要約については、A. L. Alstott, "Is the Family at Odds with Equality? The Legal Implications of Equality for Children,"*Southern California Law Review* 82, no. 1 (2008): 1–43を参照。

53. 私がかつて教えた大学院生の一人であるピーター・ディワンは「フォート・ヒル・コミュニティ」あるいは「ライマン・ファミリー」として知られるコミューンで育った。1960年代の初めに活動していたこのコミューンで集団育児を受けたのだ。ディワンは仲間たちに性的関心がないことを認め、代理「きょうだい」のより大きな集団との特別な親密さについて語った。「そうした子供の一人として言わせてもらえば、大きな縁者集団を持てるという点でそれは成功でした。私たちはお互いを世話しあい、お互いの子供の世話までしたのです。残念ながら、この種の縁者関係を表す言葉はありません。それは血のつながりとは違います。私は血のつながりのある者にはつねに特別な親近感を抱いていますし、この共同体にいたほかの子供たちもみな同じです。ところが私の母は、私が生まれた18年後に弟が生まれたとき、私の子供時代のことをひどく後悔しました。ときには3年ものあいだ私と数千マイルも離れて過ごしたためです。母はそんなことは二度としないと心に決めたのですが、私はそのことについて一度も考えたことがありませんでした。興味深いことに、こうした感情は母親たちのあいだに共通して見られるものでしたが、多くの子供は父親と強固な関係を築くことはなかったし、父親もそのことをさして気にしている様子はありませんでした。こうした観点からして、私は集団育児は失敗だったと思います。それを続ける人はいませんでしたし、多くの人がその育児を後悔していました」（ピーター・ディワンとの個人的やりとり　2017年8月31日）。この集団についてさらに知りたければ、R. L. Levey, "Friendly Fifty on Fort Hill—Better Way for People," *Boston*

in America, 1820–1920 (New York: Columbia University Press, 1989), p. 52における引用。

18. A. R. Schultz and H. A. Pochmann, "George Ripley: Unitarian, Transcendentalist, or Infidel?," *American Literature* 14 (1942): 1–19.
19. J. Myerson, "Two Unpublished Reminiscences of Brook Farm," *New England Quarterly* 48 (1975): 253–260.
20. George Ripley, Spann, *Brotherly Tomorrows*, p. 56における引用。
21. Myerson, "Two Unpublished Reminiscences."
22. 同上。p. 256.
23. S. F. Delano, *Brook Farm: The Dark Side of Utopia* (Cambridge, MA: Harvard University Press, 2004), pp. 60–76.
24. R. Francis, "The Ideology of Brook Farm," *Studies in the American Renaissance* (1977): 1–48.
25. 同上。p. 11.
26. J. Haidt, *The Righteous Mind: Why Good People Are Divided by Politics and Religion* (New York: Pantheon, 2012)（邦訳：『社会はなぜ左と右にわかれるのか』高橋洋訳　紀伊國屋書店』）chap. 10.
27. Francis, "Ideology of Brook Farm," pp. 14–15.
28. A. E. Russell, *Home Life of the Brook Farm Association* (Boston: Little, Brown,1900),p.15.
29. Myerson, "Two Unpublished Reminiscences," p. 259.
30. C. A. Dana, Francis, "Ideology of Brook Farm," p. 8 における引用。
31. Russell, *Home Life*, p. 24.
32. Myerson, "Two Unpublished Reminiscences," p. 256.
33. フーリエの考え方は自然界における対称性および連続性の法則と関係しており、また、性格型と職業により分類された1,620人からなる自給自足共同体の理想的住居を構想するものだった。フーリエはこの住居を「ファランクス」と呼んだ。フーリエは、女性の平等、子供の教育、同性愛、不特定多数の人とのセックス（彼の理論では許容されている）についてきわめて進歩的な考えを持っていた。C. Fourier, *Theory of Social Organization* (New York: C. P. Somerby, 1876). フーリエの思想に着想を得て、アメリカでは30ものユートピア的コミュニティが生まれた可能性がある。
34. Russell, *Home Life*, p. 2.
35. 同上。 p. 134.
36. C. A. Russell,"The Rise and Decline of the Shakers,"*New York History* 49(1968): 29–55.
37. シェーカー教徒の受け止め方にかんする同時代の説明については、V. Rathbun, *An Account of the Matter, Form, and Manner of a New and Strange Religion, Taught and Propagated by a Number of Europeans Living in a Place Called Nisqueunia, in the State of New - York* (Providence, RI: Bennett Wheeler, 1781)を参照。
38. W. S. Bainbridge, "Shaker Demographics 1840–1900: An Example of the Use of U.S. Census Enumeration Schedules," *Journal for the Scientific Study of Religion* 21 (1982): 352–365.
39. 同上。
40. S. J. Stein, *Shaker Experience in America* (New Haven, CT: Yale University Press, 1992).
41. M. M. Cosgel and J. E. Murray, "Productivity of a Commune: The Shakers, 1850–1880," *Journal of Economic History* 58 (1998): 494–510.
42. Stein, *Shaker Experience in America*, pp. 149–154.
43. Bainbridge, "Shaker Demographics."
44. Russell, "Rise and Decline," p. 46.
45. 同上。
46. 人口規模は、存続にかんしてつねに考慮すべき重要事項だ。一つの島に動物がつくる小規

『共食いの博物誌：動物から人間まで』藤井美佐子訳　太田出版）を参照。
83. Liu, "Shipwreck Salvage."

第3章

1. H.D.Thoreau, *A Week on the Concord and Merrimack Rivers*（邦訳：『コンコード川とメリマック川での一週間』山口晃訳　而立書房）；*Walden, or Life in the Woods*（邦訳：『ウォールデン　森の生活』今泉吉晴訳　小学館文庫ほか）；*The Maine Woods*（邦訳：『メインの森』小野和人訳　講談社学術文庫）；*Cape Cod*（邦訳：『コッド岬　海辺の生活』飯田実訳　工作舎）, ed. R. F. Sayre (New York: Literary Classics of the United States, 1985) p.105.
2. Thoreau, *Walden*, p.84.
3. 同上。p. 99.
4. 同上。p. 102. ソローは人間の協調能力に感心することもなかった。「一般に可能な唯一の協調は、きわめて部分的で表面的なものにすぎない。真の協調はまるで存在しないかのごとくわずかなもので、そのハーモニーは人間には聞きとれない」。同上。p. 55.
5. 同上。p. 128.
6. M. Meltzer, *Henry David Thoreau: A Biography* (Minneapolis: Twenty-First Century Books, 2007).
7. H. D. Thoreau, *Walden and Civil Disobedience: Complete Texts with Introduction, Historical Contexts, Critical Essays* (Boston: Houghton Mifflin, 2000).
8. F.Tönnies, *Community and Society*［原題 Gemeinshaft und Gesellshaft（邦訳：『ゲマインシャフトとゲゼルシャフト』杉之原寿一訳　岩波文庫)］編集・英訳はC. P. Loomis (East Lansing: Michigan State University Press,1957). M. Weber, Economy and Society[原題 Wirtshaft und Gesellshaft]編集・英訳はG. RothおよびC. Wittich(Berkeley: University of California Press,1978)
9. B. Zablocki, *Alienation and Charisma: A Study of Contemporary American Communes* (New York: Free Press, 1980).
10. D. E. Pitzer, *America's Communal Utopias* (Chapel Hill: University of North Carolina Press, 1997).
11. T. More, *Utopia: Written in Latin by Sir Thomas More, Chancellor of England; Translated into English*, 英訳 G. Burnet (London: printed for R. Chiswell, 1684)（邦訳：『ユートピア』平井正穂訳 岩波文庫)。
12. Pitzer, *America's Communal Utopias*, p. 5.
13. C. Nordhoff, *The Communistic Societies of the United States, from Personal Visit and Observation* (New York: Harper and Brothers, 1875). J. H. Noyes, *History of American Socialisms* (Philadelphia: J. B. Lippincott, 1870); A. F. Tyler, *Freedom's Ferment: Phases of American Social History from the Colonial Period to the Outbreak of the Civil War* (New York: Harper and Row, 1944)も参照。
14. E. Green, "Seeking an Escape Hatch from Trump's America," *Atlantic*, January 15, 2017.
15. 1960年代には、さまざまな規模のこうした共同体がアメリカ全土に１万ほどあったかもしれない。ある調査によれば、1995年には北米においてわずか500のグループが活動しているだけだったという。Pitzer, *America's Communal Utopia*, p.12.
16. A. de Tocqueville, *Democracy in America* [原題 *De la démocratie en Amérique*], 英訳 H. Reeve (London: Saunders and Otley, 1838)（邦訳：『アメリカのデモクラシー』松本礼二訳　岩波書店ほか)。
17. R. W. Emerson, E. K. Spann, *Brotherly Tomorrows: Movements for a Cooperative Society*

驚いた。W. Brodie, *Pitcairn's Island and the Islanders in 1850. Together with Extracts from His Private Journal and a Few Hints Upon California: Also, the Reports of All the Commanders of H.M. Ships That Have Touched at the Above Island Since 1800* (London: Whittaker, 1851), pp. 30–32.

68. この裁判の概要については、"Six Found Guilty in Pitcairn Sex Offences Trial," *Guardian*, October 25, 2004 を参照。

69. J. Diamond, *Collapse: How Societies Choose to Fail or Succeed* (New York: Penguin, 2005).（邦訳：『文明崩壊』（上・下）楡井浩一訳　草思社文庫）

70. M. Weber, *The Vocation Lectures*, ed. D. S. Owen and T. B. Strong, trans. R. Livingstone (Indianapolis: Hackett, 2004).（邦訳：『仕事としての学問 仕事としての政治』野口雅弘訳　講談社学術文庫ほか）

71. "Shackleton's Voyage of Endurance," *NOVA*, season 29, episode 6, first aired March 26, 2002, on PBS. *Times*（イギリス）に掲載されたこの広告のオリジナル版が歴史家によって発見されたことはないため、それは捏造されたものではないかと考える研究者が増えている。オリジナル版の広告に懸賞金をかけている団体まである。

72. M. T. Fisher and J. Fisher, *Shackleton* (London: Barrie, 1957); R. Huntford, *Shackleton* (New York: Carroll and Graf, 1998).

73. Fisher and Fisher, *Shackleton*, p. 340.

74. 同上。p. 345.

75. F. Hurley, *The Diaries of Frank Hurley, 1912–1941*, ed. R. Dixon and C. Lee (London: Anthem Press, 2011), p. 24.

76. Fisher and Fisher, *Shackleton*, p. 345. 傍点筆者。

77. 地理学者のジャレド・ダイアモンドとバリー・ロレットは、イースター島で森林が破壊され、ほかの島では破壊されなかった理由を解明すべく、過去に戻るなどということはできないし、壮大なスケールで住民をポリネシアの69の異なる島々に実験的に割りふることもできない。だが、彼らは似たような人びとがほぼ無作為にこれらの島々に住みついたものと想定し、この自然実験をもとに、森林破壊の原因は地理的要因（たとえば風で運ばれる火山灰や降雨）であり、入植者がのちにとったさまざまな行動ではないと結論した。J. Diamond, "Intra-Island and Inter-Island Comparisons," J. Diamond and J. A. Robinson編 *Natural Experiments of History* (Cambridge, MA: Belknap Press, 2010), pp. 120 – 141に所収。Diamond, *Collapse*も参照。

78. P. V. Kirch, "Controlled Comparison and Polynesian Cultural Evolution," J. Diamond and J. A. Robinson編 *Natural Experiments of History* (Cambridge, MA: Belknap Press, 2010), p. 35に所収。

79. M. D. Sahlins, *Social Stratification in Polynesia* (Seattle: University of Washington Press, 1958).

80. Kirch, "Controlled Comparison," pp. 27–28.

81. おそらく灌漑のおかげで、乾燥地域に住み土地を所有するエリート階層は、水と耕作可能地をともに独占できたし、さらには民主的統治に反対できたのだろう。J. S. Bentzen, N. Kaarsen, and A. M. Wingender, "Irrigation and Autocracy," *Journal of the European Economic Association* 15 (2017): 1–53を参照。また、A. Sharma, S. Varma, and D. Joshi, "Social Equity Impacts of Increased Water for Irrigation," U. A. Amarasinghe and B. R. Sharma編, *Strategic Analyses of the National River Linking Project (NRLP) of India, Series 2. Proceedings of the Workshop on Analyses of Hydrological, Social and Ecological Issues of the NRLP* (Colombo, Sri Lanka: International Water Management Institute, 2008) に所収。

82. 人身御供や食人が見られる社会をうながすその他のいくつかの要因については、B. Schutt, *Cannibalism: A Perfectly Natural History* (Chapel Hill, NC: Algonquin Books, 2017)（邦訳：

は、水浸しの船の乗組員の命を救うために。また同年イギリス政府から贈られた望遠鏡は、イギリス船の乗組員の命を救うために。……私はこれらのできごとを仲間の船員に奉仕できた思い出として何より大切にしていた」

43. 現代のいくつかの研究によれば、人材の多様性は、一定の条件のもとで集団のパフォーマンスに益をもたらすという。Smith and Y. Hou, "Redundant Heterogeneity and Group Performance," *Organization Science* 26 (2014): 37–51 を参照。

44. レイナルの物語、*Wrecked on a Reef*は当初フランスで出版された。マズグレイヴの本は次のようなタイトルで出版された。T. Musgrave, *Castaway on the Auckland Isles: A Narrative of the Wreck of the 'Grafton' and the Escape of the Crew After Twenty Months Suffering* (London: Lockwood, 1866).

45. Musgrave, *Castaway*, p.ix.

46. Raynal, *Wrecked on a Reef*, p. 82.

47. 同上。pp. 159–160.

48. 同上。p. 152.

49. Druett, *Island of the Lost*, pp. 163–164.

50. Musgrave, *Castaway*, p. 129. A. W. Eden, *Islands of Despair* (London: Andrew Melrose, 1955), p. 101 も参照。

51. W. H. Norman and T. Musgrave, *Journals of the Voyage and Proceedings of the HMCS "Victoria" in Search of Shipwrecked People at the Auckland and Other Islands* (Melbourne: F. F. Bailliere, 1866), p. 28.

52. Druett, *Island of the Lost*, p. 248.

53. 同上。p. 280.

54. S. Sheppard, "Physical Isolation and Failed Socialization on Pitcairn Island: A Warning for the Future?," *Journal of New Zealand and Pacific Studies* 2 (2014): 21–38; D. T. Coenen, "Of Pitcairn's Island and American Constitutional Theory," *William and Mary Law Review* 38 (1997): 649–675.

55. ブライに忠実なほかの4人の部下も、のちに反逆者によって解放された。

56. R. B. Nicolson, *The Pitcairners* (Honolulu: University of Hawaii Press, 1997).

57. T. Lummis, *Life and Death in Eden: Pitcairn Island and the Bounty Mutineers* (Farnham, UK: Ashgate, 1997), p. 46.

58. R. W. Kirk, *Pitcairn Island, the Bounty Mutineers, and Their Descendants: A History* (Jefferson, NC: McFarland, 2008).

59. H. L. Shapiro, *The Pitcairn Islanders* (formerly *"The Heritage of the Bounty"*) (New York: Simon and Schuster, 1968), p. 54.

60. Sheppard, "Physical Isolation."

61. 同上。p. 31.

62. Teehuteatuaonoa [Jenny], "Account of the Mutineers of the Ship *Bounty*, and Their Descendants at Pitcairn's Island," *Sydney Gazette*, July 17, 1819.

63. Lummis, *Life and Death in Eden*, p. 63.

64. Teehuteatuaonoa, "Account of the Mutineers."

65. 同上。

66. Lummis, *Life and Death in Eden*, p. 69.

67. *Pitcairn Island Encyclopedia*, s.v. "Pitcairn Islands Study Center: Folger, Mayhew," ここには、S. Wahlroos, *Mutiny and Romance in the South Seas: A Companion to the Bounty Adventure* (Salem, MA: Salem House, 1989) からの文章が収録されている。大文字の使用は現代化されている。さらに42年後、ピトケアン島に一時的に取り残されたウォルター・ブロウディというニュージーランドの水夫は、このコミュニティを訪れてその温情と歓待に同じように

A Journal from Calcutta to England, in the Year, 1750. To Which Are Added, Directions by E. Eliot, for Passing over the Little Desart from Busserah. With a Journal of the Proceedings of the Doddington East - Indiaman, 2nd ed. (London: T. Kinnersly, 1758), p. 238に所収。

34. 乗組員と乗客のあいだの、また男女のあいだの緊張関係や、差別的な生存状況についてはほかの海難事故でも研究されてきた。B. S. Frey, D. A. Savage, and B. Torgler, "Interaction of Natural Survival Instincts and Internalized Social Norms Exploring the *Titanic* and *Lusitania* Disasters," *PNAS: Proceedings of the National Academy of Sciences* 107 (2010): 4862–4865. を参照。 18件の海難事故と1万5000人のサンプルを活用しての、女性や子供の扱いをめぐる騎士道的な規範の検証については、M. Elinder and O. Erixson, "Gender, Social Norms, and Survival in Maritime Disasters," *PNAS: Proceedings of the National Academy of Sciences* 109 (2012): 13220–13224 を参照。著者たちによると、女性は男性とくらべて生存にかんしてかなり不利な立場にあったし、乗客は船長や乗組員とくらべてかなり不利な立場にあったという。彼らはこう結論している。海難事故に際しての人の行動を最も適切に表現する言葉は「誰でも自分の身が大事」であると。

35. 島で暮らしはじめて2カ月後、彼らはさらに注意深く探索し、バード・アイランドにかつて遭難者がいた証拠を発見した。ドディントン号は金や銀を運んでいたため、200年後にその残骸がダイバーたちによって発見されて荒らされた。 J. Shaw, "Clive of India's Gold Comes Up for Sale After Legal Settlement," *Independent*, August 27, 2000.

36. 助けを呼ぼうとするそれ以前の努力はみじめな結果に終わっていた。9月3日、3人の男たちが本土へ向けて危険なミッションに出発した。小船が陸に近づいたとき波にあおられて転覆し、3人のうち1人がおぼれて命を落とした。小船とともにどうにか岸までたどり着いた2人は、すぐさま敵対的な現地住民に出くわした。男たちは身ぐるみはがされ、とっとと去るよう強くうながされた。彼らは状況を察して命からがらバード・アイランドに逃げ帰った。

37. Webb, "Proceedings of the *Doddington*," p. 268.

38. 同上。p. 269.

39. 男たちは上陸の直後に船から宝物箱を引き揚げていたが、9月28日、宝物箱がこじ開けられ、中身の3分の2がどこかに隠されてしまったことに気づいた。それをやったのが誰かを突き止めることはできなかった。

40. G. Dalgarno, "Letter from the Captain," *Otago Witness* (Dunedin, New Zealand), October 28, 1865.

41. 救出されたあとでさえ、高級船員たちはその水夫（ホールディング）に寛大になれなかった。島にいるあいだ彼の創意あふれる努力によって自分たちが実際に救われたにもかかわらずだ。救出されたあと、ダルガーノ船長は、自分とスミスが救助船の高級船員から上等な宿泊設備を当てがわれて歓待される一方、ホールディングが「船員部屋の同輩」の１人として相応の立場に格下げされたことを喜んでいるようだった。J. Druett, *Island of the Lost: Shipwrecked at the Edge of the World* (Chapel Hill, NC: Algonquin Books, 2007), p. 201. 階層化は島に上陸したインヴァーコールド号の乗組員にとって悲運だった。しかし、機転の利くホールディングが1933年にカナダで亡くなったとき、彼は86歳になっていた。ホールディングが生前に書いたインヴァーコールド号の物語は、1997年にひ孫娘によって発見され、出版された。M. F. Allen, *Wake of the Invercauld* (Auckland: Exisle Press, 1997). レイナル航海士もまた、ダルガーノ船長が書いたがその後失われたインヴァーコールド号の物語を、自分の本に補遺として収録した: F. E. Raynal, *Wrecked on a Reef, or Twenty Months Among the Auckland Isles* (London: T. Nelson and Sons, 1874).

42. "Captain and Mate," *Otago Witness* (Dunedin, New Zealand), October 28, 1865. 私たちがダルガーノに対して過度に厳しい見方をしないように、この先の記述のなかで彼は――ことによると自分に都合のいいように――こう述べている。彼の船が沈んだとき「船に積んであったり装備してあったりしたものはすべて失われた。私が1862年に合衆国政府から贈られたメダル

Adelaide Express and Telegraph, March 21, 1889.

21. 1500年から1900年にかけて起こった難破事故の総数を見積もるため、私は（有能な研究助手とともに）2016年現在Wrecksite.com (https://www .wrecksite.eu) というウェブサイトに集められている17万6000件を超える難破事故にかんするデータセットを活用した。このサイトは、難破以外の原因（たとえば、沈没、火災、海戦、自沈など）を含め、世界中で失われたすべての船の目録をつくろうとするものだ。私は収録されている項目を難破の原因によって選別し、実際には岸に衝突しなかった船は無視し、1500年から1900年の期間以外に起こった事故はすべて除外した。こうした制限によってふるいにかけると、総計で8100件あまりの難破事故が残った。ここには陸地に衝突した難破事故がすべて含まれており、乗員全員が即死した壊滅的な事故もある。私がおもに関心を寄せていたのは、生存者が陸上に居住地をつくった可能性のあるケースだ。私はデータベースの情報を利用して、8100件の難破事故の母集団から、19人以上の生存者の居住地が少なくとも60日のあいだ陸上に存在し、少なくとも１人が生き延びて物語を語ったすべての事故を選び出した。私はそうした難破事故を20件見つけ、これらの事故から得られた一人称の物語すべてに目を通した。私が取り上げなかった興味深い難破事故は、1711年のジャマイカ・スループによるものだ。*Duncan, The Mariner's Chronicle*, pp. 242–275で述べられているように、この事故では16人の生存者が4カ月のあいだ野営している。
　アジアの事例は見つからなかった。たとえば、17、18、19世紀に東南アジアの海岸を漂流した日本の難破船の24事例の包括的サンプルのうち、19人以上が岸にたどり着いた事例は3件だけだが、私がこれらの事故を取り上げなかったのは、対象となる人びとがすぐに現地住民と接触し、日本に送還されたからだ。S. F. Liu, "Shipwreck Salvage and Survivors' Repatriation Networks of the East Asian Rim in the Qing Dynasty," F. Kayoko, M. Shiro, and A. Reid編 *Offshore Asia: Maritime Interactions in Eastern Asia Before Steamships* (Singapore: ISEAS, 2013), pp. 211– 235に所収。歴史家のツヴィ・ベンドール・ベニテによる、中国の少数の海軍史および「難破」に当たる中国語を用いて検索できる一次資料の研究からわかるのは、ごく一握りの記録事例にすぎないし、すべての事例で船乗りたちは往々にして数日以内に救助されている（Ben-Dor Beniteとの個人的なやりとり July 14, 2018）。
22. M. Gibbs, "The Archeology of Crisis: Shipwreck Survivor Camps in Australasia," *Historical Archeology* 37 (2003): 128–145.
23. F. E. Woods, *Divine Providence: The Wreck and Rescue of the Julia Ann* (Springville, UT: Cedar Fort, 2014), p. 58.
24. 同上。p. 48.
25. 同上。pp. 61–62.
26. J. G. Lockhart, *Blenden Hall: The True Story of a Shipwreck, a Casting Away, and Life on a Desert Island* (New York: D. Appleton, 1930).
27. 前掲書より引用, pp. 153–154. 息子の名前もまたアレクサンダー・M・グレイグといった。
28. 興味深いことに、1842年、かのビーグル号がその３度目の航海で（ダーウィンが乗船したのは2度目の航海の際だったので、このときはもう乗っていなかった）この難破事故の現場に停泊している。S. Harris and H. McKenny, "Preservation Island, Furneaux Group: Two Hundred Years of Vegetation Change," *Papers and Proceedings of the Royal Society of Tasmania* 133, no. 1 (1999): 85–101.
29. "Supercargo William Clark's Account," in M. Nash, *Sydney Cove: The History and Archaeology of an Eighteenth - Century Shipwreck* (Hobart, Australia: Navarine, 2009), p. 235.
30. 同上。p. 237. 傍点筆者。
31. 同上。p. 238.
32. "Governor Hunter's Account" (from a letter dated August 15, 1797), in ibid., p. 243.
33. Mr. Webb, "A Journal of the Proceedings of the *Doddington* East Indiaman," B. Plaisted編

た所得の喪失はおおむね、彼らが2年にわたって軍務に服しているあいだ、労働市場での適切な経験を積めなかったという事実を反映している。J. D. Angrist, "Lifetime Earnings and the Vietnam Era Draft Lottery: Evidence from Social Security Administrative Records," *American Economic Review* 80 (1990): 313–336. 似たような自然実験は、宝くじに当たった人びとを利用して富と健康のつながりを評価し、裕福な人びとが健康になるのか、あるいは健康な人びとが裕福になるのかを解明しようとした（それはともに事実である）。J. Gardner and A. J. Oswald, "Money and Mental Wellbeing: A Longitudinal Study of Medium-Sized Lottery Wins," *Journal of Health Economics* 26 (2007): 49–60.

12. A. Banerjee and L. Iyer, "Colonial Land Tenure, Electoral Competition, and Public Goods in India," J. Diamond and J. A. Robinson編 *Natural Experiments of History* (Cambridge, MA: Belknap Press, 2010), pp. 185–220に所収。

13. D. Acemoglu, D. Cantoni, S. Johnson, and J. A. Robinson, "From Ancien Régime to Capitalism: The Spread of the French Revolution as a Natural Experiment," J. Diamond and J. A. Robinson編 *Natural Experiments of History* (Cambridge, MA: Belknap Press, 2010), pp. 221–256に所収。

14. A. Duncan, *The Mariner's Chronicle Containing Narratives of the Most Remarkable Disasters at Sea, Such as Shipwrecks, Storms, Fires and Famines* (New Haven, CT: G. W. Gorton, 1834). また、M. Gibbs, "Maritime Archaeology and Behavior During Crisis: The Wreck of the VOC Ship Batavia (1629)," R. Torrence and J. Grattan編 *Natural Disasters and Cultural Change* (Abingdon, UK: Routledge, 2002), pp. 66–86に所収。

15. J. Lichfield, "Shipwrecked and Abandoned: The Story of the Slave Crusoes," *Independent*, February 4, 2007.

16. C. A. Dard, J. G. des Odonais, and P. R. de Brisson, *Perils and Captivity: Comprising the sufferings of the Picard family after the shipwreck of the Medusa, in the year 1816; Narrative of the captivity of M. de Brisson, in the year 1785; Voyage of Madame Godin along the river of the Amazons, in the year 1770*, trans. P. Maxwell (Edinburgh: Constable; London: Thomas Hurst, 1827); P. Viaud, *The Shipwreck and Adventures of Monsieur Pierre Viaud* (London: T. Davies, 1771). *Tales of Shipwreck and Peril at Sea* (London: Burns and Lambert, 1858)という作者不明の要約として出版されたヴィオー氏の冒険のずっと短い物語では食人が除外されている。

17. アンデス山脈の事故の生存事例にかんしては、P. P. Read, *Alive: The Story of the Andes Survivors* (New York: J. B. Lippincott, 1974)（邦訳：『生存者』永井淳訳　新潮文庫）を参照。

18. 歴史家のキース・ハントレスによれば、1675年にロンドンで出版された難破物語の最初期の選集は、*Mr. James Janeway's Legacy to His Friends, Containing Twenty - Seven Famous Instances of God's Providence in and About Sea Dangers and Deliverances* という形式だった。K. Huntress, *Narratives of Shipwrecks and Disasters* (Ames: Iowa State University Press, 1974).

19. M. Nash, *The Sydney Cove Shipwreck Survivors Camp*, Flinders University Maritime Archaeology Monograph Series, no. 2 (Adelaide: Flinders University Department of Archaeology, 2006).

20. すなわち、私たちは難破事故については知っているかもしれないが、どうすれば生存者が社会を再構築できるかはわからない場合が多い。たとえば、ニューカレドニアへ向かっていたフランスのブリッグ型帆船のタマリス号は、1887年にクローゼー諸島で難破し、13人の乗組員がコション島という寒く、風の吹きすさぶ、樹木のない無人島に取り残された。男たちは助けを切望し、大きな海鳥の脚に救助を請うメモを貼り付けた。驚くべきことに、そのメモは7カ月後、4000マイル（約6440キロメートル）以上離れたウェスタン・オーストラリア州フリマントルで発見された。だが、男たちが見つかることは決してなかった。"The Crozet Islands,"

"Tool Assisted Rhythmic Drumming in Palm Cockatoos Shares Elements of Human Instrumental Music," *Science Advances* 3 (2017): e1602399 を参照。

30. E. O. Wilson, *The Social Conquest of Earth* (New York: Liveright, 2013).（邦訳：『人類はどこから来て、どこへ行くのか』斉藤隆央訳　化学同人）
31. これらの特質は、より個人的レベルで表現されるさらにほかの特質によって支えられている。たとえば、超越や目的意識の必要性、美術や音楽をつくり、評価する能力、物語を語ったり聴いたりしたいという欲求などだ。
32. この比喩をそれほど気にしない学者もいる。たとえば、R. Plomin, *Blueprint: How DNA Makes Us Who We Are* (Cambridge, MA: MIT Press, 2018)を参照。この本では、私たちの心理的な強みや弱みを遺伝子がどう予言するかが探求されている。私の青写真という比喩の使い方にかんしては、私が人間の文化の能力（それは進化によって可能となる）を社会秩序を規定するものの一部とみなしている点に注目すべきである。しかし、より具体的には、DNAそのものではなく社会性一式が善き社会の青写真なのだ。
33. 集団間にありうる差異の原因として、環境への適応、中立的浮動、集団の生殖的隔離、創始者効果などが挙げられる。一般的に集団の起源となった大陸までたどれるさらに大きな遺伝的差異も存在する。L. B. Jorde and S. P. Wooding, "Genetic Variation, Classification, and 'Race,'" *Nature Genetics* 36 (2004): 528–533を参照。
34. A. Quamrul and O. Galor, "The Out-of-Africa Hypothesis, Human Genetic Diversity, and Comparative Development," *American Economic Review* 103 (2013): 1–46.

第2章

1. *Castaway 2000*, 製作：C. Kelley, BBC One, 2000. 2016年には『エデン』という似たようなサバイバルもののリアリティ番組で、スコットランドの孤立した地域の失敗したコミュニティが取り上げられた。Sam Knight, "Reality TV's Wildest Disaster: 'Eden' Aspired to Remake Society Altogether. What Could Go Wrong?," *New Yorker*, September 4, 2017 を参照。
2. R. Copsey, "How *Castaway* Made My Life Hell," *Guardian*, August 11, 2010.
3. J. Kibble-White, "This is What Happens to Make Reality TV," *Off The Telly*, November 2004.
4. Copsey, "How *Castaway* Made My Life Hell."
5. G. Martin, "Return to Castaway Island: The Cast of Britain's First Reality TV Programme Reunite," *Daily Mail*, July 17, 2010.
6. Copsey, "How *Castaway* Made My Life Hell."
7. R. Shattuck, *The Forbidden Experiment: The Story of the Wild Boy of Aveyron* (New York: Farrar, Straus and Giroux, 1980).（邦訳：アヴェロンの野生児：禁じられた実験』生月雅子訳　家政教育社）
8. K. Steel, "Feral and Isolated Children from Herodotus to Akbar to Hesse: Heroes, Thinkers, and Friends of Wolves" (presentation, CUNY Brooklyn College, April 11, 2016), https://academicworks.cuny.edu/gc_pubs/216/.
9. H. Fast, "The First Men," *Magazine for Science Fiction and Fantasy*, February 1960.
10. 「科学」であるものとそうではないものの境界を定めることは難しい。科学哲学者は、科学的方法の観点からではなく、社会学者のロバート・K・マートンが「組織的懐疑主義」と呼ぶ基本的プロセスの観点から科学について考えはじめている。R. K. Merton, *The Sociology of Science: Theoretical and Empirical Investigations* (Chicago: University of Chicago Press, 1973).（邦訳：科学社会学の歩み』成定薫訳　サイエンス社）
11. 少なくとも10年のあいだに（白人男性のあいだで）所得は約15パーセント減った。こうし

ッカーへの手紙で、ダーウィンはこう指摘している。「多くの種をつくる人びとは『細分派』、少数の種をつくる人びとは『併合派』だ」C. Darwin and F. Darwin, *The Life and Letters of Charles Darwin*, vol. 2 (London: John Murray, 1887), day 153. これらの用語は G. G. Simpson, "The Principles of Classification and a Classification of Mammals," *Bulletin of the American Museum of Natural History* 85 (1945): 22–24 でより広範に採用されている。
17. D. M. Buss, "Human Nature and Culture: An Evolutionary Psychological Perspective," *Journal of Personality* 69 (2001): 955–978.
18. C. Geertz, *The Interpretation of Cultures: Selected Essays* (New York: Basic Books, 1973), pp. 40–41.（邦訳：『文化の解釈学』（１・２）吉田禎吾ほか訳　岩波書店）
19. S. Pinker, *The Blank Slate: The Modern Denial of Human Nature* (New York: Penguin, 2002).（邦訳：『人間の本性を考える：心は「空白の石版」か』（上・中・下）山下篤子訳　NHK出版）
20. D. E. Brown, *Human Universals* (New York: McGraw-Hill, 1991), pp. 58–59, 66–67（邦訳：『ヒューマン・ユニヴァーサルズ：文化相対主義から普遍性の認識へ』鈴木光太郎、中村潔訳　新曜社）を参照。クライド・クラックホーンの手になる影響力の大きなもう一つの20世紀半ばの論文でも、社会的交流と環境状況が共有される可能性に加え、文化的普遍性を生物学的・心理学的に説明できる可能性が示されている。C. C. Kluckhorn, "Universal Categories of Culture," A. L. Kroeber編 *Anthropology Today* (Chicago: University of Chicago Press, 1953), pp. 507–523に所収。
21. G.P.Murdock,"The Common Denominator of Cultures," R.Linton編,*The Science of Man in a World of Crisis* (New York: Columbia University Press, 1945), pp. 123–142（邦訳：『世界危機に於ける人間科学』（上・下）池島重信監訳　新泉社）に所収。
22. Brown, *HumanUniversals*, p.50.
23. 同上。p. 47.
24. P. Turchin et al., "Quantitative Historical Analysis Uncovers a Single Dimension of Complexity that Structures Global Variation in Human Social Organization," *PNAS: Proceedings of the National Academy of Sciences* 115 (2018): E144 — E151.
25. P. Ekman, "Facial Expressions," T. Dalgleish and M. Power編 *Handbook of Cognition and Emotion* (Chichester, UK: John Wiley and Sons, 1999), pp. 301–320に所収。G. A. Bryant et al., "The Perception of Spontaneous and Volitional Laughter Across 21 Societies," *Psychological Science* 29 (2018): 1515–1525も参照。もちろん、ここでもまた、一部のつながりはきわめて強力な文化的覆いによって切断されることがある。笑顔と幸福が切り離されるような場合だ（文化によってはそうした事態が生じる）。人間の人格構造もまた普遍的である可能性が高い。R. R. McCrae and P. T. Costa Jr., "Personality Trait Structure as a Human Universal," *American Psychologist* 52 (1997): 509–516; また、S. Yamagata et al., "Is the Genetic Structure of Human Personality Universal? A Cross-Cultural Twin Study from North America, Europe, and Asia," *Journal of Personality and Social Psychology* 90 (2006): 987–998を参照。
26. C. Chen, C. Crivelli, O. G. B. Garrod, P. G. Schyns, J. M. Fernandez-Dols, and R. E. Jack, "Distinct Facial Expressions Represent Pain and Pleasure Across Cultures," *PNAS: Proceedings of the National Academy of Sciences* 115 (2018): E10013–E10021.
27. N. Chomsky, Syntactic Structures (Berlin: Mouton de Gruyter, 1957); S. Pinker, *The Language Instinct: How the Mind Creates Language* (New York: Harper Perennial, 1995).（邦訳：『言語を生みだす本能』（上・下）椋田直子訳　NHK出版）
28. P. E. Savage, S. Brown, E. Sakai, and T. E. Currie, "Statistical Universals Reveal the Structures and Functions of Human Music," *PNAS: Proceedings of the National Academy of Sciences* 112 (2015): 8987–8992.
29. たとえば、R. Heinsohn, C. N. Zdenek, R. B. Cunningham, J. A. Endler, and N. E. Langmore,

4. J. Huizinga, *Homo Ludens: A Study of the Play Element in Culture* (Boston: Beacon Press, 1950): p. 1.（邦訳：『ホモ・ルーデンス』里見元一郎訳　講談社学術文庫ほか）
5. Y. Dunham, A. S. Baron, and S. Carey, “Consequences of ‘Minimal’ Group Affiliations in Children,” *Child Development* 82 (2011): 793–811. これらの実験において、重要なのは集団内の個人がほかの集団と競わなかった点だ。こうした効果の大きさは、子供たちが自分の性に対して示した好意のほぼ半分だった。もっとも、性への好意はほかの少女を好む少女（少年はほかの少年と少女を同じように好んだ）によっておもに示されたものである。
6. 三歳児はすでに自分と同じ人種の顔を好む。D.Kellyetal.,“Three-Month- Olds, but Not Newborns, Prefer Own-Race Faces,” *Developmental Science* 8 (2005): F31– F36. 5歳児は自分の母語を好み、外国語なまりを避ける。K. D. Kinzler, E. Dupoux, and E. S. Spelke, “The Native Language of Social Cognition,” *PNAS: Proceedings of the National Academy of Sciences* 104 (2007): 12577–12580.
7. P. Bloom, *Just Babies: The Origins of Good and Evil* (New York: Crown, 2013).（邦訳：『ジャスト・ベイビー：赤ちゃんが教えてくれる善悪の起源』竹田円訳　NTT出版）
8. J. K. Hamlin, K. Wynn, and P. Bloom, “3-Month-Olds Show a Negativity Bias in Their Social Evaluations,” *Developmental Science* 13 (2010): 923–929.
9. Y. J. Choi and Y. Luo, “13-Month-Olds’ Understanding of Social Interactions,” *Psychological Science* 26 (2015): 274–283.
10. F. Warneken and M. Tomasello, “Altruistic Helping in Human Infants and Young Chimpanzees,” *Science* 311 (2006): 1301–1303.
11. フランク・ホワイトが「全体像効果」と呼んだこうした現象を幅広く扱ったものとして F. White, *The Overview Effect: Space Exploration and Human Evolution*, 3rd ed. (Reston, VA: American Institute of Aeronautics and Astronautics, 2014)を参照. アレクサンドロフとウィリアムズの証言はネット上に流布しているが、一時資料は見つからなかった。一時資料のある似たような証言に次の二つがある。「地球全体を思いやる切迫した意識が生まれ、人を大切にしようとする姿勢が固まり、世界情勢にかんする強い不満が頭をもたげ、それについて何かしなければという衝動が湧き起こる。遠く離れた月の上から眺めると、国際政治など取るに足りないものに思えてくる」エドガー・ミッチェル（アポロ14号に搭乗した宇宙飛行士）“Edgar Mitchell’s Strange Voyage,” *People*, April 8, 1974.「ついに月に降り立ち、地球をふり返ると、それらのあらゆる違いや国家主義的特質はほとんど溶け合い、こんな考えが頭に浮かぶことになる。もしかするとこれは本当に一つの世界なのではないか、いったいなぜ、良識ある人びとのようにともに生きることを学べないのだろうか」。フランク・ボーマン（アポロ8号に搭乗した宇宙飛行士）“Christmas Journey,” *Newsweek*, December 23, 1968.
12. D. Keltner and J. Haidt, “Approaching Awe, a Moral, Spiritual, and Aesthetic Emotion,” *Cognition and Emotion* 17 (2003): 297–314. もちろん、私たちは自然のみならず、美しい音楽、深遠な科学理論、あるいはカリスマ的指導者によってさえ、畏敬の念に打たれることもある。
13. たとえばチンパンジーは、激しい雷雨のあいだ総毛立っているように見える。J. Marchant, “Awesome Awe: The Emotion That Gives Us Superpowers,” *New Scientist*, July 26, 2017.
14. 名前を持つ権利はきわめて普遍的なので、国連によって成文化されてさえいる。国際連合人権高等弁務官事務所 *Convention on the Rights of the Child, Adopted and opened for signature, ratification and accession by General Assembly resolution 44/25 of 20 November 1989 entry into force 2 September 1990, in accordance with article 49* を参照。ごく少数の社会（たとえば、アマゾンの奥地に住むマチゲンガ族）は個人名を持たないものの、人びとを一意的に特定する別種の記述語を使っている。
15. J. Fajans, *Work and Play Among the Baining of Papua New Guinea* (Chicago: University of Chicago Press, 1997).
16. この用語を初めて用いた人物はチャールズ・ダーウィンかもしれない。1857年のJ・D・フ

原　注

はじめに

1. C. Mackay, *Extraordinary Popular Delusions and the Madness of Crowds* (1841; New York: Farrar, Straus and Giroux, 1932), p. xx.（邦訳：『狂気とバブル：なぜ人は集団になると愚行に走るのか』塩野未佳、宮口尚子訳　パンローリング）
2. People's Republic of Bangladesh Const. part III, sect. 37; Canadian Charter of Rights and Freedoms sect. 2; Republic of Hungary Const. art. LXIII; Indian Const. art. XIX (1) (b).
3. たとえば、以下の文献を参照。C. Andris, D. Lee, M. J. Hamilton, M. Martino, C. E. Gunning, and J. A. Selden, "The Rise of Partisanship and Super-Cooperators in the U.S. House of Representatives," *PLOS ONE* 10 (2015): e0123507; また、E. Saez, "Striking It Richer: The Evolution of Top Incomes in the United States (Updated with 2013 Preliminary Estimates)" (unpublished manuscript, January 25, 2015), https://eml.berkeley.edu/ ~saez/saez-UStopincomes-2013.pdf.
4. K. E. Steinhauser, N. A. Christakis, E. C. Clipp, M. McNeilly, L. McIntyre, and J. A. Tulsky, "Factors Considered Important at the End of Life by Patients, Family, Physicians, and Other Care Providers," *JAMA* 284 (2000): 2476–2482.
5. M. V. Llosa, "The Culture of Liberty," *Foreign Policy*, November 20, 2009, http://foreignpolicy.com/2009/11/20/the-culture-of-liberty/.
6. Darrell Powers, interview, *Band of Brothers*, episode 9, "Why We Fight," first aired October 28, 2001, on HBO.
7. *The Vietnam War*, episode 4, "'Resolve' (January 1966–June 1967)," a film by Ken Burns and Lynn Novick, first aired September 20, 2017, on PBS.

第1章

1. M. Fortes, *Social and Psychological Aspects of Education in Taleland* (London: Oxford University Press, 1938), p. 44.
2. M.Martini,"Peer Interactions in Polynesia: A View from the Marquesas,"in J.L.Roopnarine, J. E. Johnson, and F. H. Hoper, eds., *Children's Play in Diverse Cultures*, pp. 73–103 (Albany: State University of New York Press, 1994), p. 74.
3. B. Whiting, J. Whiting, and R. Longabaugh, *Children of Six Cultures: A Psycho - Cultural Analysis* (Cambridge, MA: Harvard University Press, 1975).（邦訳：『六つの文化の子供たち：心理 - 文化的分析』名和敏子訳　誠信書房）また、C. P. Edwards, "Children's Play in Cross-Cultural Perspective: A New Look at the Six Culture Study," F. F. McMahon, D. E. Lytle, and B. Sutton-Smith編 *Play: An Interdisciplinary Synthesis* (Lanham, MD: University Press of America, 2005), pp. 81–96に所収; およびD. F. Lancy, *The Anthropology of Childhood: Cherubs, Chattel, and Changelings* (Cambridge: Cambridge University Press, 2008)も参照. E. Christakis, *The Importance of Being Little: What Preschoolers Really Need from Grownups* (New York: Viking, 2016)に所収。

図版クレジット

以下を除き、図版類は著者の提供による。

図2.1: F. E. Raynal, *Wrecked on a Reef, or Twenty Months Among the Auckland Isles* (London: T. Nelson & Sons, 1874).
図3.1: 以下より再構成。J. C. Johnson, J. S. Boster, and L. A. Palinkas, "Social Roles and the Evolution of Networks in Extreme and Isolated Environments," *Journal of Mathematical Sociology* 27 (2003): 89–121.
図4.1: J. F. von Racknitz, *Ueber den Schachspieler des Herrn von Kempelen* (Leipzig und Dresden: J. G. I. Breitkopf, 1789).
図4.4: 図は堆積地質学会の許諾を得て、以下より転載。D. M. Raup, A. Michelson, "Theoretical Morphology of the Coiled Shell," *Science* 147 (1965): 1294–1295.
図4.5: 図はカヴァン・ホワンの許諾を得て掲載。
表5.2: F. W. Marlowe, "Mate Preferences Among Hadza Hunter-Gatherers," *Human Nature* 15 (2004): 365–376.

著者紹介

ニコラス・クリスタキス (Nicholas A. Christakis)

イエール大学ヒューマンネイチャー・ラボ所長、およびイエール大学ネットワーク科学研究所所長。医師。専門はネットワーク科学、進化生物学、行動遺伝学、医学、社会学など多岐にわたる。1962年、ギリシャ人の両親のもとアメリカに生まれる。幼少期をギリシャで過ごす。ハーバード・メディカルスクールで医学博士号を、ペンシルベニア大学で社会学博士号を取得。人のつながりが個人と社会におよぼす影響を解明したネットワーク科学の先駆者として知られ、2009年には『タイム』誌の「世界で最も影響力のある100人」に、2009年～2010年には2年連続で『フォーリン・ポリシー』誌の「トップ・グローバル・シンカー」に選出されるなど、アメリカを代表するビッグ・シンカーの1人。

訳者略歴

鬼澤忍 (おにざわ・しのぶ)

翻訳家。埼玉大学大学院文化科学研究科修士課程修了。訳書にサンデル『これからの「正義」の話をしよう』『それをお金で買いますか』、アセモグル&ロビンソン『国家はなぜ衰退するのか』(以上、早川書房)、クリスタキス&ファウラー『つながり』(講談社)、シャイデル『暴力と不平等の人類史』(共訳、東洋経済新報社)ほか多数。

塩原通緒 (しおばら・みちお)

翻訳家。立教大学文学部英米文学科卒業。訳書にホーキング『ホーキング、ブラックホールを語る』、リーバーマン『人体600万年史』(以上、早川書房)、シュミル『エネルギーの人類史』(青土社)、ピンカー『暴力の人類史』(共訳、青土社)、シャイデル『暴力と不平等の人類史』(共訳、東洋経済新報社)ほか多数。

装幀……………………… 水戸部功
本文デザイン・DTP ….. 朝日メディアインターナショナル
校正……………………… 鷗来堂
営業……………………… 岡元小夜・鈴木ちほ
進行管理………………… 中野薫・中村孔大
編集……………………… 富川直泰

ブループリント
——「よい未来」を築くための進化論と人類史（上）

2020年9月17日　第1刷発行

著者…………ニコラス・クリスタキス

訳者…………鬼澤忍・塩原通緒

発行者………梅田優祐

発行所………株式会社ニューズピックス

〒106-0032 東京都港区六本木 7-7-7 TRI-SEVEN ROPPONGI 13F
電話 03-4356-8988 ※電話でのご注文はお受けしておりません。
FAX 03-6362-0600 FAXあるいは下記のサイトよりお願いいたします。
https://publishing.newspicks.com/

印刷・製本……シナノ書籍印刷株式会社

ISBN 978-4-910063-10-2

本書に関するお問い合わせは下記までお願いいたします。
np.publishing@newspicks.com

希望を灯そう。

NEWS PICKS
PUBLISHING

「失われた30年」に、
失われたのは希望でした。

今の暮らしは、悪くない。
ただもう、未来に期待はできない。
そんなうっすらとした無力感が、私たちを覆っています。

なぜか。
前の時代に生まれたシステムや価値観を、今も捨てられずに握りしめているからです。

こんな時代に立ち上がる出版社として、私たちがすべきこと。
それは「既存のシステムの中で勝ち抜くノウハウ」を発信することではありません。
錆《さ》びついたシステムは手放して、新たなシステムを試行する。
限られた椅子を奪い合うのではなく、新たな椅子を作り出す。
そんな姿勢で現実に立ち向かう人たちの言葉を私たちは「希望」と呼び、
その発信源となることをここに宣言します。

もっともらしい分析も、他人事のような評論も、もう聞き飽きました。
この困難な時代に、したたかに希望を実現していくことこそ、最高の娯楽《エンタメ》です。
私たちはそう考える著者や読者のハブとなり、時代にうねりを生み出していきます。

希望の灯を掲げましょう。
1冊の本がその種火となったなら、これほど嬉しいことはありません。

令和元年
NewsPicksパブリッシング 編集長
井上 慎平